# 推薦語

　　毋庸諱言，現如今還不了解 Docker 就不是一個合格的開發者。Docker 對 DevOps 的高速發展具有重要作用。本書結合作者多年最前線「大廠」技術實踐的經驗，既有前端開發者的角度，又有上下游的相關案例，為讀者提供了一個完整的 DevOps「地圖」，可以作為最前線開發人員的案頭用書。

—— 高途集團大前端技術通道負責人 黃后錦

　　Docker 身為開放原始碼的應用容器引擎正在被廣泛使用。本書由淺入深地介紹了相關的基礎知識，將很多不容易理解的概念用生活中的例子生動、形象地表達了出來，對各個階段的學習者來說都非常友善。同時，本書從研發職位的不同角度，介紹了 Docker 的實踐方案，對相關開發者的日常工作具有一定的影響。

—— 字節跳動商業技術行銷工程團隊負責人 趙龍

　　雲端運算技術的普及，使企業和組織更聚焦於自身的核心業務。而雲端原生如同「貨櫃改變世界」一樣，透過標準化的方式來應對業務在打包、部署和管理等過程中遇到的各種挑戰，從而幫助企業達到降本增效的目的。

　　容器技術可以說是雲端原生技術系統結構的基礎。而 Docker 則是容器技術落地的「先驅」，是非常重要的容器技術實現，在整個雲端原生技術系統中具有重要作用。

本書透過一個故事讓讀者明白 Docker 是什麼，之後透過一個專案帶領讀者快速上手實踐，並幫助讀者補充了解 Docker 的核心原理，而後從專案實踐、持續整合與發布、Docker 的高級應用、打造企業級應用等方面詳細說明。本書是幫助讀者入門 Docker 的佳作。

樂於見到有更多這樣的圖書來幫助更多有需求的人，幫助他們早日走上雲端原生的大舞臺。

——阿里雲邊緣雲原生技術負責人 周晶

前言

近些年來，以 Docker 為核心的容器技術如日中天。在企業「降本增效」的前提下，容器方案貫穿於應用的每個核心鏈路。眾所皆知，每輪新技術的興起，對個人和公司來說，既是機會也是挑戰。因此，軟體行業從業者的正確做法就是儘快上手。

本書正是致力於此，為讀者提供詳細的 Docker 入門知識。按照「七步法」進行學習，讀者可以輕鬆入門，學有所獲。

✤ 為什麼要寫本書

市場上不乏 Docker 技術相關的書籍，但其或圍繞官方基礎文件缺乏新意，或直入原始程式讓初學者望而卻步。鮮有既滿足初學者入門需要，又結合企業實際案例的書籍。作者正是看到了這一點，於是另闢蹊徑，從讀者的角度出發，提出了「七步法」的概念。

何謂「七步法」？「七」既是人們最容易記住的數字，也是人類瞬間記憶的極限，本書正是立意於此。第一步是從具象的故事開始，開門見山，降低認知門檻。第二步則透過「第一個 Docker 專案」，幫助讀者快速上手。在讀者建立起系統概念後，第三步則直切核心原理，圍繞 Docker 架構展開，由淺入深地講解 Docker 底層的隔離機制、容器的生命週期、網路與通訊、儲存原理及原始程式。深入剖析，「知其然而知其所以然」。第四步趁熱打鐵，圍繞前後端專案，從全端角度進行專案實戰。第五步則從 Docker 運行維護角度出發，進一步補充讀者的知識圖譜，這也是初學者最容易忽視的內容。從第六步開始就步入了高級應用，該部分重點圍繞 Docker 技術最佳實踐展開，提供了容器與處理程序、檔案儲存與備份、網路設定、鏡像最佳化及安全性原則與加固等內容，案例豐富，操作性強。第七步則昇華全書內容，透過雲端原生持續交付模型、企業級容器化標準及兩個實際的企業級方案，串聯本書所有內容。

至此，七步完成。讀者可以清晰地感受每一步帶來的技術提升，穩紮穩打，從而將 Docker 技術融會貫通。

✤ 本書的特點

（1）趣味易懂。

本書中較多的原理，剝除了 Docker 官方文件晦澀難懂的「外衣」，透過趣味故事展開。舉例來說，透過「蓋房子」來理解 Docker 是什麼，透過「別墅與膠囊旅館」來闡述容器與虛擬機器的概念，透過「工廠和廠房」米說明處理程序和執行緒，等等。讀者無須記憶，就可輕鬆理解，這也正是本書想要傳達的觀點：技術並非神秘莫測，而是缺乏技巧。

（2）案例豐富。

本書第 2 章和第 4 ～ 7 章都包含大量的案例。不管是「第一個 Docker 專案」還是專案實戰、企業案例，都包含了大量的程式講解。讀者完全可以按照教學逐步實現，體驗 Docker 程式設計的樂趣。

（3）實作性強。

值得一提的是，本書案例均來自實際的研發專案，為了讓讀者能夠輕鬆掌握，去除了容器中包含的業務邏輯，保留了 Docker 的核心架構，實作性強。熟練掌握本書中的案例，沉澱其所表現出來的方法論，讀者一定能夠在企業應用中靈活運用，事半功倍。

✤ 本書的讀者

軟體開發人員：有了 Docker，軟體開發人員可以聚焦業務邏輯，而不必再為了專案設定的差異、運行環境的不同而惆悵。

軟體測試人員：軟體測試人員每天都會面對大量的測試任務，手動執行測試用例會耗費大量的時間。在這種場景下，軟體測試人員可以考慮使用 Docker 進行自動化改造。

軟體運行維護人員：對軟體運行維護人員來説，Docker 技術應該成為其一項必修的基本功。依賴 Docker 提供的靈活性、封裝性及重複使用能力，軟體運行維護人員可以輕鬆應對系統多版本差異，高效維護多個環境。

王嘉濤

目錄

Chapter 01 快速了解 Docker

Chapter 02　開始第一個 Docker 專案

Chapter **03** 了解 Docker 的核心原理

Chapter 04 趁熱打鐵，Docker 專案實戰

Chapter **05 Docker** 的持續整合與發布

Chapter **06 Docker 的高級應用**

Chapter **07** 一步步打造企業級應用

快速了解 Docker

■ 1.1 Docker 簡介

1.1.1 透過「蓋房子」來理解 Docker── 一次建構，處處執行

近年來，隨著網際網路技術的高速發展，容器技術如日中天。而作為容器「代言人」的 Docker，則成為萬眾矚目的技術焦點。

在技術社區中有很多關於 Docker 的話題，開發人員樂此不疲地互相討論。為什麼 Docker 如此流行，它究竟有怎樣的「魔法」？

為了讓讀者能夠更進一步地理解 Docker 的概念，木章將從一個「蓋房子」的故事詳細說明。

1. 舉例說明

從前，有一個工匠，他擅長蓋房子。工匠每天都在畫設計圖、搬石頭、砍木頭，以滿足村民們蓋房子的需求，如圖 1-1 所示。

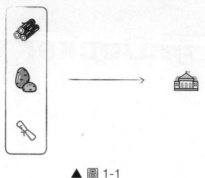

▲ 圖 1-1

突然有一天，隔壁村的村長找到工匠，希望工匠能去該村蓋房子。工匠遇到了難題，按照以往蓋房子的經驗，他只能去隔壁村繼續畫設計圖、搬石頭、砍木頭。這雖然沒有難度，但是工作量很大。

有沒有一個既快捷又高效的方式呢？

煩惱之際，隔壁村的村長教給工匠一種「魔法」，可以把蓋好的房子複製一份，做成「微縮版」房子模型，放入背包中便於攜帶。到了隔壁村，工匠將背包中「微縮版」房子模型取出，還原出一套新房子，如圖 1-2 所示。

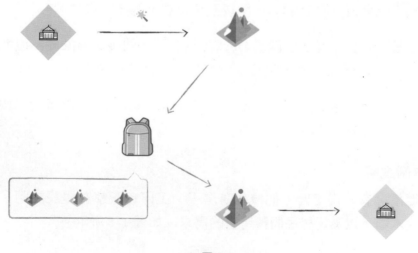

▲ 圖 1-2

就這樣，工匠設計了各式各樣的「微縮版」房子模型，放入背包，有需要就拿出來使用。這樣不但省去了前期的畫設計圖、搬石頭、砍木頭的繁瑣過程，而且可以穿梭於多個村子，生產效率大幅度提升。

2.「蓋房子」與 Docker 的關聯

其實，上述過程可以對應到開發人員的日常工作中。

- 房子：獨立的專案，需要經歷需求評審、初始化專案、程式開發及建構發布 4 個重要過程。
- 「微縮版」房子模型：專案的鏡像，可以快捷地將一套成熟的規則用到其他類似的專案中。
- 背包：鏡像倉庫，儲存各種鏡像模型，便於新專案隨時使用。

這就是 Docker 的「魔法」：利用鏡像與鏡像倉庫，形成一個輕量級、可移植的應用；一次建構，處處執行。這大大提高了軟體研發的效率，使用容器開發專案成為軟體開發人員不可或缺的基本能力之一。

1.1.2 Docker 的適用人群

在 1.1.1 節中介紹了 Docker 是什麼，那麼 Docker 適合哪些使用者使用呢？

本節將從開發人員、測試人員及運行維護人員的角度來闡釋，舉出讀者清晰的定位，如圖 1-3 所示。

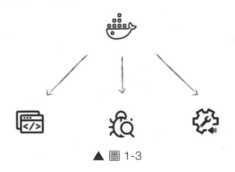

▲ 圖 1-3

1. 開發人員

有了 Docker，無論是前端開發人員還是後端開發人員，都不必再為專案設定的差異、執行環境的不同而惆悵，只需安心撰寫程式就可以。

此外，Docker 的特性，以及其擁有的巨量鏡像倉庫，為專案遷移和重複使用奠定了堅實的基礎。Docker 技術使開發人員有可能透過一筆或多筆命令，快速架設出一個完整的專案執行環境，開發效率不言自明。

2. 測試人員

測試人員每天都需要完成大量的測試任務。手動執行測試會耗費大量的時間，這時可以考慮使用 Docker 進行自動化改造。

> **Tips**
>
> 測試人員在進行一些功能測試或性能測試時，需要快速架設不同的執行環境。掌握 Docker 技術，可以讓測試人員如虎添翼。

自動化的成本是第一次自動化程式的撰寫和維護，而收益則是解放人力、提高生產力。

3. 運行維護人員

對運行維護人員來說，Docker 技術應該成為一項基本功。依賴 Docker 提供的靈活性、封裝性及重複使用能力，運行維護人員可以輕鬆應對系統多版本差異，高效維護不同的環境。

> **Tips**
>
> Docker 不關心使用者的應用程式是什麼、要做什麼，它只負責提供一個統一的資源環境，從根源上解決運行維護人員的煩惱。運行維護人員只需一鍵執行就可以，十分簡單便捷。

4. 其他

　　當然，也不要把 Docker 侷限在上述幾個場景下。了解 Docker 能做什麼、能解決什麼問題，不斷在專案中打磨，才能將 Docker 技術發揮到極致。

1.1.3 Docker 能解決什麼問題

　　終於到了最核心的環節，介紹了那麼多適用人群，那 Docker 究竟能解決什麼問題呢？下面將一一揭曉。

1. 固化設定，提高效率

　　Docker 提供了一個通用設定檔。在初次設定成功後，開發人員可以將設定檔固化，之後碰到相同的設定需求，直接複製過來使用即可。

　　隨著應用逐漸增多，開發人員只需維護好與之對應的 Docker 設定檔就可以，而這個設定檔則儲存了 Dockcr 執行、啟動、部署的命令。

> **Tips**
>
> 可以想像，一個身經百戰的開發人員，借助 Docker 可以靈活地應對各種複雜的環境。

2. 自動化 CI/CD 流程

　　Docker 提供了一組應用打包建構、傳輸及部署的方法，以便於使用者能夠輕而易舉地在容器內執行任何應用。Docker 還提供了跨越這些異質環境以滿足一致性的微環境──從開發到部署，再到流暢發布。

　　這些只是 Docker 的基本能力，除此之外，它最強大的地方是：可以和 Jenkins 及 GitLab 串聯起來，融入專案開發的 CI/CD（持續整合與持續發布）流程中，讓一鍵部署成為可能。第 5 章將重點介紹 Docker 的持續整合與發布。

3. 應用隔離

讀者或許會疑惑，為什麼需要應用隔離？

舉例來說，伺服器上混部了兩個服務：一個是 Node 服務，用來啟動 Web 服務；另一個是 Java 服務，用來提供前後端分離的 API 介面。可能出現這種情況——兩個服務爭奪伺服器的 CPU 資源，無論哪一方失敗都將造成災難。

如圖 1-4 所示，伺服器的 CPU 資源已經被 Java 服務佔滿，此時該伺服器上的 Web 服務會存取過慢或已經當機。

PID	USER	PR	NI	VIRT	RES	SHR	S	%CPU	%MEM	TIME+	COMMAND
334618	worker	20	0	16.5g	1.8g	7916	S	177.3	3.7	32:27.26	java
457572	worker	20	0	16.5g	1.6g	10m	S	52.7	3.5	9:05.81	java
42576	worker	20	0	11.5g	631m	6296	S	32.5	1.3	9135:12	java
67353	worker	20	0	15.6g	1.9g	7400	S	21.9	4.1	297:34.02	java
368097	worker	20	0	15.4g	1.8g	8012	S	9.3	3.9	28:27.01	java
361030	worker	20	0	17.3g	3.5g	8300	S	8.0	7.4	68:01.30	java
252345	worker	20	0	19.0g	5.6g	7452	S	6.6	12.0	438:02.61	java
408470	worker	20	0	14.7g	1.3g	8100	S	6.0	2.7	15:17.63	java
13726	worker	20	0	14.4g	1.3g	7372	S	5.6	2.7	397:14.20	java
155930	worker	20	0	14.5g	1.3g	7392	S	4.0	2.9	146:40.70	java
843231	worker	20	0	14.6g	1.2g	7076	S	4.0	2.6	1305:52	java

▲ 圖 1-4

在這種情況下，CPU 也很為難——在資源有限的前提下，同一時間無法同時滿足多個處理程序的過度使用。

當然，在這種場景下可以透過獨立部署、為虛擬機器設定資源優先順序等方案解決。但在 Docker 中，這些完全沒有必要擔心，因為 Docker 提供了處理程序級的隔離，可以更加精細地設定 CPU 和記憶體的使用率，進而更進一步地利用伺服器的資源。

4. 自動化擴充 / 縮小

在企業中，如果存在大促或流量不均的場景，則伺服器的自動擴充 / 縮小就會很關鍵。

在流量低谷時進行自動縮小，可以大幅度減少伺服器成本。在峰值來臨時，透過伺服器性能偵測，可以預測到瓶頸即將來臨，在瓶頸來臨時自動觸發伺服器擴充操作，從而保證伺服器穩定執行。

這一切在傳統的虛擬機器中顯得十分笨重，而在 Docker 中卻非常靈活並且高效，因為每個容器都可作為單獨的處理程序執行，並且可以共用底層作業系統的系統資源。這樣可以提高容器的啟動和停止效率，擴充也就毫不費力了。

5. 節省成本，一體化管理

節省成本也是很多企業使用 Docker 的原因之一。傳統企業一般會使用虛擬機器，虛擬機器雖然可以隔離出很多「了系統」，但佔用的空間更大，啟動更慢。

> 💡 **Tips**
> Docker 技術不需要虛擬出整個作業系統，只需要虛擬出一個小規模的環境，與「沙盒」類似。

此外，虛擬機器一般要佔用很大的儲存空間（可以達到數十 GB）；而容器只需要佔用很小的儲存空間（最小的僅為幾 KB），這樣就能節省出更多的伺服器資源，從根本上節省成本。

再加上 Docker 配套的管理平臺，可實現一體化管理，省時省力又省錢。這樣的誘惑，企業管理者一般很難拒絕。這也是 Docker 能夠流行全球的直接原因。

1.1.4 如何快速入門

前面使用了較多篇幅介紹 Docker 的基本資訊，相信讀者已經迫不及待想使用 Docker 了。

不要著急，在開始下一步之前，讀者先花 5min 了解一下 Docker 入門七步法，如圖 1-5 所示。順著想法走下去，讀者定能迅速掌握 Docker 技術，達到事半功倍的效果。

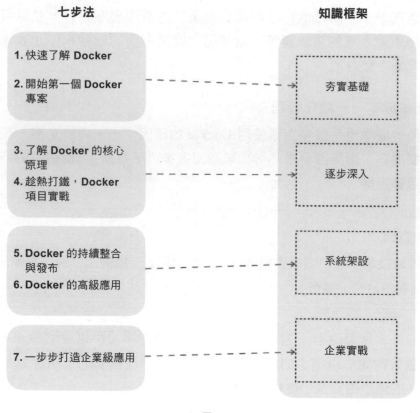

▲ 圖 1-5

Tips

為什麼是七步？因為人的短時記憶極限不超過 7 個點。本書巧妙地利用了這一點，既不會讓讀者感覺到大腦負載，又能快速地記住章節內容。

與此同時，在讀者腦海中架設了一個完整的知識框架，即夯實基礎→逐步深入→系統架設→企業實戰。

這也正是本書的寫作目的：只需七步，讓讀者輕鬆掌握 Docker 技術。

讓我們踏上征程，一起探索 Docker 的「魔法」吧！

1.2 Docker 的基本組成

讀者可以透過以下步驟系統地掌握 Docker 技術：首先，要有宏觀的認識 ── Docker 是由哪些部分組成的；其次，要理解其核心概念 ── 鏡像、容器和倉庫；最後，透過專案實戰來融會貫通。

本節將圍繞 Docker 的三大組成部分和三大核心概念詳細說明。

1.2.1 Docker 的三大組成部分

關於 Docker 的三大組成部分，下面將按照 Docker 官方提供的架構圖來說明，如圖 1-6 所示。

1. 使用者端

使用者端（Client）作為使用者的使用介面，接收使用者命令和設定標識。它可以執行 docker build 命令、docker pull 命令和 docker run 命令等，是讀者需要重點掌握的核心內容。

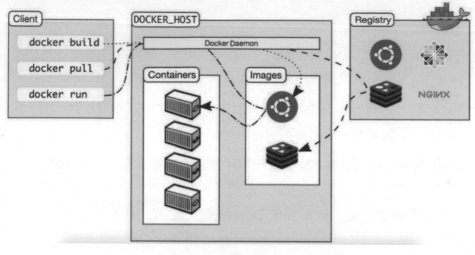

▲ 圖 1-6

2. 宿主機（DOCKER_HOST）

DOCKER_HOST 為執行 Docker Daemon 的後台處理程序提供了保障，一般透過使用者端與之進行通訊。

3. 登錄檔服務（Registry）

Registry 是一個集中儲存與分發鏡像的服務。在大部分的情況下，開發人員建構完 Docker 鏡像後，即可在當前宿主機上執行容器。一個 Docker Registry 可以包含多個 Docker 倉庫，每個倉庫可包含多個鏡像標籤，每個標籤對應一個 Docker 鏡像。

 Tips

第 3 章將重點介紹 Docker 的核心原理，這裡讀者只需了解基本概念就可以。

1.2.2 Docker 的三大核心概念

Docker 技術包含 Container、Image、Repository 等關鍵字，如果讀者不提前弄清楚這些關鍵字，使用 Docker 的過程就會變得困難重重。

因此，本節重點介紹 Docker 的三大核心概念：鏡像（Image）、容器（Container）和倉庫（Repository）。

1. 鏡像

從本質上來說，Docker 鏡像是一個 Linux 的檔案系統，在該檔案系統中包含可以執行在 Linux 核心的程式及對應的資料。

因此，透過 Docker 鏡像建立一個容器，就是將鏡像定義好的使用者空間作為獨立隔離的處理程序執行在宿主機的 Linux 核心上。

鏡像有以下兩個特徵。

- 分層（Layer）：一個鏡像可以由多個中間層組成，多個鏡像可以共用同一中間層。當然，也可以透過在鏡像上多增加一層來生成一個新的鏡像。
- 唯讀（Read-Only)：鏡像在建構完成之後，便不可以再修改。而上面所說的多增加一層建構新的鏡像，實際上是透過建立一個臨時的容器，在容器上增加或刪除檔案，從而形成新的鏡像的，因為容器是可以動態改變的。

2. 容器

容器與鏡像的關係，就如同物件導向程式設計中物件與類別之間的關係。因為容器是透過鏡像來建立的，所以必須先有鏡像才能建立容器。而生成的容器是一個獨立於宿主機的隔離處理程序，並且有屬於容器自己的網路和命名空間。

鏡像由多個中間層組成，生成的鏡像是唯讀的，但容器是寫入 / 讀取（Writer/Read）的，這是因為容器是在鏡像上增加一層讀 / 寫層（Read/Writer Layer）實現的，如圖 1-7 所示。

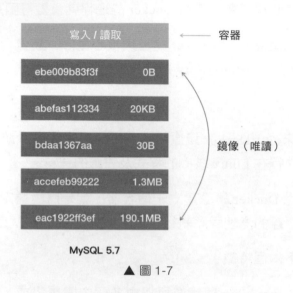

▲ 圖 1-7

3. 倉庫

GitHub 作為程式倉庫，用來儲存專案程式。鏡像倉庫的作用也是類似的，主要用於集中儲存鏡像，可以託管在 Docker Hub 上。

倉庫按照功能不同可以分為公共倉庫和私有倉庫兩類，在 2.6.1 節中將重點介紹鏡像倉庫，這裡先不展開講解。

1.3 入門必備基礎知識

工欲善其事，必先利其器。要學好 Docker，基本功必不可少。本節將幫助讀者做好前期的技術儲備。在後期實踐過程中，如果讀者遺忘了一些基礎命令，則可以迅速傳回本章進行系統的回顧。

1.3.1 Linux 基本操作

提起 Linux，不得不提到他的創始人——Linus Benedict Torvalds。他於 1991 年在網上發布了 Linux，並於 1992 年重新以 GUN GPL 的協定發布，從此揭開了 Linux 的華美序章，顛覆了 Windows 一統天下的局面。

目前，有數以萬計的開發人員為 Linux 及其社區貢獻過程式，這也從側面說明了學習 Linux 的必要性。本節從 Linux 基本操作展開，重點介紹圍繞 Docker 生態的一些基本操作。

 Tips

本節使用的是 CentOS 7.8 版本中的命令。

1. 透過 ssh 命令進入作業系統

SSH 協定是較可靠、專為遠端登入階段和其他網路服務提供安全性的協定。利用 SSH 協定，可以有效解決遠端系統管理過程中的資訊洩露問題。

透過 ssh 命令進入 CentOS 7.8，以下方程式所示。

```
ssh 172.16.220.132
root@172.16.220.132's password:
Last login: Sun Feb 14 23:07:21 2021 from 172.16.5.142

Welcome to Alibaba Cloud Elastic Compute Service !
```

如果看到如上所示的歡迎詞，則表示該使用者已經進入 CentOS 7.8。

眾所皆知，在 Linux 中，不同的使用者角色有不同的操作許可權。這時操作者肯定會產生疑問：我當前是哪個使用者角色？處於哪個目錄呢？下面透過 whoami 命令和 pwd 命令來查詢，如下所示。

```
#whoami
root

#pwd
/root
```

上面主控台的輸出，表示當前是 Root 使用者，位於「/root」目錄下。

 Tips

在 CentOS 中，如果看到「#」，則表示是 Root 使用者。

2. 建立、查詢及切換使用者

眾所皆知，Linux 是一個多使用者、多工的分時作業系統，任何一個要使用系統資源的使用者，都必須首先向系統管理員申請一個帳號，然後以這個帳號的身份進入系統。

（1）明確三類角色。

在 Linux 中，一般會分為三類角色：超級使用者、普通使用者、虛擬使用者。角色不同，其許可權也不同。

- 超級使用者：預設是 Root 使用者，其 UID 和 GID 都是 0。Root 使用者在每個 UNIX 和 Linux 中都是唯一且真實存在的。使用 Root 使用者可以登入作業系統，執行其中的任何命令。Root 使用者擁有最高管理許可權。
- 普通使用者：作業系統中的大多數使用者都是普通使用者。在實際中，一般使用普通使用者操作。需要某種許可權時，用 sudo 命令來提升。
- 虛擬使用者：為了與真實的普通使用者區分開，作業系統在安裝後內建了虛擬使用者角色。該角色是系統正常執行不可缺少的，主要是為了方便管理作業系統，滿足對應的作業系統處理程序對檔案擁有者的要求。

（2）區分其他使用者角色。

在生產環境下，一般使用普通使用者角色或虛擬使用者角色管理檔案目錄，其他的使用者角色又該如何區分呢？

舉例來說，使用 useradd 命令來建立使用者 userone，使用 id 命令來查詢該使用者的詳細資訊。

```
#useradd userone
#id userone
uid=1002(userone) gid=1002(userone) groups=1002(userone)
```

可以看到，在建立使用者 userone 的同時會建立 userone 群組，這是因為在建立使用者時並沒有指定群組。

切換到使用者 userone 下，以下方程式所示。

```
#su - userone
$pwd
/home/userone
$whoami
userone
```

細心的讀者可能看到了，提示符號變成了「$」，目錄變成了「/home/userone」。其實這是有規律可循的，切換使用者後會自動進入「家」（/home）目錄下，這個「家」目錄既可以手動指定也可以使用預設設定。

3. 檔案操作

Linux 的設計理念是「一切皆檔案」，掌握檔案操作表示拿下了 Linux 的半壁江山。下面透過具體範例介紹 Linux 是如何操作檔案的。

（1）透過 mkdir 命令建立一個目錄「myfolder」，並透過 cd 命令進入該目錄。

```
#mkdir myfolder
#cd myfolder/
#touch myfile
#vim myfile
```

（2）建立檔案需要使用 touch 命令。

為了更進一步地理解 Linux 中的檔案操作，下面在「myfolder」目錄下使用 touch 命令建立檔案 myfile，具體如下。

```
#touch myfile
```

（3）使用 Vim 在終端中編輯文字。

因為終端不存在文字編輯器，所以可以借助 Vim 來實現。

首先，執行 vim myfile 命令進入 Vim 編輯模式。

```
#vim myfile
```

然後，在 Vim 編輯模式下，按 i 鍵插入模式，此時系統左下角會提示「-- INSERT --」，如圖 1-8 所示。

▲ 圖 1-8

最後，輸入「Hello World!」，按 Esc 鍵進入命令模式。透過輸入 :q! 命令（Vim 快速鍵，保留當前修改並退出），系統會自動回到操作介面。

（4）透過 cat 命令查看檔案。

```
#cat myfile
Hello World!
```

 Tips

下面簡單回顧整個檔案操作過程： 使用 mkdir 命令建立一個目錄； 使用 cd 命令來切換目錄； 使用 touch 命令建立一個檔案； 使用 vim 命令編輯檔案； 使用 cat 命令查看檔案。

以上是 Linux 中非常高頻的操作，請讀者熟記 mkdir 命令、cd 命令、touch 命令和 cat 命令的使用場景。

下面詳細講解 Vim 的基本操作。

4. Vim 的基本操作

Vim 是從 vi 發展出來的文字編輯器。它提供了程式補全、編譯及錯誤跳躍等方便程式設計的功能，被開發人員廣泛使用。

 Tips

Vim 和 Emacs 是類 UNIX 使用者非常喜歡的文字編輯器。

Vim 作為 CentOS 預設的文字編輯器，是開發人員必須掌握的一個基礎知識，否則在伺服器端操作檔案時將寸步難行。

讀者暫時不需要深入理解 Vim 的原理和執行機制，只需掌握基本操作就可以，下面介紹一些高頻使用的命令與快速鍵。

（1）編輯命令。

- i：在游標前插入內容。
- a：在游標後插入內容。
- o：在所在行的下一行插入新行。
- O：在所在行的上一行插入新行。
- x：刪除游標後面的字元。
- d$：刪除游標至行尾的內容。
- dd：刪除整行。
- yy：複製整行。
- p：在所在行的下一行貼上。

（2）查詢與替換命令。

- /pattern：向下查詢。
- ?pattern：向上查詢。
- n：順序查詢。
- N：反向查詢。
- :s/p1/p2/g：在當前行將 p1 替換成 p2。
- :m,ns/p1/p2/g：將第 m ～ n 行的 p1 替換成 p2。

（3）末行操作。

- :w：儲存。
- :q：退出。
- :x：儲存並退出。
- :q!：強制退出。
- :w!：強制儲存。
- : 數字：定位到指定行。
- :set nu：顯示行號。

Tips

使用 Vim 中的 u 命令可以撤銷上一次操作，終端會有撤銷提示。如果撤銷得太多，則可以使用 Ctrl+R 複合鍵（即常說的 redo 操作）回退到前一個操作狀態。

5. 剪下與複製

如果要對目錄下的檔案進行剪下，則需要使用 mv（move file 的簡稱）命令，基本用法如下。

```
mv [options] source dest
mv [options] source... directory
```

options 部分的參數解釋如下。

- -b：如果目的檔案或目錄存在，則在執行覆蓋操作前會為其建立一個備份。
- -i：如果指定移動的原始目錄或檔案與目標目錄或檔案名稱相同，則先詢問是否覆蓋舊檔案，輸入 y 表示直接覆蓋，輸入 n 表示取消該操作。
- -f：如果指定移動的原始目錄或檔案與目標目錄或檔案名稱相同，則不會詢問，而是直接覆蓋舊檔案。
- -n：不覆蓋任何已存在的檔案或目錄。
- -u：如果原始檔案比目的檔案新，或目的檔案不存在，則執行移動操作。

為了便於讀者理解，下面透過一個例子來説明。

（1）透過 ls 命令查看目前的目錄下的內容，當前只有一個名為 myfile 的檔案。

```
#ls
myfile
```

（2）透過 mv 命令將檔案 myfile 改名為 file。

```
#mv myfile  file
#ls
file
```

此時，目錄下的檔案已經變成 file。

 Tips

如果目標目錄與原始目錄一致，當指定新檔案名稱後，則效果只是重新命名而已。

（3）透過 cp 命令進行檔案複製。

```
#cp file file1
#ls
file  file1
```

再次查看目錄內容，發現已經多出了 file1 檔案，説明已經複製成功。

 Tips

如果使用 cp 命令複製的是資料夾，那麼需要加參數 -r（其中，r 代表 recurse）進行遞迴操作。

6. 操作許可權

細心的讀者可能注意到了，我們一直使用 Root 使用者操作。如果換成 userone 使用者（可以透過 su 命令來切換使用者角色），操作可以嗎？

下面進行嘗試。

```
#su - userone
Last login: Sun Feb 14 23:12:55 CST 2021 on pts/1

$cd /root/myfolder
-bash: cd: /root/myfolder: Permission denied
```

在執行 cd 命令進入「/root/myfolder」目錄時，主控台顯示了「Permission denied」異常。很明顯，當前使用者沒有許可權。那麼又該如何為當前使用者授權呢？

（1）了解如何查看目錄許可權。在終端執行 ls -l 命令，輸出結果如下。

```
#ls -l
total 4
drwxr-xr-x 2 root root 4096 Feb 14 23:37 myfolder
```

在上述程式中，需要特別注意「drwxr-xr-x」部分。為了便於讀者理解，下面將其拆成四部分來介紹。

- d：當前是一個目錄。
- rwx：檔案（或目錄）的擁有者擁有的許可權。
- r-x：檔案（或目錄）的群組擁有的許可權。
- r-x：其他使用者對檔案（或目錄）擁有的許可權。

Tips

其中，r 為讀取許可權，w 為寫許可權，x 為可執行許可權。

（2）讓 userone 使用者也有查看檔案的許可權，以下方程式所示。

```
#chmod o+rx /root -R
#su - userone
Last login: Sun Feb 14 23:48:29 CST 2021 on pts/0

$cd /root
[userone@al-bj-web-container root]$ls
myfolder

[userone@al-bj-web-container root]$cd myfolder/
[userone@al-bj-web-container myfolder]$ls
file   file_copy
```

這裡用到了 chmod 命令，下面進行簡單說明。授權的方式有很多種，既可以針對某一群組使用者進行授權，也可以使用數字進行授權，其中，r 為 4，w 為 2，x 為 1。如果是「chmod 777 /root/myfile」，則表示擁有者、群組和其他使用者均被授予讀、寫、執行的許可權。

7. 查詢檔案

在實際開發中，開發人員經常會碰到一個場景：記不清楚檔案放到哪裡了，只記得檔案名稱，這時可以使用 find 命令，以下方程式所示。

```
#find / -name file_copy
/root/myfolder/file_copy
```

其中，-name 參數用於指定檔案名稱，file_copy 是要查詢的檔案名稱。

如果開發人員只是大概記住了檔案名稱，如馬什麼梅、什麼冬梅、馬冬什麼，則可以利用萬用字元（＊）來解決，以下方程式所示。

```
#find / -name file_*
/root/myfolder/file_copy
/usr/local/lib/python3.6/site-packages/setuptools/_distutils/file_util.py
/usr/share/doc/python-pycurl-7.19.0/examples/file_upload.py
```

```
/usr/lib64/python3.6/distutils/file_util.py
/usr/lib64/python3.6/distutils/__pycache__/file_util.cpython-36.pyc
/usr/lib64/python3.6/distutils/__pycache__/file_util.cpython-36.opt-2.pyc
/usr/lib64/python3.6/distutils/__pycache__/file_util.cpython-36.opt-1.pyc
/etc/selinux/targeted/active/file_contexts
/etc/selinux/targeted/active/file_contexts.homedirs
/etc/selinux/targeted/contexts/files/file_contexts.pre
/sys/kernel/slab/file_lock_cache
```

開發人員的記憶越清晰，查詢到的結果就會越準確。以後開發人員再也不用擔心忘記檔案放到哪個目錄下。

 Tips

規範檔案及目錄結構一直是 Linux 社區遵循並推薦使用的。不要標新立異，盡可能讓伺服器保持乾淨、整潔的狀態。

8. 查看網路資訊

在實際開發中，開發人員經常會碰到一些比較尷尬的場景，如在開發過程中共使用了 10 台虛擬機器，但忘記檔案放在哪台虛擬機器上了，這該如何是好呢？

相信很多讀者會說：多台機器那就逐台登入去找。這個方案是可行的，但讀者是否想過，如果我們維護的是成千上萬台的伺服器，那麼該如何區分多台伺服器呢？這時可以透過 IP 位址（伺服器的唯一標識）來區分。

但是，此時會遇到一個棘手的問題——如何查看網路資訊？以下方程式所示。

```
#ip addr
1: lo: <LOOPBACK,UP,LOWER_UP> mtu 65536 qdisc noqueue state UNKNOWN group
```

```
default qlen 1000
    link/loopback 00:00:00:00:00:00 brd 00:00:00:00:00:00
    inet 127.0.0.1/8 scope host lo
        valid_lft forever preferred_lft forever
    inet6 ::1/128 scope host
        valid_lft forever preferred_lft forever
2: eth0: <BROADCAST,MULTICAST,UP,LOWER_UP> mtu 1500 qdisc mq state UP group
default qlen 1000
    link/ether 00:16:3e:34:9b:f7 brd ff:ff:ff:ff:ff:ff
    inet 172.16.220.132/22 brd 172.16.223.255 scope global dynamic eth0
        valid_lft 315321088sec preferred_lft 315321088sec
    inet6 fe80::216:3eff:fe34:9bf7/64 scope link
        valid_lft forever preferred_lft forever
```

透過執行 **ip addr** 命令，從主控台輸出的資訊中可以看出有兩片網卡：一片是 lo，另一片是 eth0。

- lo 是回路位址，代表 localhost。
- eth0 是使用者與外界通訊的橋樑。

還有一個關鍵資訊就是 IP 位址。從主控台輸出的資訊中可以看出，IP 位址是 172.16.220.132。/22 表示遮罩是 255.255.252.0。

 Tips

/24 表示遮罩是 255.255.255.0。這關係到簡單的網路知識，具體內容可以查看 1.3.3 節。

9. 查看磁碟空間

如果一直在伺服器上增加檔案，最終會出現「No space left on device」異常，這時就需要執行刪除舊檔案、擴充磁碟等操作。所以，在日常的系統維護中，操作人員要時常關注磁碟剩餘空間。

下面介紹如何查看磁碟空間。

```
#df
Filesystem        1K-blocks     Used Available Use% Mounted on
devtmpfs           1856436        0   1856436   0% /dev
tmpfs              1866780        0   1866780   0% /dev/shm
tmpfs              1866780      504   1866276   1% /run
tmpfs              1866780        0   1866780   0% /sys/fs/cgroup
/dev/vda1         41152812  3491084  35758020   9% /
tmpfs               373360        0    373360   0% /run/user/0
```

在上述程式中使用了 df 命令（report file system disk space usage，檔案系統磁碟空間使用情況）。不難發現，最後一列的「Mounted on」表示檔案系統掛載到哪個目錄下。這個就是非常細節的問題了，後續講解容器儲存內容時會經常用到。

Tips

除上述場景外，在掛載儲存操作中也會經常用到 mount 命令。如果需要達到更加人性化的顯示效果，則可以嘗試 df-h 命令。

10. 新裝軟體

如果使用者想新安裝軟體，CentOS 提供了非常方便的套件管理器 Yum。Yum 可以一次性安裝所有的相依套件，並且提供完整的查詢、安裝、刪除軟體的命令，以下方程式所示。

```
#yum install -y httpd
Loaded plugins: fastestmirror
Loading mirror speeds from cached hostfile
base      | 3.6 kB  00:00:00
bjhl      | 2.9 kB  00:00:00
Not using downloaded bjhl/repomd.xml because it is older than what we have:
  Current   : Fri Jan 29 16:44:01 2021
```

```
   Downloaded: Fri Jan 29 16:38:53 2021
Resolving Dependencies
--> Running transaction check
---> Package httpd.x86_64 0:2.4.6-97.el7.centos will be installed
--> Processing Dependency: httpd-tools = 2.4.6-97.el7.centos for package:
httpd-2.4.6-97.el7.centos.x86_64
--> Processing Dependency: /etc/mime.types
--> Processing Dependency: libaprutil-1.so.0()(64bit)
--> Processing Dependency: libapr-1.so.0()(64bit)
--> Running transaction check
---> Package apr.x86_64 0:1.4.8-7.el7 will be installed
---> Package apr-util.x86_64 0:1.5.2-6.el7 will be installed
---> Package httpd-tools.x86_64 0:2.4.6-97.el7.centos will be installed
---> Package mailcap.noarch 0:2.1.41-2.el7 will be installed
--> Finished Dependency Resolution

Install  1 Package (+4 Dependent packages)

Total download size: 3.0 M
Installed size: 10 M

Complete!
#yum list httpd
Loaded plugins: fastestmirror
Loading mirror speeds from cached hostfile
   @updates
#yum remove httpd
Loaded plugins: fastestmirror
Resolving Dependencies
--> Running transaction check
---> Package httpd.x86_64 0:2.4.6-97.el7.centos will be erased
--> Finished Dependency Resolution

Dependencies Resolved

Remove  1 Package

Installed size: 9.4 M
Is this ok [y/N]: y
```

```
Downloading packages:
Running transaction check
Running transaction test
Transaction test succeeded
Running transaction
  Erasing:httpd-2.4.6-97.el7.centos.x86_64      1/1
  Verifying:httpd-2.4.6-97.el7.centos.x86_64      1/1

Removed:
  httpd.x86_64 0:2.4.6-97.el7.centos

Complete!
```

11. 總結

上述這些命令會在之後的章節中反覆使用，如果讀者在操作過程中忘記了某筆命令的用法，則可以使用 man--help 命令查看其說明文件，如圖 1-9 所示。

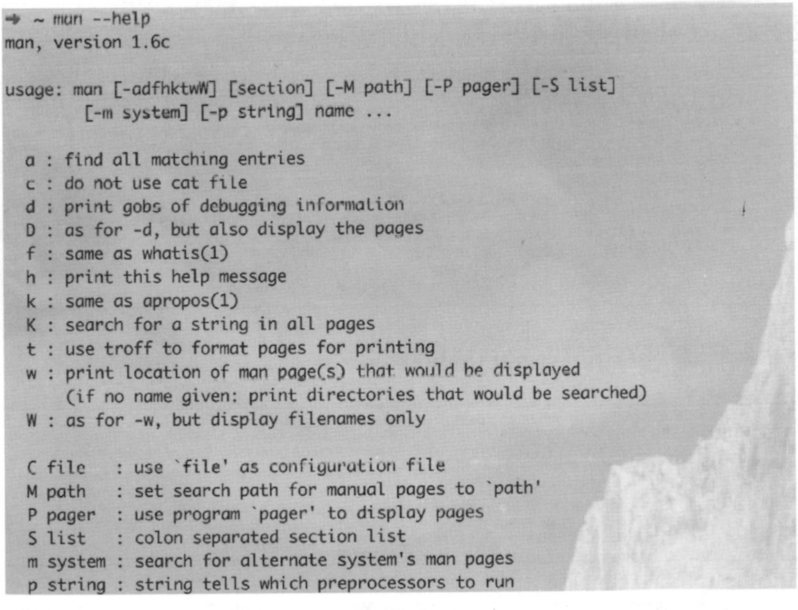

```
➜ ~ man --help
man, version 1.6c

usage: man [-adfhktwW] [section] [-M path] [-P pager] [-S list]
        [-m system] [-p string] name ...

  a : find all matching entries
  c : do not use cat file
  d : print gobs of debugging information
  D : as for -d, but also display the pages
  f : same as whatis(1)
  h : print this help message
  k : same as apropos(1)
  K : search for a string in all pages
  t : use troff to format pages for printing
  w : print location of man page(s) that would be displayed
      (if no name given: print directories that would be searched)
  W : as for -w, but display filenames only

  C file   : use `file' as configuration file
  M path   : set search path for manual pages to `path'
  P pager  : use program `pager' to display pages
  S list   : colon separated section list
  m system : search for alternate system's man pages
  p string : string tells which preprocessors to run
```

▲ 圖 1-9

1.3.2　Shell 基礎命令

前面介紹了 Linux 的常用命令，但這些還不夠。要掌握伺服器端操作，必須學會使用 Shell。

Shell 是一個用 C 語言撰寫的程式，它是使用者使用 Linux 的橋樑。Shell 既是一種命令語言，又是一種程式語言。Shell 使用起來非常簡單，只要有一個能撰寫程式的文字編輯器和一個能解釋執行的腳本解譯器就可以。

下面透過一些簡單的命令進行實踐。

1. 建立 Shell 腳本

（1）透過 vim 命令建立 1st-shell.sh 腳本。

```
#vim 1st-shell.sh
```

（2）在 1st-shell.sh 腳本中寫入以下內容。

```
#cat 1st-shell.sh
#!/bin/bash
whoami
pwd
mkdir shell-scripts
echo "Yeah, What a wonderful Day!"
```

（3）執行剛撰寫的 1st-shell.sh 腳本。

```
#bash 1st-shell.sh
userone
/home/userone
Yeah, What a wonderful Day!
```

這段 Shell 腳本很簡單，用於輸出當前有效使用者、目錄位址，並建立名為 shell-scripts 的資料夾，以及輸出「Yeah, What a wonderful Day!」。

2. 關於執行器

細心的讀者可能發現了，在執行 Shell 腳本時前面使用了「bash」關鍵字，這是為什麼呢？這樣做會告訴終端使用哪個執行器去執行當前的腳本。當然，除了 Bash，常見的執行器還有 UNIX 預設的 sh，以及 macOS 預設的 zsh 等。

舉例來說，如果要查詢虛擬機器有哪些可用的執行器，則可以執行 cat /etc/shells 命令，如圖 1-10 所示。

```
→ code git:(master) ✗ cat /etc/shells
# List of acceptable shells for chpass(1).
# Ftpd will not allow users to connect who are not using
# one of these shells.

/bin/bash
/bin/csh
/bin/ksh
/bin/sh
/bin/tcsh
/bin/zsh
```

▲ 圖 1-10

終端中輸出的格式是當前機器所支援的類型。舉例來說，ksh 是對 sh 的擴充且吸收了 csh 的一些有用的功能，但因為一開始 ksh 的 License（授權合約）是 AT&T，所以後來出現了很多 ksh 的開放原始碼版本，如 mksh、pdksh 等。

Tips

雖然有很多版本的執行器，但它們的基本用法是相似的，讀者不必過於糾結。

3. 管道符號「|」

在 Bash 中，管道符號使用「|」表示。管道符號是用來連接多筆命令的，如「命令 1 | 命令 2」。

> 💡 **Tips**
>
> 和多筆命令循序執行不同的是，用管道符號連接的命令，命令 1 的正確輸出將作為命令 2 的操作物件。

舉例來說，先透過 printenv 命令列印當前系統的環境變數，再使用管道符號「|」將前面命令的輸出結果作為下一筆命令的輸入，如圖 1-11 所示。

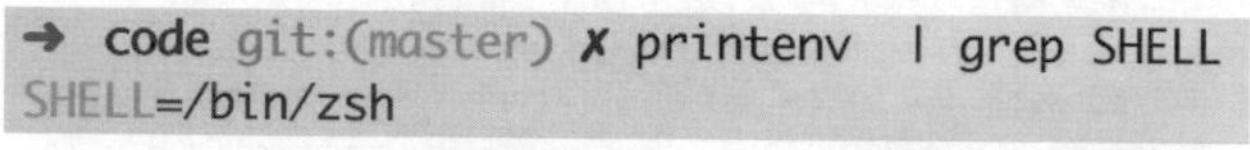
→ code git:(master) ✗ printenv | grep SHELL
SHELL=/bin/zsh

▲ 圖 1-11

管道符號後面使用了關鍵字「grep」。這裡可以將其理解為一行用於過濾的命令——篩選出系統中 SHELL 的環境變數。

4. Linux 中 GREP 命令的使用

Linux 中的 GREP（Globally search a Regular Expression and Print，全域搜尋正規表示法並列印）命令用於查詢檔案中符合條件的字串。

下面將透過範例進行講解。

（1）新建檔案 grep-demo.txt。

透過 vi 命令新建檔案 grep-demo.txt。

```
vi grep-demo.txt
```

寫入以下內容。

```
Hello World!
Hello Shell!
Hello Process!
```

```
Hello Docker!
Hello Kubernentes!
Hello OpenSource!
```

準備就緒，下面將演示利用 GREP 命令查詢檔案內容的過程。

（2）簡單查詢。

執行 grep Shell 命令，即可列印包含「Shell」關鍵字的這一行內容。

```
#cat grep-demo.txt | grep Shell
Hello Shell!
```

接下來嘗試增加 -A n 參數，這樣除了顯示「Shell」關鍵字這一行內容，還顯示該行之後的 n 行內容。

```
#cat grep-demo.txt | grep -A 1 Shell
Hello Shell!
Hello Process!
```

可以看到，「Hello Shell!」之後的「Hello Process!」這一行內容也被顯示出來。

 Tips

執行檔案必須要有 x 許可權（可執行許可權）！對應的內容在 1.3.1 節中有介紹，這裡不再贅述。

5. Shell 程式設計的語法

既然 Shell 被稱為程式語言，那麼必然存在對應的語法。下面講解一些常用的語法。

（1）宣告環境變數。

在 Shell 中如何宣告環境變數呢？答案是用 export 命令，具體用法可參考「export 變數名稱 = 變數值」。下面列舉一個具體的例子。

設定變數「myname=jartto」。

```
export myname=jartto
```

透過 grep 命令查詢「myname」變數是否被正常建立。

```
#env | grep myname
myname=jartto
```

如果終端中輸出「myname=jartto」，則表示變數已經被成功建立。

（2）如何查看上一筆命令是否執行成功？

在大部分的情況下，可以透過 grep 命令的查詢結果來獲取命令是否執行成功，但是這樣做過於麻煩，而且不一定準確。此時可以使用系統常數（$?）來進行判斷。

先執行一行失敗的命令。

```
#nginx -t
nginx: command not found
```

因為該伺服器未安裝 Nginx，所以執行 nginx -t 命令時會傳回異常。

接下來透過「$?」來驗證實際的執行結果。

```
#echo $?
127
```

終端輸出了 127，這是什麼意思呢？如果命令執行成功，則傳回 0；如果命令執行失敗，則傳回非 0。

不妨再來執行一行成功的命令。下面透過 date 命令列印系統時間。

```
#date
2021 年 6 月 20 日 星期日 21 時 25 分 42 秒 CST
```

結果如下。如果傳回 0，則說明上一行列印系統時間的命令執行成功。

```
#echo $?
0
```

（3）引用自訂變數。

引用自訂變數非常簡單，只需在變數名稱前加一個「$」就可以。

下面演示如何引用自訂變數「myname」。

```
#echo $myname
jartto
```

終端輸出「jartto」，說明變數已經被成功引用。

（4）變數類型。

在 Shell 中，變數是無類型的，宣告的變數可以存放任意類型的數值，如整數、字元型等。

比較特殊的是陣列，定義一個陣列「array=(d o c k e r)」，可以使用下標設定值，如「${array[1]}」的結果是「o」。如果取所有值，則語法是「${array[*]}」；如果要截取，則語法是「${ 陣列名稱 [@ 或 *]: 起始位置 : 長度 }」，如「${array[*]:3:2}」表示截取的是陣列 array，並且從第 3 個位置截取 2 項，因此輸出「k e」。

（5）if else 語法。

典型的條件判斷使用 if else 語法。

```
if condition; then
  …
elif condition; then
  …
else
  …
fi
```

舉例來說，判斷陣列中的第 1 項是否為「o」，如果是，則輸出「yes, I am o, U are Right」，否則輸出「Sorry, U are Wrong」。

```
if [ ${array[1]} == "o" ] ; then
echo "yes, I am o, U are Right"
else
echo "Sorry, U are Wrong"
fi
```

執行上述程式後，終端輸出「yes, I am o, U are Right」。

（6）對陣列 / 物件進行遍歷。

陣列或物件最常用的方法就是遍歷，在 Shell 中又是如何進行遍歷的呢？在大部分的情況下使用 for in 語法進行遍歷。

```
for a in ${array[*]}
do
echo "I am "$a
done
```

執行上述程式後，終端會輸出以下資訊。

```
I am d
I am o
I am c
I am k
I am e
I am r
```

當然，Shell 命令遠不止這些，感興趣的讀者可以在 Shell 官網中進行系統的學習。

1.3.3 網路偵錯基礎

一般來說，Web 應用屬於「所見即所得」類型，即開發人員的開發過程和偵錯過程都是白盒化的，可以直觀地看到。

而 Docker 通常會啟動一個後台服務，所以開發人員並不能直觀地看到服務執行情況，只能透過終端命令進行開發和偵錯，難度較大。如果開發人員不了解網路和具體的偵錯方案，將會是一場災難。開發人員會舉步維艱，無法快速定位問題。

本節將介紹一些與網路相關的命令，以便讀者在後面可以更進一步地理解並掌握容器的相關內容。

1. 確認 IP 位址或域名是否可用

在大部分的情況下，如果伺服器異常，則 IP 位址和域名有很大的機率是無法存取的。這時就需要掌握一些與網路相關的命令，如 curl 命令、ping 命令和 tcping 命令等。

（1）使用 curl 命令。

curl 是常用的命令列工具，用來請求 Web 伺服器。它是使用者端的 URL 工具，因此縮寫為 curl。

Tips

curl 工具的功能非常強大，命令列參數多達幾十種。如果熟練掌握了
curl 工具，則完全可以不使用 Postman 這一類的圖形介面工具。

舉例來說，透過 curl 命令可以查看域名（或通訊埠）是否可用。

```
$curl http://***.com
```

終端列印出了網站資訊，説明「http://***.com」網站可以正常存
取。需要注意的是，不附帶任何參數時，curl 會發出一個 Get 請求。

接下來，透過增加 -I 參數只列印 document 的相關資訊。

```
$curl -I http://***.com
```

從如下所示的終端輸出內容中可以看出，網站傳回的 HTTP 狀態碼
是「200」，伺服器是「GitHub.com」，文件類型是「text/html」，資訊非常
全面。

```
HTTP/1.1 200 OK
Server: GitHub.com
Date: Sun, 20 Jun 2021 14:47:00 GMT
Content-Type: text/html; charset=utf-8
Content-Length: 27990
Vary: Accept-Encoding
Last-Modified: Sun, 09 Aug 2020 10:32:10 GMT
Vary: Accept-Encoding
Access-Control-Allow-Origin: *
ETag: "5f2fd0aa-6d56"
expires: Sun, 20 Jun 2021 14:57:00 GMT
Cache-Control: max-age=600
Accept-Ranges: bytes
x-proxy-cache: MISS
X-GitHub-Request-Id: 10E2:6222:10B559B:187398B:60CF54E4
```

此外，也可以透過增加 -b 參數向伺服器發送 Cookie 內容。

```
$curl -b 'name=jartto' http://***.com
```

上面的命令會生成一個請求標頭「Cookie: name=jartto」，向伺服器發送一個名為 name、值為 jartto 的 Cookie。這在偵錯一些有使用者鑑權資訊的網站時尤為關鍵。

> ·☼· Tips
>
> curl 工具的命令非常多，這裡就不再一一列舉。讀者只需記住 curl --help 命令就可以，利用它可以透過終端快速了解命令細節，如下方程式所示。

```
#curl --help
Usage: curl [options...] <url>
Options: (H) means HTTP/HTTPS only, (F) means FTP only
    --anyauth       Pick "any" authentication method (H)
 -a, --append       Append to target file when uploading (F/SFTP)
    --basic         Use HTTP Basic Authentication (H)
    --cacert FILE   CA certificate to verify peer against (SSL)
    --capath DIR    CA directory to verify peer against (SSL)
 -E, --cert CERT[:PASSWD] Client certificate file and password (SSL)
    --cert-status   Verify the status of the server certificate (SSL)
    --cert-type TYPE  Certificate file type (DER/PEM/ENG) (SSL)
    --ciphers LIST  SSL ciphers to use (SSL)
    --compressed    Request compressed response (using deflate or gzip)
 -K, --config FILE  Read config from FILE
    --connect-timeout SECONDS  Maximum time allowed for connection
    --connect-to HOST1:PORT1:HOST2:PORT2 Connect to host (network level)
 -C, --continue-at OFFSET  Resumed transfer OFFSET
 -b, --cookie STRING/FILE  Read cookies from STRING/FILE (H)
 -c, --cookie-jar FILE  Write cookies to FILE after operation (H)
    --create-dirs   Create necessary local directory hierarchy
    --crlf          Convert LF to CRLF in upload
    --crlfile FILE  Get a CRL list in PEM format from the given file
```

```
 -d, --data DATA     HTTP POST data (H)
    --data-raw DATA  HTTP POST data, '@' allowed (H)
...
```

（2）使用 ping 命令。

ping（packet internet groper，網際網路分組探測器）是用來檢查網路是否通暢或網路連線速度的命令。使用 ping 命令可以對一個網路位址發送測試資料封包，確定該網路位址是否有回應並統計回應時間，以此測試網路。其缺點是不能指定通訊埠編號。

下面 ping 一下「jartto.wang」這個網站，並查看資料傳回情況。

```
ping jartto.wang
```

終端會不斷輸出回應資料結果。

```
PING jartto.wang (192.30.252.153): 56 data bytes
64 bytes from 192.30.252.153: icmp_seq=0 ttl=46 time=287.305 ms
64 bytes from 192.30.252.153: icmp_seq=1 ttl=46 time=278.146 ms
64 bytes from 192.30.252.153: icmp_seq=2 ttl=46 time=279.915 ms
64 bytes from 192.30.252.153: icmp_seq=3 ttl=46 time=295.150 ms
64 bytes from 192.30.252.153: icmp_seq=4 ttl=46 time=298.953 ms
64 bytes from 192.30.252.153: icmp_seq=5 ttl=46 time=299.617 ms
64 bytes from 192.30.252.153: icmp_seq=6 ttl=46 time=295.119 ms
64 bytes from 192.30.252.153: icmp_seq=7 ttl=46 time=288.187 ms
64 bytes from 192.30.252.153: icmp_seq=8 ttl=46 time=287.653 ms
64 bytes from 192.30.252.153: icmp_seq=9 ttl=46 time=284.612 ms
64 bytes from 192.30.252.153: icmp_seq=10 ttl=46 time=294.297 ms
64 bytes from 192.30.252.153: icmp_seq=11 ttl=46 time=300.339 ms
64 bytes from 192.30.252.153: icmp_seq=12 ttl=46 time=456.820 ms
...
--- jartto.wang ping statistics ---
42 packets transmitted, 40 packets received, 4.8% packet loss
round-trip min/avg/max/stddev = 278.146/295.789/456.820/26.603 ms
```

從上述內容中可以看出，每筆資料的回應時間大概為 280ms，説明網站回應速度比較慢（該網站託管在 GitHub 伺服器上，利用的是國外代理，存取確實比較慢）。

與 curl 命令相比，ping 命令就簡單多了，透過 ping --help 命令可以列印出該命令的相關用法。

```
ping: unrecognized option `--help'
usage: ping [-AaDdfnoQqRrv] [-c count] [-G sweepmaxsize]
            [-g sweepminsize] [-h sweepincrsize] [-i wait]
            [-l preload] [-M mask | time] [-m ttl] [-p pattern]
            [-S src_addr] [-s packetsize] [-t timeout][-W waittime]
            [-z tos] host
       ping [-AaDdfLnoQqRrv] [-c count] [-I iface] [-i wait]
            [-l preload] [-M mask | time] [-m ttl] [-p pattern] [-S src_addr]
            [-s packetsize] [-T ttl] [-t timeout] [-W waittime]
            [-z tos] mcast-group
            -b boundif            #bind the socket to the interface
            -k traffic_class      #set traffic class socket option
            -K net_service_type   #set traffic class socket options
            -apple-connect        #call connect(2) in the socket
            -apple-time           #display current time
```

因此，在確認「網路是否暢通」和「網路連線速度」時可以首選使用 ping 命令。

（3）使用 tcping 命令。

ping 命令有一個缺點──不能指定通訊埠編號。如果想知道目的位址的某通訊埠是否開放，就需要使用 tcping 命令。macOS 預設沒有安裝該命令，因此需要透過 Homebrew 工具進行安裝。

```
$brew install tcping
```

安裝成功後，可以透過 which tcping 命令查看安裝目錄。

```
$which tcping
```

接下來驗證 IP 位址「192.168.1.53」的 80 通訊埠是否開放。

```
$tcping 192.168.1.53 80
192.168.1.53 port 80 open.
```

從終端列印出來的資訊可以看出，該 IP 位址的 80 通訊埠是可以正常存取的。

> **Tips**
>
> 一旦涉及多台伺服器間的相互存取，如果通訊埠未開放，則網站或服務一定會出現呼叫異常。

需要注意的是，Windows 預設沒有安裝 tcping 命令，需要開發人員自行下載其外掛程式，並放到指定目錄下。

2. 查看系統通訊埠的佔用情況

Netstat 是在核心中存取網路連接狀態及其相關資訊的程式，它能提供 TCP 連接、TCP 和 UDP 監聽、處理程序記憶體管理等功能。強大的網路、連接、通訊埠等能力，使 Netstat 成為網路系統管理員和系統管理員的必備利器。

Netstat 的使用非常簡單，可以透過 netstat --help 命令來列印說明文件。

```
$netstat --help
netstat: option requires an argument -- p
Usage:  netstat [-AaLlnW] [-f address_family | -p protocol]
```

```
netstat [-gilns] [-f address_family]
netstat -i | -I interface [-w wait] [-abdgRtS]
netstat -s [-s] [-f address_family | -p protocol] [-w wait]
netstat -i | -I interface -s [-f address_family | -p protocol]
netstat -m [-m]
netstat -r [-Aaln] [-f address_family]
netstat -rs [-s]
```

舉例來說，透過 -a 參數可以列出當前所有的連接資訊。

```
netstat -a
```

終端會輸出以下資訊。

```
Active Internet connections (servers and established)
kctl      0      0     47      8 com.apple.netsrc
kctl      0      0     48      8 com.apple.netsrc
kctl      0      0     49      8 com.apple.netsrc
kctl      0      0     50      8 com.apple.netsrc
kctl      0      0     51      8 com.apple.netsrc
kctl      0      0     52      8 com.apple.netsrc
kctl      0      0     53      8 com.apple.netsrc
kctl      0      0     54      8 com.apple.netsrc
kctl      0      0     55      8 com.apple.netsrc
kctl      0      0     56      8 com.apple.netsrc
kctl      0      0     57      8 com.apple.netsrc
kctl      0      0      1      9 com.apple.network.statistics
kctl      0      0      2      9 com.apple.network.statistics
kctl      0      0      3      9 com.apple.network.statistics
kctl      0      0      4      9 com.apple.network.statistics
```

如果使用 -at 參數，則可以列出 TCP 協定的連接資訊。

```
$netstat -at
```

此外，還可以使用以下參數。

- -u：顯示 UDP 協定的連線狀況。

- -n：直接使用 IP 位址，而不通過域名伺服器。
- -l：顯示監控中的伺服器的 Socket。
- -p：顯示正在使用 Socket 的程式的辨識碼和名稱。

在大部分的情況下會將參數組合起來使用。

```
$netstat -atunlp
```

終端輸出的資訊如下所示。

```
Active Internet connections (only servers)
tcp  0  0 127.0.1.1:53    0.0.0.0:*    LISTEN    1144/dnsmasq
tcp  0  0 127.0.0.1:631   0.0.0.0:*    LISTEN    661/cupsd
tcp6 0  0 ::1:631         :::*         LISTEN    661/cupsd
```

 Tips

使用 -p 參數時，netstat 命令必須執行在 root 許可權之下，否則不能得到執行在 root 許可權下的處理程序名稱。

 Tips

透過查看通訊埠和連接的資訊，能查看到它們對應的處理程序名稱和處理程序號，這對系統管理員來說是非常有幫助的。例如，Apache 的 httpd 服務開啟了 80 通訊埠，如果要查看 HTTP 服務是否已經啟動，或者 HTTP 服務是由 Apache 還是 Nginx 啟動的，則可以透過查看處理程序名稱來得知。

3. 查看程式是否已啟動

　　Linux 的 ps（process status，處理程序狀態）命令用於顯示當前處理程序的狀態，類似於 Windows 的工作管理員。

ps 命令十分簡單，透過 ps --help 命令可以列印出說明文件。

```
$ps --help
ps: illegal option -- -
usage: ps [-AaCcEefhjlMmrSTvwXx] [-O fmt | -o fmt] [-G gid[,gid...]]
        [-g grp[,grp...]] [-u [uid,uid...]]
        [-p pid[,pid...]] [-t tty[,tty...]] [-U user[,user...]]
      ps [-L]
```

那麼如何查看處理程序呢？可以透過 ps -ef 命令顯示所有處理程序資訊及命令列資訊。

```
ps -ef | grep docker
```

終端會輸出與 Docker 相關的處理程序資訊，如圖 1-12 所示。

```
→ code git:(master) ✗ ps -ef | grep docker
   0    80    1  0 八10上午 ??    0:00.14 /Library/PrivilegedHelperTools/com.docker.vmnetd
 501   532  526  0 六10上午 ??    1:07.91 /Applications/Docker.app/Contents/MacOS/com.docker.backend -watchdog
 501   559  532  0 六10上午 ??    0:04.72 /Applications/Docker.app/Contents/MacOS/com.docker.supervisor -watchdog
 501   602  559  0 六10上午 ??    0:00.13 com.docker.osxfs serve --address fd:3 --connect vms/0/connect --control fd:4
 501   605  559  0 六10上午 ??    0:05.92 com.docker.vpnkit --ethernet fd:3 --diagnostics fd:4 --pcap fd:5 --vsock-path
```

▲ 圖 1-12

Tips

透過 ps 命令可以確定哪些處理程序正在執行和運行的狀態、處理程序是否結束、處理程序有沒有僵死、哪些處理程序佔用了過多的資源等，這為開發人員定位、分析問題提供了必要的指引。

1.3.4 Nginx 設定

在部署 Web 應用時，Nginx 是必不可少的。本節將介紹一些 Nginx 的基礎知識，以及常用設定，這對後續的實踐非常重要。

1. Nginx 簡介

Nginx 是一款輕量級的 Web 伺服器、反向代理伺服器，以及電子郵件（IMAP/POP3 協定）代理伺服器，在 BSD-like 協定下發行。

Nginx 是專門為最佳化性能開發的，因此其非常注重效率。它支援核心 Poll 模型，能經受高負載的考驗。有報告表示，它能支援高達 50000 個並行連接數。

Nginx 具有很高的穩定性。其他的 HTTP 伺服器，在遇到存取的峰值，或有人惡意發起慢速連接時，很可能會耗盡實體記憶體，失去回應，只能透過重新啟動恢復正常。而 Nginx 採取了分階段資源配置技術，所以它的 CPU 與記憶體佔用率非常低，從而具有超高穩定性。

正是以上述這些特點為基礎，各大網際網路公司均將其作為標準伺服器。

2. Nginx 功能介紹

通常來說 Nginx 可以提供以下功能。

（1）作為 HTTP 伺服器。

Nginx 本身可以作為靜態資原始伺服器，透過簡單的幾行設定，便可託管 Web 網站。

```
server {
listen      80;
  server_name  localhost;
  client_max_body_size 1024M;

  location / {
      root  /website/static/demo;
      index  index.html;
  }
}
```

此時透過瀏覽器開啟「http://localhost:80」連結，會預設造訪「/website/ static/demo」目錄下的 index.html 檔案，從而實現靜態 Web 網站的部署。

（2）作為負載平衡伺服器。

負載平衡是 Nginx 常用的功能。負載平衡的含義就是將工作任務分攤到多個操作單元（如 Web 伺服器、FTP 伺服器、企業關鍵應用伺服器和其他關鍵任務伺服器等）上執行，由這些操作單元共同完成工作任務。

 Tips

在有兩台或兩台以上的伺服器時，可以利用負載平衡功能，根據規則隨機地將請求分發到指定的伺服器上處理。負載平衡設定一般需要同時設定反向代理，透過反向代理跳躍到負載平衡。

Nginx 目前預設支援以下 3 種負載平衡策略。

- RR（Round-Robin，簡單輪詢）：是 Nginx 預設採用的負載平衡策略。每個請求按時間順序逐一被分配到不同的後端伺服器上，如果後端伺服器當機，則將其自動剔除。該策略的核心是相依 upstream 來實作的。

```
upstream AAA {
    server localhost:8080;
    server localhost:8081;
}
server {
    listen        81;
    server_name   localhost;
    client_max_body_size 1024M;

    location / {
        proxy_pass http://AAA;
```

```
        proxy_set_header Host $host:$server_port;
    }
}
```

- Balance 權重（加權輪詢）：該策略會指定輪詢機率，weight 和存取次數成正比，用於後端伺服器性能不均的情況。舉例來説，下面透過 weight 設定的 8080 通訊埠和 8081 通訊埠的存取比例為 9：1。

```
upstream test {
    server localhost:8080 weight=9;
    server localhost:8081 weight=1;
}
```

- IP Hash：該策略以 IP 位址為基礎進行雜湊分配，可以解決有狀態服務間的重複鑑權問題。ip_hash 的每個請求按照存取 IP 位址的雜湊運算結果進行分配，這樣每個訪客固定存取一個後端伺服器，可以解決有狀態服務（如使用 Session 儲存資料）資料共用的問題。

```
upstream test {
    ip_hash;
    server localhost:8080;
    server localhost:8081;
}
```

（3）作為可擴充的模組化元件。

Nginx 的內部是由核心部分和一系列的功能模組組成的，這樣是為了使每個模組的功能相對簡單，便於開發，同時便於對系統進行功能擴充。

Nginx 將各功能模組組織成一條鏈，當有請求到達時，請求會依次經過這條鏈上的部分模組（或全部模組）進行處理，如對請求進行解壓縮的模組、SSI 的模組、與上游伺服器進行通訊的模組，以及實現與 FastCGI 服務進行通訊的模組。

（4）作為郵件代理伺服器。

Nginx 可以將 IMAP、POP3 和 SMTP 協定代理到上游郵件伺服器（承載郵件帳戶的郵件伺服器）。也正是這個原因，Nginx 可以用作電子郵件使用者端的單一端點。它能夠輕鬆擴充郵件伺服器的數量，根據不同的規則選擇郵件伺服器，以及處理郵件伺服器間的負載平衡。最早開發這個產品的目的之一也是作為郵件代理伺服器。

當然，Nginx 的功能遠不止這些，感興趣的讀者可到 Nginx 官網進行系統的學習。

3. Nginx 常用設定

Nginx 是以設定檔為基礎的，因此掌握其常用設定非常重要。下面從 6 個方面進行講解。

（1）啟動、關閉與重新啟動命令。

透過 nginx 命令可以直接啟動 Nginx 伺服器。

```
$nginx
```

如果有修改 nginx.conf 檔案的操作，則可以使用 nginx -s reload 命令進行重新啟動，從而確保改動的設定即時生效。

```
$nginx -s reload
```

如果要關閉 Nginx 伺服器，則需要使用 nginx -s stop 命令。

```
$nginx -s stop
```

Tips

Nginx 的 stop 命令和 quit 命令都可以用於關閉伺服器。二者的區別如下：quit 命令會在關閉伺服器之前完成已經接收的連接請求；stop 命令會快速關閉伺服器，不管有沒有正在處理的請求。

（2）掌握 Location 指令設定的規則。

Location 指令是 Nginx 中關鍵的指令之一。Location 指令的功能是比對不同的 URI 請求，從而對請求進行不同的處理和回應。

① Nginx 設定檔的結構。

```
Global: 與 Nginx 執行相關
Events: 與使用者的網路連接相關
http
    http Global: 代理、快取、日誌及協力廠商模組的設定
    server
        server Global: 與虛擬主機相關
        location: 位址定向、資料快取、應答控制，以及協力廠商模組的設定
```

可以看到，Location 屬於請求等級的設定，這也是實際開發過程中常用的設定。

② Location 透過以下兩種模式與使用者端的 URI 請求進行比對。

■ location [= | ~ | ~* | ^~] /URI { … }。
■ location @/name/ { … }。

在比對 URI 請求時，有 5 種參數可選，如表 1-1 所示。

表 1-1

參數	描述
空	location 後沒有參數直接跟著標準 URI，表示首碼比對，代表從頭開始比對請求中的 URI
=	用於標準 URI 前，要求請求字串與其精準比對，若成功則立即處理，Nginx 停止搜尋其他比對
~	用於正則 URI 前，表示 URI 包含正規表示法，區分字母大小寫
~*	用於正則 URI 前，表示 URI 包含正規表示法，不區分字母大小寫
^~	用於標準 URI 前，並要求一旦比對成功就立即處理，不再比對其他正則 URI，一般用來比對目錄

Tips

@ 用於定義 Location 名稱。用 @ 定義的 Locaiton 名稱一般用在內部定向，如 error_page 命令和 try_filcs 命令中。它的功能類似於程式設計語言中的 goto 關鍵字。

（3）為 Nginx 設定 HTTPS 協定支援。

HTTPS 是由 HTTP 加上 TLS/SSL 協定而建構的可進行加密傳輸、身份驗證的網路通訊協定，主要透過數位憑證、加密演算法、非對稱金鑰等技術完成網際網路資料的傳輸加密，實現網際網路傳輸安全保護。

第一步，檢查 Nginx 是否安裝了 http_ssl_module 模組。

```
$/usr/local/nginx/sbin/nginx -V
```

如果出現主控台輸出資訊中包含「configure arguments: –with-http_ssl_module」，則表示已經安裝了該模組。如果沒有安裝該模組，則需要到 Nginx 官網下載對應模組安裝套件進行安裝。

第二步,準備 SSL 憑證(一般可以申請協力廠商服務,如阿里雲),並將憑證檔案部署到一台可存取的機器目錄下。

第三步,設定「HTTPS Server」,需要註釋起來之前的「HTTP Server」,並新增「HTTPS Server」。

```
server {
listen    80;
  listen    443 ssl;
  server_name xxx.com;
  ssl_certificate /data/data/cert/_.xxx.com.cer;
  ssl_certificate_key /data/data/cert/_.xxx.com.key;

  ssl_dhparam    /data/data/cert/xxx.pem;
  ssl_protocols TLSv1 TLSv1.1 TLSv1.2;
  ssl_ciphers 'xxx';
  ssl_prefer_server_ciphers on;

  ssl_stapling on;

  ssl_stapling_verify on;
  ssl_trusted_certificate /data/data/cert/_.xxx.com.cer;

  rewrite ^(.*) https://www.xxx.com$1 permanent;
}
```

第四步,檢查設定憑證的 .crt 檔案和 .key 檔案的目錄。

```
ssl_certificate /data/data/cert/_.xxx.com.cer;
ssl_certificate_key /data/data/cert/_.xxx.com.key;
```

第五步,將 HTTP 重新導向到 HTTPS,透過執行 nginx -s reload 命令重新啟動伺服器。

```
nginx -s reload
```

此時，設定檔的內容如下。

```
server {
    listen      80;
    server_name ***.com www.***.com;
    return 301 https://$server_name$request_uri;
}
```

（4）設定 Nginx 健康檢查。

在實際開發過程中，不可避免地會遇到服務重新啟動或故障的情況。

> **Tips**
>
> 如果是很重要的線上業務，則服務重新啟動或故障情況一定會影響使用者的存取，造成巨大損失。因此，必要的健康檢查是確保服務穩定性的屏障。

　　Nginx 預設支援主動健康檢查模式。Nginx 伺服器端會按照設定的間隔時間主動向後端的「upstream_server」發出檢查請求，以驗證後端的各個「upstream_server」的狀態。如果得到某台伺服器的失敗次數超過一定數量（到達 3 次就會標記該伺服器為異常），則不會將請求轉發至該伺服器。

　　舉例來說，透過設定「check interval」來實現健康檢查的規則。

```
upstream api_server {
    server 127.0.0.1:3001;
    check interval=9000 rise=2 fall=2 timeout=10000 type=http;
    check_http_send "HEAD / HTTP/1.0\r\n\r\n";
    check_http_expect_alive http_2xx http_3xx;
}
```

　　從上述設定中可以得到以下資訊。

- 「interval=9000」表示檢查間隔為 9s，「rise=2」表示如果連續成功 2 次則認為服務健康，「fall=2」表示如果連續失敗 2 次則認為服務不健康，「timeout=10000」表示健康檢查的逾時時間為 10s，「type=http」表示檢查類型為 HTTP。

- 「check_http_send」用於設定檢查的行為，請求類型為 URL，協定為「HEAD/HTTP/ 1.0\r\n\r\n」。

- 「check_http_expect_alive」用於傳回正常的回應狀態。

 Tips

上述程式片段用到了 ngx_http_upstream_check_module 模組。

（5）開啟 Nginx Gzip 壓縮功能。

為 Nginx 開啟 Gzip 壓縮功能，可以使 Web 應用的靜態資源（如 CSS 檔案、JavaScript 檔案、XML 檔案、HTML 檔案）在傳輸時進行壓縮，提高網站存取速度，進而最佳化 Nginx 性能。

在大部分的情況下，Gzip 壓縮可以設定在 HTTP 模組、Server 模組和 Location 模組下。

```
gzip on;
gzip_min_length  1k;
gzip_buffers     4 16k;
gzip_http_version 1.1;
gzip_comp_level 2;
gzip_types text/plain application/x-javascript text/css text/javascript
application/javascript application/xml;
gzip_vary on;
```

具體的參數說明如下。

- gzip on：是否開啟 Gzip 壓縮功能，on 表示開啟，off 表示關閉。

- gzip_min_length：設定允許壓縮頁面的最小位元組數 (一般從 Header 標頭的「Content- Length」中獲取)。當傳回值大於此值 時，才會使用 Gzip 進行壓縮。
- gzip_buffers：設定 Gzip 申請記憶體空間的大小，其作用是按區 塊大小的倍數申請記憶體空間。上方程式中的「gzip buffers 4 16k;」表示按照原始資料大小 16KB 的 4 倍申請記憶體空間。
- gzip_http_version：辨識 HTTP 協定的版本。
- gzip_comp_level：設定 Gzip 的壓縮等級（ 1 ～ 9 ）。等級越低，壓 縮速度越快，檔案壓縮比越小。
- gzip_types：設定需要壓縮的 MIME 類型。

（6）設定 Nginx 跨域請求。

伺服器預設是不允許跨域的。為 Nginx 伺服器設定「Access-Control- Allow-Origin "*"」，可以讓伺服器接受所有的請求來源（Origin），即接受 所有跨域請求。

```
location  / {
add_header Access-Control-Allow-Origin "*";
add_header Access-Control-Allow-Credentials  true;
add_header Access-Control-Allow-Methods  "POST, GET";
proxy_pass http://[page_server 變數 ];
}
```

> ⚙ Tips
>
> 為了安全起見，一般不會設定「*」接受所有的跨域請求，而是指定某個 資源的域名，如下方程式所示。這樣具有縮小範圍的作用，只有與資源 所在的一級域名相同才允許存取。

```
location  / {
if ($http_origin ~* "^https?:\/\/.*\.xxx\.com($|\/)"){
```

```
add_header Access-Control-Allow-Origin "$http_origin";
      add_header Access-Control-Allow-Credentials  true;
      add_header Access-Control-Allow-Methods  "POST, GET";
   }
proxy_pass http://[page_server 變數];
}
```

至此，Nginx 基礎知識部分就介紹完了。對 Nginx 感興趣的讀者可到其官網進行深入的學習。

1.3.5 區分物理機、虛擬機器與容器

提起物理機、虛擬機器與容器，很多讀者都會一頭霧水。下面介紹物理機、虛擬機器與容器的區別。

1. 物理機：獨棟的別墅

物理機一般是指實體電腦。

用房子來比喻，物理機就是獨棟的別墅：住一戶人家，擁有獨立洗手間和私人花園，如圖 1-13 所示。

▲ 圖 1-13

2. 虛擬機器：城市的大樓

虛擬機器是透過軟體模擬的、具有完整硬體系統功能的、執行在一個完全隔離環境中的完整的電腦系統。

用房子來比喻，虛擬機器就是一棟大樓中的多個單元樓：住多戶人家，每戶有獨立的洗手間，但花園是大家共用的，如圖 1-14 所示。

▲ 圖 1-14

 Tips

在實體電腦中能夠完成的工作，在虛擬機器中都能夠實現。

在電腦中建立虛擬機器時，需要將實體電腦的部分硬碟和記憶體容量用作虛擬機器的硬碟和記憶體容量。

虛擬機器包含若干檔案。這些檔案儲存在存放裝置上，並由主機的物理資源提供支援。關鍵檔案包括設定檔、虛擬磁碟檔案、NVRAM 設定檔案和記錄檔等。

Tips

每台虛擬機器都有獨立的 CMOS、硬碟和作業系統。

使用者可以像使用實體電腦一樣對虛擬機器進行操作,並且虛擬機器的可攜性更強,更安全,也更易於管理。

在容器技術出現之前,業界的代表是虛擬機器,技術代表是 VMWare 和 OpenStack。

3. 容器:膠囊旅館

容器則是將作業系統虛擬化,分隔成獨立的軟體單元的一種技術。這與虛擬機器虛擬化一個完整的電腦有所不同。

用房子來比喻,容器就是膠囊旅館:將一套房子隔出多個獨立的膠囊空間,每個膠囊住一戶人家,所有住戶共用洗手間和花園,如圖 1-15 所示。

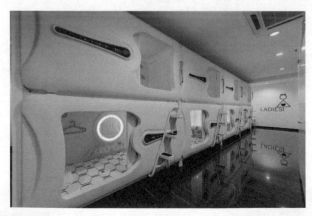

▲ 圖 1-15

容器位於作業系統之上,每台容器共用 OS 資源、執行檔案和函式庫等。共用的元件是唯讀的。

Tips

透過共用 OS 資源，能夠減少複現 OS 的程式。這意味著，一台伺服器僅安裝一個作業系統，就可以執行多個任務。

4. 虛擬機器與容器

至此，終於可以透過底層技術原理來解釋虛擬機器與容器的區別。虛擬機器與容器的差異如表 1-2 所示。

表 1-2

特性	虛擬機器	容器
隔離等級	作業系統等級	處理程序
隔離策略	Hypervisor（虛擬機器監控器）	Cgroup（控制群組）
系統資源	5%～15%	0～5%
啟動時間	分鐘級	秒級
鏡像儲存	GB～TB	KB～MB
叢集規模	上百台	上萬台
高可用策略	備份、災難恢復、遷移	彈性、負載、動態

從表 1-2 中可以看出，虛擬機器使用了 Hypervisor 隔離策略，而容器則使用了 Cgroup 隔離策略。

Hypervisor 隔離策略會對硬體資源進行虛擬化，而容器則直接使用硬體資源。這也就決定了，容器底層比虛擬機器更節省系統資源。

容器利用的是宿主機的系統核心，非常輕量（大小僅在 KB～MB 範圍內），並且只需幾秒就可以啟動；而虛擬機器則需要幾分鐘才能啟動，且大小在 GB～TB 範圍內。這也就造成了它們在啟動速度上的差距。

Tips

在實際應用中，其實並不需要糾結選虛擬機器還是容器，因為二者存在本質的差異。

▶ 虛擬機器解決的核心問題是資源調配。
▶ 容器解決的核心問題是應用程式開發、測試和部署。

依據實際情況選擇合理的技術才是明智之舉。

1.4 安裝 Docker

本節將介紹在 Windows、macOS 及 Linux 中安裝 Docker 的方法，讀者選擇適合自己電腦系統的版本並按照說明安裝即可。

Linux 有很多種不同的版本，這裡選擇具有代表性的 CentOS 和 Ubuntu 來介紹。

1.4.1 在 Windows 中安裝

Windows 版的 Docker 需要執行在一台安裝了 64 位元 Windows 10 的電腦上，透過啟動一個獨立的引擎來提供 Docker 環境。

 Tips

因為 Windows 的各個版本之間的差異較大，所以在安裝 Docker 時需要注意以下兩點。

▶ Windows 必須是 64 位的版本。
▶ 需要啟用 Windows 中的 Hyper-V 和容器特性。

安裝 Docker 並啟用 Hyper-V 和容器特性的步驟如下。

（1）按滑鼠右鍵 Windows 桌面的「開始」按鈕，在彈出的快顯功能表中選擇「應用和功能」命令，在開啟的視窗中點擊「程式和功能」連結。

（2）點擊「啟用或關閉 Windows 功能」連結，選取「Hyper-V」核取方塊，如圖 1-16 所示。

▲ 圖 1-16

（3）選取「容器」核取方塊，如圖 1-17 所示。

▲ 圖 1-17

（4）重新啟動電腦。至此完成了前期的準備工作，接下來開始安裝 Docker。

（5）開啟瀏覽器，存取 Docker 官網，點擊「Download for Windows」按鈕，如圖 1-18 所示。

▲ 圖 1-18

（6）選擇下載的「Docker Desktop Installer.exe」檔案，按兩下安裝，直到出現如圖 1-19 所示的介面，點擊「Close and log out」按鈕。

（7）安裝完成後會自動啟動 Docker，並出現在通知欄中。如果未啟動 Docker，則可在 Windows 通知欄左下角的搜尋框中搜尋關鍵字「docker」，手動啟動，如圖 1-20 所示。

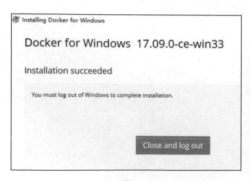

▲ 圖 1-19

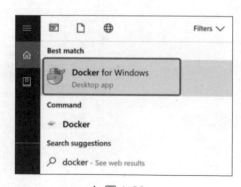

▲ 圖 1-20

（8）驗證是否安裝成功。在命令列中輸入「docker version」，按 Enter 鍵後，如果出現如圖 1-21 所示的資訊，則表示已經安裝成功。

```
C:\Users\Administrator>docker version
Client:
 Version:        18.03.1-ce
 API version:    1.37
 Go version:     go1.9.5
 Git commit:     9ee9f40
 Built:          Thu Apr 26 07:12:48 2018
 OS/Arch:        windows/amd64
 Experimental:   false
 Orchestrator:   swarm

Server:
 Engine:
  Version:       18.03.1-ce
  API version:   1.37 (minimum version 1.24)
  Go version:    go1.9.5
  Git commit:    9ee9f40
  Built:         Thu Apr 26 07:21:42 2018
  OS/Arch:       windows/amd64
  Experimental:  false
```

▲ 圖 1-21

 Tips

Windows 7、Windows 8 等需要利用 Docker Toolbox 來安裝。

1.4.2 在 macOS 中安裝

在 macOS 中安裝 Docker，需要選擇 Docker for Mac 版本，它是由 Docker 公司以社區版為基礎的 Docker 提供的。在 macOS 中安裝單引擎版本的 Docker 是非常簡單的。

Mac 版本的 Docker 透過對外提供 Daemon 和 API 的方式與 macOS 環境實現無縫整合。這樣，讀者可以在 macOS 中開啟終端並直接使用 Docker 中的命令。

（1）開啟瀏覽器，存取 Docker 官網，點擊「Download for Mac」按鈕，如圖 1-22 所示。

▲ 圖 1-22

（2）按兩下開啟下載的「Docker.dmg」，將「Docker.app」拖曳到「Applications」資料夾中，等待安裝完成，如圖 1-23 所示。

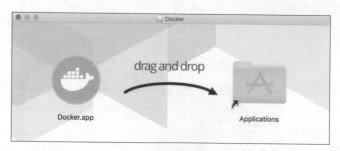

▲ 圖 1-23

（3）安裝完成後，在應用中心中點擊 Docker 圖示即可啟動 Docker，如圖 1-24 所示。

▲ 圖 1-24

Tips

點擊 Docker 圖示後系統會彈出「Docker.app 是從網際網路下載的應用。
您確定要開啟它嗎？」提示，點擊「開啟」按鈕即可。

（4）啟動後，螢幕上方狀態列會出現一個
小鯨魚圖示，點擊後選擇「Dashboard」選項，
即可透過它開啟桌面端，如圖 1-25 所示。

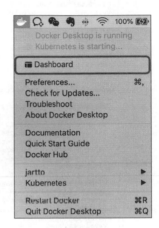

▲ 圖 1-25

桌面端開啟後，會看到如圖 1-26 所示的介面。

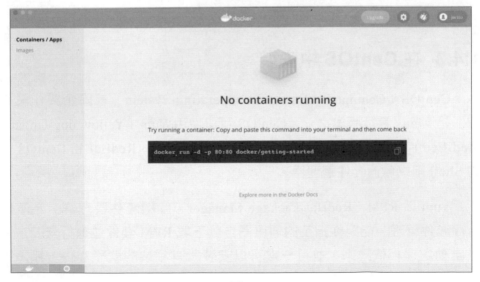

▲ 圖 1-26

（5）驗證是否安裝成功。開啟終端，輸入「docker version」，按 Enter 鍵後如果出現如圖 1-27 所示的資訊，則表示已經全部安裝成功。

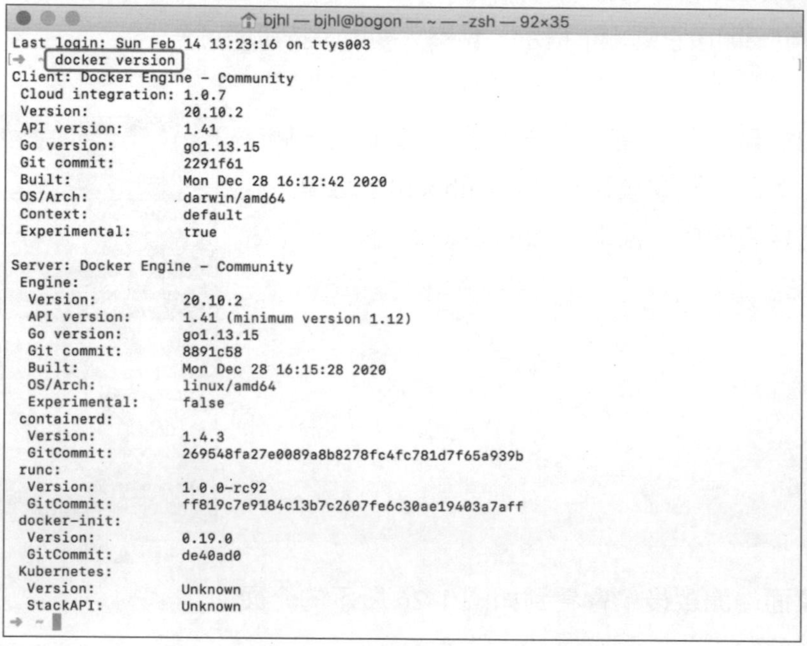

```
                      ⏏ bjhl — bjhl@bogon — ~ — ~ — -zsh — 92×35
Last login: Sun Feb 14 13:23:16 on ttys003
→ ~ docker version
Client: Docker Engine - Community
 Cloud integration: 1.0.7
 Version:           20.10.2
 API version:       1.41
 Go version:        go1.13.15
 Git commit:        2291f61
 Built:             Mon Dec 28 16:12:42 2020
 OS/Arch:           darwin/amd64
 Context:           default
 Experimental:      true

Server: Docker Engine - Community
 Engine:
  Version:          20.10.2
  API version:      1.41 (minimum version 1.12)
  Go version:       go1.13.15
  Git commit:       8891c58
  Built:            Mon Dec 28 16:15:28 2020
  OS/Arch:          linux/amd64
  Experimental:     false
 containerd:
  Version:          1.4.3
  GitCommit:        269548fa27e0089a8b8278fc4fc781d7f65a939b
 runc:
  Version:          1.0.0-rc92
  GitCommit:        ff819c7e9184c13b7c2607fe6c30ae19403a7aff
 docker-init:
  Version:          0.19.0
  GitCommit:        de40ad0
 Kubernetes:
  Version:          Unknown
  StackAPI:         Unknown
→ ~
```

▲ 圖 1-27

1.4.3 在 CentOS 中安裝

CentOS（Community Enterprise Operating System，社區企業作業系統）是 Linux 發行版本之一。CentOS 可以使用 Yum（Yellow dog Updater Modified）安裝 Docker。Yum 是一個用在 Fedora、RedHat 和 CentOS 中的 Shell 前端軟體套件管理器。

Yum 以 RPM（RedHat Package Manager，紅帽套件管理器）為基礎進行套件管理，能夠從指定的伺服器自動下載 RPM 套件並進行安裝，可以自動處理相依關係，並且一次可以安裝所有相依的軟體套件，無須繁瑣地一次次下載和安裝。

具體的安裝步驟如下。

（1）設定 Yum 來源。

為了方便安裝，先為 yum-config-manager 設定好就近的 Yum 來源。

```
yum-config-manager --add-repo http://〔來源位址〕/docker-ce/linux/centos/
docker-ce.repo
```

（2）安裝相關的相依套件。

透過 Yum 安裝 Docker CE 和必要的工具，如 Yum-utils、device-mapper-persistent-data、LVM2 等。

```
yum install -y docker-ce yum-utils device-mapper-persistent-data lvm2
```

（3）啟動 Docker 服務。

安裝成功後，可以透過 start 命令啟動 Docker 服務。

```
systemctl start docker
```

（4）設定系統啟動自啟。

為了方便使用，在系統中設定 Docker 隨系統自啟。

```
systemctl enable docker
```

1.4.4 在 Ubuntu 中安裝

Docker 官方版本也支援在 Ubuntu 中安裝，具體的安裝步驟如下。

（1）安裝前的準備工作。

如果要安裝 Docker CE（Docker Community Edition，Docker 社區版本），則需要使用 64 位元的作業系統。

Tips

目前社區穩定的作業系統的版本有 Ubuntu Groovy 20.10、Ubuntu Focal 20.04 (LTS)、Ubuntu Bionic 18.04 (LTS)、Ubuntu Xenial 16.04 (LTS)，讀者可自行選擇合適的版本。

（2）清理舊版本 Docker 軟體套件（如果安裝過舊版本）。

為了避免出現異常問題，需要移除已安裝的舊版本 Docker 軟體套件。

```
$sudo apt-get remove docker docker-engine docker.io containerd runc
$ls -lrt /var/lib/docker/
ls: cannot access '/var/lib/docker/': No such file or directory
```

（3）安裝 Docker 儲存驅動程式。

Docker 預設使用的儲存驅動程式為 Overlay2。如果不是，則可以透過以下方法使用儲存庫進行安裝。

首先，透過 vi 命令開啟「/etc/docker/daemon.json」。

```
vi /etc/docker/daemon.json
```

其次，寫入 Overlay2 設定。

```
{
    "storage-driver": "overlay2"
}
```

（4）安裝 APT（Advanced Packaging Tool，高級打包工具）軟體。

首先，使用 update 命令更新 APT 軟體套件索引，以便於在軟體套件更新時，這個工具能自動管理連結檔案和維護已有的設定檔。

```
sudo apt-get update
```

其次，透過 install 命令安裝 APT，以允許 APT 透過 HTTPS 使用儲存庫。

```
sudo apt-get install \
    apt-transport-https \
    ca-certificates \
    curl \
    gnupg-agent \
    software-properties-common
```

（5）寫入軟體來源資訊。

執行 add-apt-repository 命令即寫入入軟體來源資訊，從而告訴系統在哪裡安裝軟體套件。

```
$sudo add-apt-repository "deb [arch=amd64] https://[來源位址]/docker-ce/
linux/ubuntu $(lsb_release -cs) stable"
```

（6）安裝 Docker CE。

```
$apt-get install docker-ce
```

如果要安裝特定版本的 Docker CE，則可以先透過 apt-cache madison 命令列出軟體的所有來源。

```
$apt-cache madison docker-ce
 docker-ce | 5:20.10.3~3-0~ubuntu-bionic | https://[就近來源位址]/docker-ce/
linux/ubuntu bionic/stable amd64 Packages
 ...
docker-ce | 18.03.1~ce~3-0~ubuntu | https://[就近來源位址]/docker-ce/linux/
ubuntu bionic/ stable amd64 Packages
```

然後透過使用具體的版本編號進行安裝，如指定「19.03.10 ～ 3-0 ～ ubuntu-bionic」版本。

```
$sudo apt-get install docker-ce=19.03.10~3-0~ubuntu-bionic docker-ce-
cli=19.03.10~3-0~ubuntu- bionic containerd.io
```

1.4.5 設定鏡像加速

在使用 Docker 部署專案時會碰到一個問題：如果直接拉取鏡像，會發現速度非常慢，導致最終拉取失敗。鏡像加速就是用來解決這個問題的。

為了提高效率，現在很多廠商提供了鏡像加速服務，比較常見的是 Docker 官方。當然，還可以使用一種更直觀的方式來設定鏡像加速，即透過 Docker 桌面端進行視覺化設定。下面將分別介紹 macOS 和 Windows 下的設定操作。

（1）macOS 鏡像加速設定。

macOS 使用者如果已經下載了 Docker for Mac 版本，則可以在「Preferences → Docker Engine」中增加設定資訊，如圖 1-28 所示。

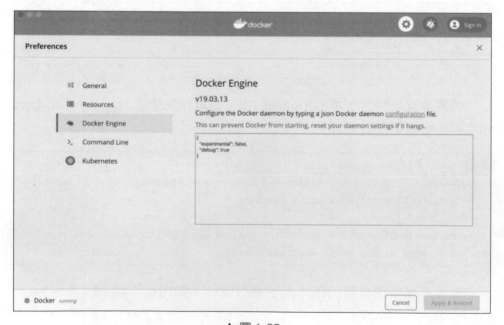

▲ 圖 1-28

（2）Windows 鏡像加速設定。

Windows 使用者如果已經下載了 Docker for Windows 版本，則在系統右下角工作列圖示內點擊滑鼠右鍵，然後在彈出的快顯功能表中選擇「Settings → Daemon」命令，最後在編輯介面中填寫加速器位址即可，如圖 1-29 所示。

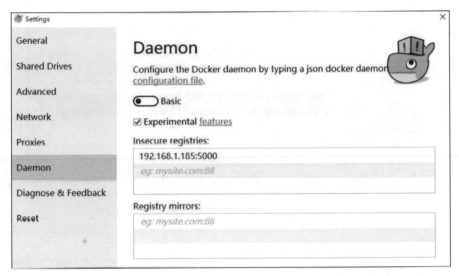

▲ 圖 1-29

1.5 使用 Docker 桌面端工具

本節將透過範例演示如何使用 Docker 桌面端工具。因為作者安裝的是 Mac 版本的 Docker，所以下面將重點介紹 Mac 版本的 Docker 的具體使用方法。不同作業系統的 Docker 桌面端的差異並不是很大，相信讀者根據下面的介紹也可以在其他作業系統中操作。

1.5.1 基本功能介紹

Docker 桌面端的基本組成如圖 1-30 所示。

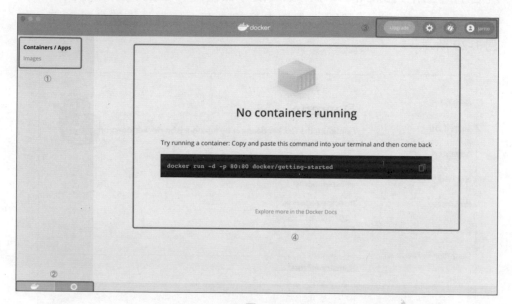

▲ 圖 1-30

按照操作功能，可以將 Docker 桌面端分成四部分，即選單區、執行清單、設定區域和主操作區。下面逐一介紹。

1. 選單區

選單區包含「Containers/Apps」列表和「Images」列表兩部分，負責管理容器和鏡像。

新安裝的 Docker 桌面端中的「Containers/Apps」列表和「Images」列表預設都是空的。

（1）啟動一個容器。

透過 docker run 命令來啟動一個名為 docker/getting-started 的鏡像。

```
docker run -d -p 80:80 docker/getting-started
```

上述命令用到了以下幾個參數。

- -d：在後台執行該容器。
- -p 80:80：將容器內的 80 通訊埠映射到容器外的 80 通訊埠。
- docker/getting-started：要使用的鏡像。

在這裡，因為本機不存在名為 docker/getting-started 的鏡像，所以終端會自動從遠端拉取名稱相同鏡像並啟動實例，如圖 1-31 所示。

▲ 圖 1-31

（2）選單項一：「Containers/Apps」列表功能介紹。

從理論上來說，一個鏡像可以啟動無數個相互隔離的實例，而一個實例只能對應一個容器。容器有自己的生命週期，使用者可以啟動、停止、刪除及偵錯容器，如圖 1-32 所示。

▲ 圖 1-32

「Containers/Apps」清單中有 5 個按鈕，分別代表不同的操作，使用者利用這些按鈕可以輕鬆管理容器的生命週期。

- OPEN IN BROWSER：在瀏覽器中開啟網站。
- CLI：開啟命令列介面。
- Stop：停止容器。
- Restart：重新啟動容器。
- Delete：刪除容器。

（3）管理具體容器的生命週期。

點擊具體的容器（如 pensive_haibt）後，會進入該容器的管理介面。管理介面需要特別注意看板頂部的 LOGS、INSPECT、STATS 這 3 個功能，下面重點介紹。

- 點擊按鈕 ≡ LOGS （日誌管理），可以了解實例執行的異常資訊，如圖 1-33 所示。

▲ 圖 1-33

- 點擊按鈕 ⊙ INSPECT （檢查器），可以了解容器的基本資訊，以及目前環境的版本資訊，如圖 1-34 所示。

▲ 圖 1-34

- 點擊按鈕 <kbd>⟋ STATS</kbd> （統計資訊），可以看到容器的 CPU、記憶體空間、網路和磁碟的使用情況，如圖 1-35 所示。

▲ 圖 1-35

了解完上述功能後，點擊左上角的「傳回」按鈕即可回到主介面，如圖 1-36 所示。

▲ 圖 1-36

傳回主介面後點擊「OPEN IN BROWSER」按鈕，瀏覽器就會自動開啟「docker/getting- started」網站，如圖 1-37 所示。

▲ 圖 1-37

預覽的是 Docker 官方入門文件，如圖 1-38 所示。

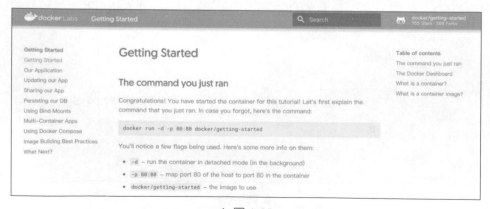

▲ 圖 1-38

上述操作都很簡單，讀者可以自行嘗試。

（4）使用命令列功能 CLI。

如果容器出現問題，應該去哪裡偵錯呢？這時需要了解 CLI 的功能，如圖 1-39 所示。

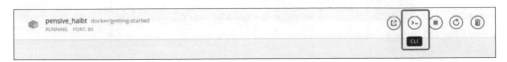

▲ 圖 1-39

點擊「CLI」按鈕會開啟一個新的終端介面，並用 Root 身份自動連接到「Docker Container」，如圖 1-40 所示。這樣，開發人員就可以在終端中進行偵錯。

```
bjhl — docker exec -it /bin/sh; exit — docker — com.docker.cli ‹ docker exec -it d47529698fb56d2765451...
Last login: Wed Feb 17 22:14:07 on ttys002
docker exec -it d47529698fb56d2765451909e167c734217fb07028beed4a1bac5dfe38fb2f6e /bin/sh; exit
→ ~ docker exec -it d47529698fb56d2765451909e16/c/34217fb07028beed4a1bac5dfe38fb2f6e /bin/sh; exit
/ #
```

▲ 圖 1-40

 Tips

讀者可能會有疑問：新開啟的終端有什麼作用呢？

新開啟的終端其實是 Docker 的命令列介面，開發人員可以在其中使用 Docker 的相關指令與 Docker 的守護處理程序進行互動，從而管理 Image、Container、Network 和 Data Volumes 等實體。

這些名詞讀者可以先不用了解，後面還會重點介紹，只需大致了解 Docker-CLI 的作用就可以。

（5）選單項二：「Images」列表功能介紹。

Images 部分比較簡單，主要用於提供鏡像的基本資訊。它可以用任意鏡像來啟動一個容器，如圖 1-41 所示。

▲ 圖 1-41

可以為圖 1-41 中的「docker/getting-started」鏡像再啟動幾個容器實例來查看效果。點擊「Run」按鈕後，輸入容器名稱「jartto-test2」，並使用 3002 通訊埠，如圖 1-42 所示。

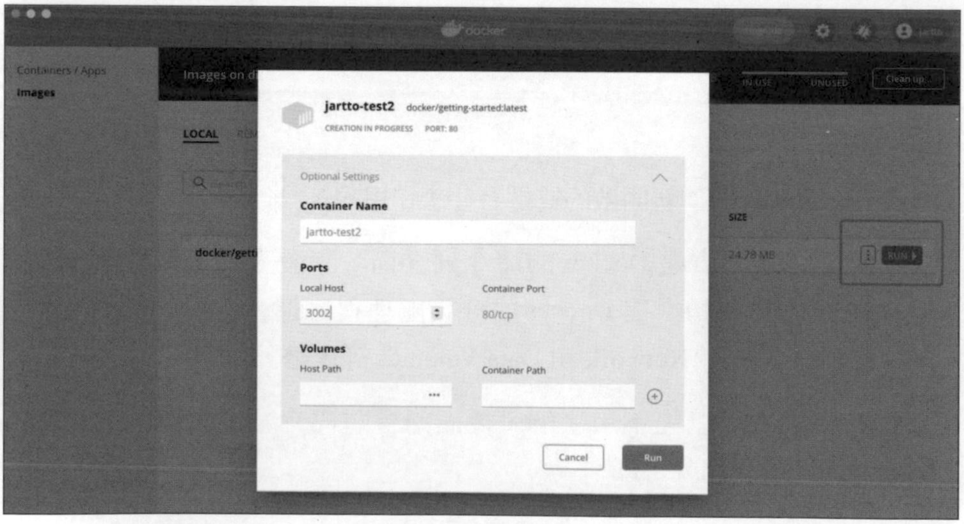

▲ 圖 1-42

成功執行後傳回「Containers/Apps」列表，此時可以在容器列表中看到剛啟動的新容器，如圖 1-43 所示。

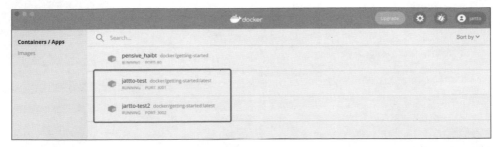

▲ 圖 1-43

2. 執行列表

執行的實例會顯示在執行清單中。綠色表示該實例處於執行狀態，橙色則表示啟動中，如圖 1-44 所示。

▲ 圖 1-44

3. 設定區域

設定區域包含基礎設定、故障自檢和帳號資訊。

下面介紹基礎設定。點擊「Setting」按鈕，如圖 1-45 所示。

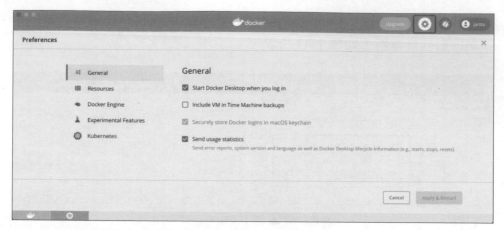

▲ 圖 1-45

清單中有以下 5 個選項。

- General：設定在系統使用者登入時是否自動啟動 Docker 桌面端、是否在 Time Machine 備份時包含虛擬機器、是否將 Docker 登入名稱安全地儲存在 macOS 鑰匙圈中、是否發送使用情況資訊。

- Resources：設定資源的 CPU、記憶體空間、Swap、硬碟使用大小、代理及網路等。

- Docker Engine：透過 JSON 資料來設定 Docker 守護處理程序。

- Experimental Features：設定兩個實驗特性──啟用雲端體驗和使用 gRPC FUSE 進行檔案共用。

- Kubernetes：設定 K8s 的基本資訊。

4. 主操作區

主操作區用於對具體的容器或鏡像操作，前面已有演示，這裡不再贅述。

1.5.2 使用鏡像倉庫

在執行容器時，如果使用的鏡像不在本機，則 Docker 會自動從遠端 Docker 鏡像倉庫中下載它（預設從公共鏡像來源 Docker Hub 中下載）。

在大部分的情況下，鏡像倉庫分為本機鏡像倉庫和遠端鏡像倉庫兩類。

1. 本機鏡像倉庫

「Images」清單中的「LOCAL」部分存放的是本機鏡像（見圖 1-46），可以簡單地將其理解為本機鏡像倉庫。此部分為執行容器的首選項。

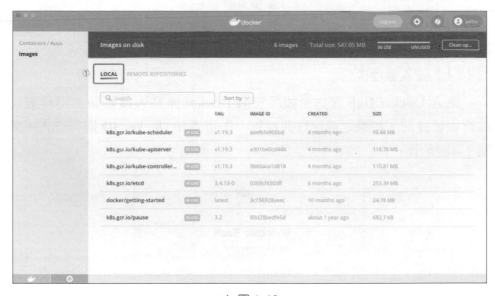

▲ 圖 1-46

2. 遠端鏡像倉庫

遠端鏡像倉庫的優點是可以集中管理鏡像、實現多團隊協作及共用鏡像資源。

「Images」清單中的「REMOTE REPOSITORIES」部分表示遠端鏡像倉庫，如圖 1-47 所示。可以看到，目前在遠端鏡像倉庫中還沒有任何鏡像資源。

▲ 圖 1-47

下面建立一個遠端鏡像倉庫。

（1）登入管理後台。

進入 Docker Hub 官方，如果沒有 Docker 開發人員帳號，則需要先進行帳號註冊。如果之前已註冊帳號，則可憑藉 Docker ID 進行登入，如圖 1-48 所示。

▲ 圖 1-48

（2）建立遠端鏡像倉庫。

在管理後台中，可以透過「Create Repository」按鈕建立遠端鏡像倉庫，如圖 1-49 所示。

▲ 圖 1-49

在建立遠端鏡像倉庫的過程中，可以決定該倉庫是公開（Public）的還是私有（Private）的。這裡建立一個私有的遠端鏡像倉庫作為演示，選取「Private」核取方塊即可，如圖 1-50 所示。

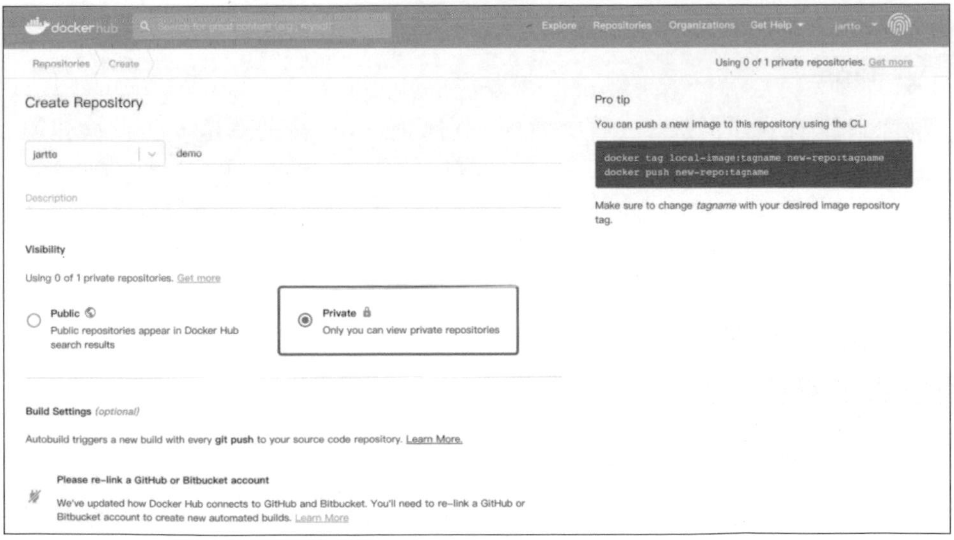

▲ 圖 1-50

（3）管理遠端鏡像倉庫。

遠端鏡像倉庫建立成功後會進入倉庫管理介面，如圖 1-51 所示，開發人員可以在這裡處理鏡像 Tags、進行建構操作等。

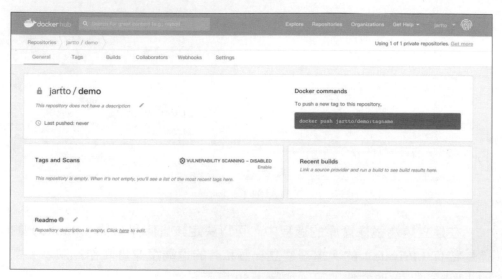

▲ 圖 1-51

 Tips

鏡像倉庫其實類似於 Git 程式倉庫，它們唯一的區別就是，前者管理鏡像，後者管理程式。

（4）將本機鏡像推送到遠端鏡像倉庫中。

在建立好遠端鏡像倉庫後，就可以透過 docker push 命令將本機鏡像推送到遠端鏡像倉庫中。

```
docker tag local-image:tagname new-repo:tagname
docker push new-repo:tagname
```

後續實踐中會包含大量的操作，並且針對具體的情況進行講解與演示。這裡不做過多解釋，讀者只需知道大致的流程（建倉庫 → 推鏡像）就可以。

1.6 Docker 常用命令 1——鏡像命令

Docker 的鏡像命令需要一個承載檔案，那就是 Dockerfile，它使開發人員可以迅速地建構出程式的執行環境。

接下來介紹 Dockerfile 設定檔的常用命令。

1.6.1 Dockerfile 設定範例

先從 Dockerfile 設定檔開始，演示如何進行鏡像設定。

（1）建立 Dockerfile 設定檔。

透過 vi Dockerfile 命令建立 Dockerfile 設定檔。

```
vi Dockerfile
```

（2）使用 Nginx 作為範例。

Nginx 比較輕巧，鏡像設定也非常簡單。在上面建立的 Dockerfile 設定檔中寫入以下設定程式。

```
FROM nginx
COPY build/ /usr/share/nginx/html/
COPY default.conf /etc/nginx/conf.d/default.conf
```

設定程式雖然只有 3 行，但是基本結構比較完整。下面進行逐行解釋。

- 透過 FROM 命令獲取 Nginx 鏡像。如果本機沒有該鏡像，則從遠端鏡像倉庫中進行載入。
- 透過 COPY 命令將建構產物「build」目錄中的內容複製到容器的「/usr/share/nginx/html/」目錄中。
- 透過 COPY 命令將外部 Nginx 設定檔 default.conf 複製到容器的「/etc/nginx/conf.d/ default.conf」目錄中。

讀者或許會有疑問，在 Dockerfile 設定檔中使用了 FROM、COPY 等鏡像命令，那麼 Docker 到底有多少與鏡像操作相關的命令呢？下面對常用的鏡像命令進行重點介紹，這對掌握 Dockerfile 設定檔的撰寫非常重要。

1.6.2 FROM 命令

FROM 命令用來指定基礎鏡像，之後所有的操作都是以這個基礎鏡像為基礎進行的。

 Tips

關於基礎鏡像，一般推薦使用 Alpine 鏡像（眾多 Linux 發行版本本中的一員，小巧、安全）。它被嚴格控制並保持最小容量（目前小於 5MB），安裝速度也比較快，體驗非常流暢。

1.6.3 MAINTAINER 命令

MAINTAINER 命令用於將與製作者相關的資訊寫入鏡像中，通常寫入格式如下。

```
MAINTAINER <name>
MAINTAINER 說明資訊 < 電子郵件位址 >
```

當開發人員對鏡像執行 docker inspect 命令時，終端會輸出對應的欄位資訊。下面以 Nginx 為例説明。

```
docker inspect nginx
```

執行命令後，可以從終端資訊中看到「maintainer」資訊。

```
[
    {
        "Id": "sha256:b8cf***885a",
        "RepoTags": [
            "nginx:latest"
        ],
        "RepoDigests": [
            "nginx@sha256:b0ea***1179"
        ],
        "Parent": "",
        "Comment": "",
        "Created": "2021-03-27T06:50:35.6096273692",
        "Container": "a02b***35f4",
        "ContainerConfig": {
            ...
            "Image": "sha256:0af8***8718",
            "Volumes": null,
            "WorkingDir": "",
            "Entrypoint": [
                "/docker-entrypoint.sh"
            ],
            "OnBuild": null,
            "Labels": {
                "maintainer": "NGINX Docker Maintainers <docker-maint@nginx.
com>"
            },
            ...
        },
        "DockerVersion": "19.03.12",
            ...
        },
```

```
    ...
    }
]
```

如果遇到問題，則可以透過此資訊聯絡製作者。在發布鏡像時維護此資訊，也便於其他人聯絡到發行者。

1.6.4 RUN 命令

RUN 命令用於建立一個新的容器並執行一個命令。

1. 關於 RUN 的 apt-get 命令

RUN 命令中最常見的是安裝套件用的 apt-get 命令，有兩個問題需要特別注意。

（1）不要使用 RUN apt-get upgrade 命令或 dist-upgrade 命令。

如果基礎鏡像中的某個套件版本比較舊，盲目升級就會導致意想不到的相容問題。如果已經確定某個特定的套件（如 foo）需要升級，則使用 apt-get install -y foo 命令，它會自動升級 foo 套件。

（2）將 RUN apt-get update 命令和 apt-get install 命令組合成一筆 RUN 宣告。

將 RUN apt-get update 命令放在一筆單獨的 RUN 宣告中會導致快取問題，以及後續的 apt-get install 命令執行失敗。因此，通常將 RUN apt-get update 命令和 apt-get install 命令組合成一筆 RUN 宣告。

```
RUN apt-get update && apt-get install -y \
    package-bar \
    package-baz \
    package-foo
```

Tips

為了保持 Dockerfile 設定檔的可讀性及可維護性，建議將長的或複雜的 RUN 命令用反斜線（\）連接起來。

2. 快取破壞

在大部分的情況下，建構鏡像後，所有的層都在 Docker 的快取中。假設後來又修改了其中的 apt-get install 命令，在增加一個套件時，Docker 發現修改後的 RUN apt-get update 命令和之前的完全一樣。

這時，不會執行 RUN apt-get update 命令，而是使用之前的快取鏡像。因為 RUN apt-get update 命令沒有執行，後面的 apt-get install 命令安裝的可能是過時的軟體版本或提示沒有可用的來源。

使用 RUN apt-get update && apt-get install -y 命令可以確保 Dockerfiles 設定檔每次安裝的都是套件的最新版本，而且這個過程不需要進一步編碼或額外干預，這項技術叫作快取破壞（Cache Busting）。

Tips

可以透過顯性地指定一個套件的版本編號來達到破壞快取的目的，這就是所謂的固定版本。

3. 固定版本

固定版本會迫使建構過程檢索特定的版本，而不管快取中有什麼。這樣可以減少因所需包中未預料到的變化而導致的失敗。舉例來說，安裝過程中指定「package-foo」為「1.3.0」。

```
RUN apt-get update && apt-get install -y \
    package-bar \
    package-baz \
    package-foo=1.3.0 \
    && rm -rf /var/lib/apt/lists/*
```

此外，需要透過 rm -rf 命令清理 APT 快取目錄「var/lib/apt/lists/」下
的所有內容，將會有效減小鏡像大小。

Tips

在大部分的情況下，RUN 命令的開頭為「apt-get update」，套件快取總
是會在 apt-get install 命令執行之前刷新，所以沒必要保留快取檔案。

1.6.5 ADD 命令和 COPY 命令

雖然 ADD 命令和 COPY 命令的功能都是實現複製，但一般優先使用
COPY 命令，因為 COPY 命令比 ADD 命令更透明。

COPY 命令只支援將本機檔案複製到容器中，而 ADD 命令有一些並
不明顯的功能（如本機 tar 提取和遠端 URL 支援）。因此，ADD 命令的
最佳使用案例是將本機 tar 檔案自動提取到鏡像中，如「ADD rootfs.tar.
xz」。

如果專案中的 Dockerfile 設定檔有多個步驟需要使用上下文中不同的
檔案，則單獨複製每個檔案，而非一次性地複製所有檔案，將會保證每
個步驟的建構快取只在特定的檔案變化時故障。

```
COPY requirements.txt /tmp
RUN pip install --requirement /tmp/requirements.txt
copy . /tmp/
```

如果將「copy . /tmp/」放置在 RUN 命令之前，只要「.」目錄中的任何一個檔案發生變化，就會導致後續命令的快取故障。

為了讓鏡像儘量小，最好不要使用 ADD 命令從遠端 URL 中獲取套件，而是使用 curl 和 wget。這樣可以在檔案提取完之後刪除不再需要的檔案來避免在鏡像中額外增加一層。

1.6.6 ENV 命令

為了方便新程式執行，可以使用 ENV 命令為容器中安裝的程式更新 PATH 環境變數。舉例來說，使用「ENV PATH /usr/local/nginx/bin:$PATH」來確保「CMD [nginx]」能正確執行。

ENV 命令也可用於為想要容器化的服務提供必要的環境變數，如 Postgres 需要的 PGDATA。另外，ENV 命令也能用於設定常見的版本編號，如以下範例所示。

```
ENV PG_MAJOR 9.3
ENV PG_VERSION 9.3.4
RUN curl -SL http://***.com/postgres-$PG_VERSION.tar.xz| tar -xjc /usr/src/
postgres && ENV PATH /usr/local/postgres-$PG_MAJOR/bin:$PATH
```

1.6.7 WORKDIR 命令

為了保證程式的清晰性和可靠性，開發人員應該總是在 WORKDIR 命令中使用絕對路徑。另外，建議使用 WORKDIR 命令來代替類似於 RUN cd … && do-something 的命令，因為後者難以閱讀、校正和維護。

1.6.8 EXPOSE 命令

EXPOSE 命令用於指定容器將要監聽的通訊埠。因此，開發人員應該為應用程式指定常見的通訊埠。舉例來說，提供「Apache Web」服務的鏡像應該使用「EXPOSE 80」，而提供 MongoDB 服務的鏡像應該使用「EXPOSE 27017」。對於外部存取，使用者可以在執行 docker run 命令時使用一個標識來指示如何將指定的通訊埠映射到所選擇的通訊埠中。

1.6.9 CMD 命令和 ENTRYPOINT 命令

CMD 命令和 ENTRYPOINT 命令都可以用於設定容器啟動時要執行的命令。在 Dockerfile 設定檔中，CMD 命令或 ENTRYPOINT 命令至少必有其一。

1. CMD 命令

CMD 命令用於執行目標鏡像中包含的軟體和任何參數。CMD 命令幾乎是以「CMD [executable,param1,param2⋯]」形式使用的。因此，如果建立鏡像的目的是部署某個服務（如 Apache），則可能會執行類似於「CMD [apache2,-DFOREGROUND]」形式的命令。

在大多數情況下，CMD 命令需要一個互動式的 Shell（Bash、Python、Perl 等）執行命令列操作，這在 1.3.2 節中有過重點介紹。

舉例來說，「CMD [perl, -de0]」或「CMD [PHP, -a]」，使用這種形式表示，當開發人員執行類似於 docker run -it python 命令時，系統會進入提前準備好的 Shell 編譯環境中。

2. ENTRYPOINT 命令

ENTRYPOINT 命令的最佳用途是設定鏡像的主命令，允許將鏡像當成命令本身來執行（用 CMD 命令提供預設參數）。

舉例來説，以下鏡像提供了命令列工具 s3cmd。

```
ENTRYPOINT [ 's3cmd' ]
CMD [ '—help' ]
```

直接執行該鏡像建立的容器，則會顯示命令説明。

```
docker run s3cmd
```

也可以提供正確的參數來執行某筆命令。

```
docker run s3cmd ls s3://bucket
```

這樣，鏡像名稱可以當成命令列的參考。ENTRYPOINT 命令也可以結合一個輔助腳本使用，和前面命令列風格類似，即使啟動工具不止需要一個步驟。

1.6.10 VOLUME 命令

VOLUME 命令用於暴露任何資料庫儲存檔案、設定檔或容器建立的檔案和目錄。

（1）基本使用。

在大部分的情況下，可以在執行時期使用 -v 命令來宣告 Volume。

```
docker run -it --name container-test -h CONTAINER -v /data nginx /bin/bash
```

上面的命令會將「/data」目錄掛載到容器中，開發人員可以在主機上直接操作該目錄。任何在該鏡像「/data」目錄中的檔案都將被複製到 Volume 中。

（2）Volume 在主機上的儲存位置。

可以使用 docker inspect 命令找到 Volume 在主機上的儲存位置。

```
docker inspect -f {{.Volumes}} container-test
```

終端會輸出以下資訊。

```
map[/data:/var/lib/docker/vfs/dir/cde1671****37a9]
```

這說明 Docker 把「/var/lib/docker」目錄下的某個目錄掛載到了容器內的「/data」目錄下。

（3）從主機上增加檔案。

既然檔案目錄已經掛載，那麼不妨從主機上增加一個名為 test-file 的檔案。

```
sudo touch /var/lib/docker/vfs/dir/cde1671***37a9/test-file
```

重新進入容器，透過 ls /data 命令查看「/data」目錄下的檔案。

```
ls /data
```

容器中輸出了名為 test-file 的檔案，這說明主機下的目錄已經和容器內的 Volume 資料實現共用，這在實際開發過程中非常實用。舉例來說，掛載需要編譯的原始程式。

 Tips

強烈建議使用 VOLUME 命令來管理鏡像中的可變部分，從而保證容器的可遷移性。

1.7 Docker 常用命令 2——容器命令

在實際工作中，開發人員在使用容器命令時會圍繞一個工作流展開，即建立 Dockerfile 設定檔→建構鏡像→執行容器→推送鏡像倉庫。執行容器屬於建構鏡像後的又一個重要階段，這就要求開發人員熟練掌握容器的相關命令，從而更進一步地管理容器的生命週期。

本節將重點介紹一些容器的常用操作。舉例來說，使用 clone 命令或 pull 命令拉取專案和鏡像、使用 build 命令建構鏡像、使用 run 命令啟動容器，以及使用 share 命令建立共用目錄或容器等。

1.7.1 clone 命令

開發人員通常會做一些合理的規劃。舉例來說，在容器中執行資料庫時，將 DBS 儲存檔案透過 VOLUME 方式，映射到宿主機的檔案系統或指定的 VOLUME 容器中，這樣就可以實現定時備份。

這裡列舉一個前端場景的例子，用 Nginx 作為 Web 伺服器，透過 VOLUME 方式映射宿主機指定目錄下的前端範本檔案，一般該檔案會獨立存放在某個 Git 倉庫中，同時有對應的 Dockerfile 設定檔。

首先，從遠端 Git 倉庫中拉取某個專案。

```
$git clone [<options>] [--] <repo> [<dir>]
```

其次，從鏡像倉庫中拉取或更新指定鏡像。

```
docker pull [OPTIONS] NAME[:TAG|@DIGEST]
#Pull an image or a repository from a registry
```

1.7.2 build 命令

根據已經複製的專案（包含 Dockerfile 設定檔）建立一個鏡像。

```
docker build [OPTIONS] PATH | URL | -
#Options 說明
  -f, --file string  Name of the Dockerfile (Default is 'PATH/Dockerfile')
      --force-rm               Always remove intermediate containers
      --iidfile string         Write the image ID to the file
      --isolation string       Container isolation technology
      --label list             Set metadata for an image

  -t, --tag list     Name and optionally a tag in the 'name:tag' format
      --target string          Set the target build stage to build.
      --ulimit ulimit          Ulimit options (default [])
```

這裡一定要注意，命令中最後面的「.」是當前命令列執行的所在目錄，千萬不要忽略了。

```
Docker build -t xxxx:v1.2 .
```

下面再補充一個常見的用法，其規則如下。

```
Docker build -t 專案:tag 上下文（Dockerfile 設定檔所在的資料夾）
```

當然，也可以支援遠端 Dockerfile 設定檔或指定某個位置的 Dockerfile 設定檔。

```
Docker build -f Dockerfile 位址
Docker build URL（遠端 Dockerfile 設定檔的位址）
```

1.7.3 run 命令

run 命令用於建立一個容器並執行一筆命令，這是最常用的操作。通常這裡是專案的開始，也是最後一步，執行 run 命令以後即可嘗試存取容器。

1. 參數說明

- -a stdin：指定標準輸入 / 輸出內容的類型，可以選擇的類型包括「STDIN」、「STDOUT」、「STDERR」。
- -d：在後台執行容器，並傳回容器 ID。
- -i：以互動模式執行容器，通常與參數 -t 同時使用。
- -P：隨機通訊埠映射，容器內部通訊埠隨機映射到主機通訊埠。
- -p：指定通訊埠映射，格式為主機（宿主機）通訊埠:容器通訊埠。
- -t：為容器重新分配一個偽輸入終端，通常與參數 -i 同時使用。
- --name：為容器指定一個名稱。
- --dns 8.8.8.8：指定容器使用的 DNS 伺服器，預設和宿主機一致。
- --dns-search example.com：用於指定容器內 DNS 搜尋域名，預設和宿主機一致。
- -h：指定容器的 hostname。
- -e：設定環境變數，如 -e usernamc="Jartto"。
- --env-file=[]：從指定檔案中讀取環境變數。
- --cpuset：綁定容器到指定 CPU 執行，如 --cpuset="0-2" 或 --cpuset="0,1,2"。
- -m：設定容器使用的記憶體空間的最大值。
- --net="bridge"：指定容器的網路連接類型，支援「bridge」、「host」、「none」、「container: <name|id>」四種類型。
- --link=[]：向另一個容器增加連結。
- --expose=[]：開放一個通訊埠或一組通訊埠。
- --volume , -v：綁定一個卷冊。

2. 重要設定

（1）如何處理通訊埠佔用問題？

通訊埠設定在宿主機上，會執行多個 Docker，很多常見的通訊埠都會被佔用，如 80、22、443 等，所以 Docker 提供了一個通訊埠映射關係，用於管理和設定功能。

```
docker run --name demo 本機鏡像 -p 8080（宿主機通訊埠）：80（容器內部使用的通訊埠）
```

（2）資料備份和多個容器共用。

容器一旦執行，內部發生改變以後，重新啟動就會遺失變動的資料。所以，一般會透過掛載宿主機目錄的方式，實現資料備份和多個容器共用。

```
docker run --name demo 本機鏡像 -p 8080 -v 宿主機資料夾：容器內部資料夾
```

（3）後台執行服務。

在預設情況下，線上執行的容器都在後台執行，因為如果不在後台執行，一旦退出容器就會導致服務關閉，引起線上事故。

```
docker run -d --name demo 本機鏡像 -p 8080:80 -v /data/demo:/data/demo
```

（4）查看容器執行狀態。

可以透過 Docker ps 命令查看容器執行狀態。

```
docker ps 查看當前執行中的容器狀態
```

（5）查看容器詳細資訊。

想要進入容器中查看執行情況，可以透過容器 ID 開啟一個命令列視窗。啟動容器時可以使用 Docker run 命令查看，如果處於執行狀態，則使用 Docker exec 命令查看。

```
docker run -it 容器id /bin/bash
docker exec -it 容器id /bin/bash
```

1.7.4 share 命令

目錄共用有兩種方式，下面分別介紹。

1. 某個容器和宿主機共用某個目錄

```
docker run -d --name=demo -v /data/demo:/data/datadirs 本機鏡像
```

上述命令把宿主機的 /data/demo 資料夾掛載到容器內部的「/data/datadirs」目錄下。

2. 多個容器共用宿主機的目錄

多個容器共用宿主機的目錄有兩種實作方式。

（1）利用軟鏈。

軟鏈本身是支援多個軟鏈指向同一個目錄的。這樣即可對某台宿主機目錄建立多個軟鏈，然後將多個容器掛載到宿主機的多個軟鏈上，從而實現共用。

```
ln -s /data/demo /data/demo1/
ln -s /data/demo /data/demo2/

docker run -d --name=demo1 -v /data/demo1:/data/datadirs 本機鏡像
docker run -d --name=demo2 -v /data/demo1:/data/datadirs 本機鏡像
```

（2）利用 --volumes-from 命令。

下面演示利用 --volumes-from 命令來共用 Busybox（一個整合了 100 多個常用的 Linux 命令和工具的軟體）的方法。

```
docker run --name=datadirs -v /data/demo:/data/datadirs busybox true
docker run -d --name=demo1 --volumes-from datadirs   本機鏡像
docker run -d --name=demo2 --volumes-from datadirs   本機鏡像
```

1.7.5 push 命令

使用 push 命令可以將本機的容器推送到遠端倉庫中，具體的使用規則如下。

```
docker push [OPTIONS] NAME[:TAG]
#Push an image or a repository to a registry

$docker push
```

如果是推送到遠端鏡像倉庫中，則按照以下流程操作即可。

（1）登入倉庫，既可以是 Docker Hub 官方倉庫，也可以是企業自己的私服。

第一次登入需要輸入帳號和密碼，之後就不用再次輸入了。

```
$docker login
```

（2）從本機容器中建立鏡像（根據實際情況）。

```
$docker commit 容器 hash library/ubuntudemo:0.2
```

（3）打標記使用 Tag 命令，如下所示。

```
docker tag SOURCE_IMAGE[:TAG] TARGET_IMAGE[:TAG]
#Create a tag TARGET_IMAGE that refers to SOURCE_IMAGE
```

此處需要說明的是，「SOURCE_IMAGE[:TAG]」代表的是本機鏡像，「TARGET_IMAGE[:TAG]」代表的是想要標記的鏡像名稱和 Tag。例如：

```
docker tag [OPTIONS] IMAGE[:TAG] [REGISTRYHOST/][USERNAME/]NAME[:TAG]
docker tag { 鏡像名稱 }:{tag} {Harbor 位址 }:{ 通訊埠 }/{Harbor 專案名稱 }/{ 自訂鏡像名
稱 }:{ 自訂 tag}
```

（4）執行 push 命令，將容器推送到遠端倉庫中。

```
docker push [OPTIONS] NAME[:TAG]
docker push {Harbor 位址}:{通訊埠}/{自訂鏡像名稱}:{自訂 tag}
```

1.8 本章小結

　　本章以「蓋房子」的故事開篇，讀者可以從中更進一步地理解 Docker 是什麼、適合哪些使用者，以及可以解決哪些問題。本章從初學者的角度出發介紹了 Docker 的三大組成部分及三大核心概念（鏡像、容器和倉庫）。

　　當然，要入門 Docker 掌握這些還遠遠不夠，好的基本功可以讓你事半功倍。因此，1.3 節中重點圍繞 Linux、Shell、網路偵錯、Nginx 設定，以及虛擬機器的基礎概念和常規操作詳細説明，看似與 Docker 技術無關，但覆蓋了 Docker 實際開發的點點滴滴。

　　既然是 Docker 技術入門，那麼前期的準備工作也是必不可少的。關於 Docker 的安裝、桌面端的使用，以及鏡像、容器命令也是需要預先了解的，讀者務必仔細學習本章的相關內容。

開始第一個 Docker 專案

本章將圍繞 Docker 專案的主流程詳細説明。透過一個完整範例,讀者可以全面地了解 Docker。

2.1 專案開發的主要階段

在開始開發之前,讀者需要先明確 Docker 發布專案的一般步驟。為了便於與後續串起來整個專案開發流程,下面用一個 Web 專案來演示。

2.1.1 一般專案開發的主要階段

通常來説,專案開發主要由 4 個階段組成,即需求分析階段、開發階段、測試階段和發布階段,如圖 2-1 所示。

▲ 圖 2-1

Tips
階段數量取決於專案的複雜程度和所處產業，每個階段還可以再分解成更小的階段。

此外，專案生命週期中有 3 個與時間相關的維度：檢查點（Check Point）、里程碑（Mile Stone）和基準線（Base Line）。這 3 個維度描述了在什麼時間對專案進行怎樣的控制。

1. 需求分析階段

需求分析階段主要圍繞一個問題：為了解決使用者的問題，系統需要做什麼事情。

需求分析階段主要明確：目標系統必須具備哪些功能，每個功能都必須準確、完整地表現使用者的需求。

只有解決了使用者的痛點，需求分析才是切實可行的。

2. 開發階段

在開發階段需要做兩件事情。

（1）完成技術架構整體設計文件，闡述為了解決使用者的痛點需要處理哪些問題，舉出大致的實作方案並明確具體原因。
（2）撰寫程式，實作核心需求功能。

3. 測試階段

測試階段通常包括單元測試、組裝測試和系統測試這 3 個階段。

Tips

測試方法主要涉及白盒測試和黑盒測試，因為不屬於本書的重點，所以不再擴充介紹。

4. 發布階段

發布階段通常是專案的最後一個階段：將系統發布到線上環境，供使用者使用。此階段已經完成對專案的研製工作並交付使用，後期可能會進行錯誤改正、適應環境變化和增強功能等專案修訂。

Tips

做好專案維護工作，不僅能排除障礙，使專案能正常執行，還可以擴充專案功能，提高性能，為使用者帶來明顯的經濟效益。

2.1.2 Docker 專案開發的主要階段

2.1.1 節介紹了一般專案開發的主要階段，Docker 專案開發也包括 4 個主要階段。為了幫助讀者更進一步地理解，下面將從這 4 個階段對 Docker 專案進行剖析。

1. 需求分析階段

對於 Docker 專案，需求分析階段主要完成以下 3 件事情。

- 思考問題：如何快速、高效率地架設 Web 服務。
- 明確需求：透過鷹架實作一個 Web 專案，其具備存取能力。
- 定義目標：對 Web 專案進行改造，使其具備容器化能力，方便遷移及重複使用。

2. 開發階段

對於 Docker 專案，開發階段的主要工作就是撰寫業務程式，並設定 Docker 設定檔。這樣專案就具備了容器化能力，最後透過 build 命令即可建構專案鏡像。

3. 測試階段

對於 Docker 專案，在測試階段，開發人員除了要撰寫單元測試，以及進行必要的煙霧測試，還需要進行容器化測試，以確保建立的鏡像是可用的。這也是 Docker 專案和普通專案最大的區別，需要引起開發人員的重視。

只有做好上面這些測試，專案才可以交由測試人員進行黑盒測試。

4. 發布階段

到了發布階段，Docker 專案除了需要進行打包建構、伺服器端部署、回歸測試及線上存取，還會比一般專案多出兩方面內容，即鏡像管理和倉庫維護，這樣才能在後續的重複使用中快速地應用現有鏡像。

2.2 專案前期準備

一個標準的 Web 專案通常使用鷹架來生成，不需要開發人員逐一增加設定檔，這樣也可以更進一步地實現專案規範化，便於多人開發與維護。

2.2.1 準備相關環境

在初始化專案之前，需要先準備相關環境。對需要長期與終端打交道的工程師來說，擁有一款稱手的終端管理器是很有必要的。

- 對 Windows 使用者來說，最好的選擇是 XShell，這並沒有什麼爭議。
- 對 macOS 使用者來說，毋庸置疑，iTerm2 就是利器。

> :bulb: **Tips**
>
> iTerm2 是 iTerm 的後繼者，也是 Terminal 的替代者。它是一款用於 macOS 的終端模擬器，支援視窗分割、熱鍵、搜尋、自動補齊、無滑鼠複製、歷史貼上、即時重播等功能，適用於 macOS 10.10 及以上版本。
>
> 可以使用 Homebrew 安裝 iTerm2，在終端中執行 brew install iterm2 命令即可完成，讀者可自行安裝。

本節範例使用 macOS Mojave 10.14.6、iTerm2 3.4.4 和 Node 10.13.0。

2.2.2 準備專案

在確定使用鷹架後，接下來的問題就是技術選型。讀者可以根據自己了解的前端框架來自由選擇，目前主流框架分為兩類，即 Vue CLI、Create React App。

- Vue CLI：Vue.js 開發的標準工具，對 Babel、TypeScript、ESLint、PostCSS、PWA、單元測試和 End-to-end 測試提供了「開箱即用」的支援。它具有強大的可擴充性，可以靈活組合，從而提供更複雜的解決方案。

- Create React App：一款官方支援的、用於建立 React 單頁應用程式的工具。它為開發人員提供了「零設定」的使用體驗。開發人員無須安裝或設定 Webpack、Babel 等工具，即可直接生成「開箱即用」的專案，從而可以更進一步地專注於程式的撰寫。

1. 安裝鷹架

（1）安裝專案鷹架。這裡採用全域安裝。在終端執行以下命令。

```
npm install -g create-react-app
```

（2）待安裝完成，透過 create-react-app -v 命令進行驗證，若終端列印出以下字樣，則表示安裝成功。

```
$create-react-app -v
Please specify the project directory:
  create-react-app <project-directory>
For example:
  create-react-app my-react-app
Run create-react-app --help to see all options.
```

2. 建立專案

透過鷹架建立首個 React 專案。

（1）執行 create-react-app my-react-app 命令，並等待執行完畢，如圖 2-2 所示。

```
→  Project create-react-app my-react-app

Creating a new React app in /Users/jartto/Documents/Project/my-react-app.

Installing packages. This might take a couple of minutes.
Installing react, react-dom, and react-scripts with cra-template...

yarn add v1.22.11
[1/4] 🔍 Resolving packages...
[2/4] 🚚 Fetching packages...
[3/4] 🔗 Linking dependencies...
warning "react-scripts > @typescript-eslint/eslint-plugin > tsutils@3.20.0" has unmet peer dependency "typescript@>=2.
8.0 || >= 3.2.0-dev || >= 3.3.0-dev || >= 3.4.0-dev || >= 3.5.0-dev || >= 3.6.0-dev || >= 3.6.0-beta || >= 3.7.0-dev |
| >= 3.7.0-beta".
[4/4] 🔨 Building fresh packages...
success Saved lockfile.
warning Your current version of Yarn is out of date. The latest version is "1.22.15", while you're on "1.22.11".
info To upgrade, run the following command:
$ brew upgrade yarn
success Saved 7 new dependencies.
info Direct dependencies
├─ cra-template@1.1.2
├─ react-dom@17.0.2
├─ react-scripts@4.0.3
└─ react@17.0.2
```

▲ 圖 2-2

（2）在根目錄下會生成一個名為 my-react-app 的專案檔案夾，目錄
結構如下。

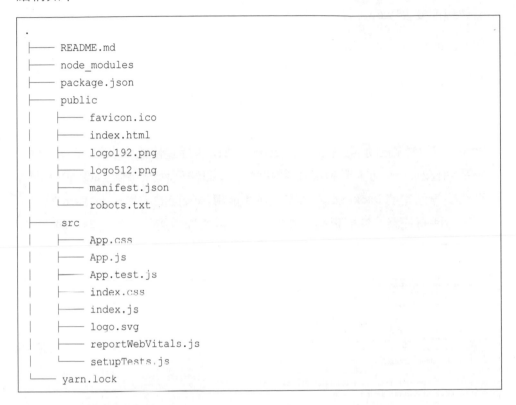

```
.
├── README.md
├── node_modules
├── package.json
├── public
│   ├── favicon.ico
│   ├── index.html
│   ├── logo192.png
│   ├── logo512.png
│   ├── manifest.json
│   └── robots.txt
├── src
│   ├── App.css
│   ├── App.js
│   ├── App.test.js
│   ├── index.css
│   ├── index.js
│   ├── logo.svg
│   ├── reportWebVitals.js
│   └── setupTests.js
└── yarn.lock
```

下面進行簡要說明。

- node_modules：存放專案相依的模組。
- package.json：專案相依描述的設定檔。
- public：公共存取檔案，它會被打包到部署目錄中。
- src：主開發檔案，Web 應用的核心功能將相依這個目錄下的檔案。

3. 執行 Web 專案

（1）進入專案目錄「cd my-react-app」，使用 yarn start 命令啟動專
案，如圖 2-3 所示。

Tips

需要提前安裝 Yarn，才可以執行 yarn start 命令。

在 CentOS 系統中，如果需要安裝 Yarn，則命令如下 $ sudo wget https://dl.yarnpkg.com/rpm/yarn.repo -O /etc/yum.repos.d/yarn.repo；在 Window 系統中，安裝 Nodejs 就會預設安裝了 NPM 套件管理工具了，不需要額外操作。

Yarn 和 NPM 都屬於套件管理工具，它們在執行套件的安裝時都會執行一系列任務，差別主要體現在：NPM 是按照佇列執行每個 Package，即必須要等到當前 Package 成功安裝後才能繼續後面的安裝；而 Yarn 是同步執行所有任務，性能更高。讀者可以按需選擇合適的套件管理工具。

```
→ my-react-app yarn start
yarn run v1.22.11
$ react-scripts start
i 「wds」: Project is running at http://192.168.1.83/
i 「wds」: webpack output is served from
i 「wds」: Content not from webpack is served from /Users/jartto/Documents/Project/my-react-app/public
i 「wds」: 404s will fallback to /
Starting the development server...

Browserslist: caniuse-lite is outdated. Please run:
npx browserslist@latest --update-db

Why you should do it regularly:
https://github.com/browserslist/browserslist#browsers-data-updating
Compiled successfully!

You can now view my-react-app in the browser.

  Local:            http://localhost:3000
  On Your Network:  http://192.168.1.83:3000

Note that the development build is not optimized.
To create a production build, use yarn build.
```

▲ 圖 2-3

（2）透過在瀏覽器的搜尋框中輸入「localhost:3000」來存取網站，如圖 2-4 所示。

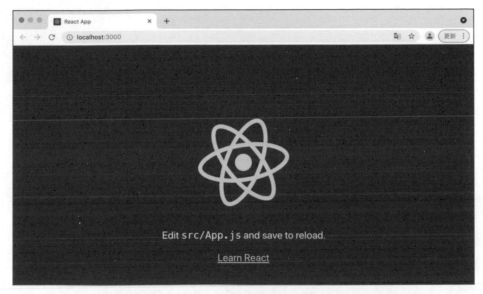

▲ 圖 2-4

Web 專案已經成功執行，2.3 節將對該專案進行容器化改造。

2.3 對 Web 專案進行容器化改造

對 Web 專案進行容器化改造非常容易。接著 2.2 節的專案 my-react-app 繼續介紹。本節將透過設定 Dockerfile 檔案來完成容器化改造，這樣該專案會初步具備容器化能力。

2.3.1 建構專案

在 2.2.2 節中，my-react-app 專案已經可以正常啟動。但如果要發布網站，則還有最關鍵的一步——對專案進行打包建構。這個操作很簡單，在 iTerm2 終端中執行 yarn build 命令即可，如以下程式所示。

```
$yarn build
yarn run v1.21.0
$react-scripts build
Creating an optimized production build...
Compiled successfully.

File sizes after gzip:
  41.34 KB   build/static/js/2.eb446038.chunk.js
  1.56 KB    build/static/js/3.d6eb821d.chunk.js
  1.17 KB    build/static/js/runtime-main.a262d017.js
  596 B      build/static/js/main.ec684546.chunk.js
  574 B      build/static/css/main.9d5b29c0.chunk.css

The project was built assuming it is hosted at /.
You can control this with the homepage field in your package.json.

The build folder is ready to be deployed.
You may serve it with a static server:
  yarn global add serve
  serve -s build

Find out more about deployment here:
  https://〔cra.link官網〕/deployment
✦ Done in 12.97s.
```

透過打包過程，在專案根目錄下新建了一個 build 資料夾，其中存放的是即將發布的檔案。

```
.
├── asset-manifest.json
├── favicon.ico
├── index.html
├── logo192.png
├── logo512.png
├── manifest.json
├── robots.txt
└── static
```

Tips

build 資料夾是 Dockerfile 檔案設定中的關鍵一環，下面將深入講解。

這裡先不著急進行 Dockerfile 檔案設定，因為需要先準備 Web 伺服器，所以第 1 章中關於 Nginx 設定的基礎知識現在就會派上用場。

2.3.2 設定 Nginx 檔案

Web 應用一般分為以下兩類。

- 使用者端繪製（Client Side Render）：純靜態應用可以直接用 Nginx 完成靜態部署，通常在使用者端完成頁面繪製。
- 伺服器端繪製（Server Side Render）：需要啟動 Node 服務，使其作為代理伺服器，通常在伺服器端完成頁面繪製。

 Tips

關於 Node 服務，第 4 章會進行詳細說明，本節只考慮第一類 Web 應用。

準備 Nginx 鏡像的過程稍微有些複雜，為了便於讀者理解，這裡將其拆分成關鍵的 4 步。

（1）執行 Docker 桌面端。

點擊工作列區的 Docker 應用圖示，在彈出的下拉清單中選擇「Dashboard」選項（見圖 2-5），即可執行 Docker 桌面端。

▲ 圖 2-5

在一般情況下，啟動 Docker 桌面端就會預設啟動實例，如圖 2-6 所示。

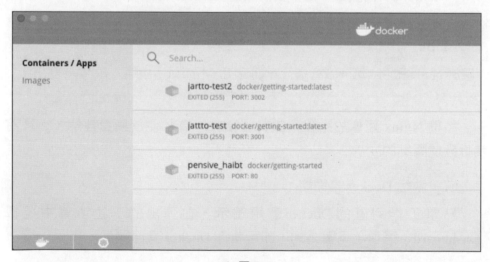

▲ 圖 2-6

（2）拉取 Nginx 鏡像。

Docker 實例執行成功後，在 iTerm2 終端中使用 docker pull nginx 命令拉取 Nginx 鏡像，程式如下所示。

```
$ docker pull nginx
Using default tag: latest
latest: Pulling from library/nginx
ac2522cc7269: Pull complete
09de04de3c75: Pull complete
b0c8a51e6628: Pull complete
08b11a3d692c: Pull complete
a0e0e6bcfd2c: Pull complete
4fcb23e29ba1: Pull complete
Digest: sha256:b0ea179ab61*************df83ce44bf86261179
Status: Downloaded newer image for nginx:latest
docker.io/library/nginx:latest
```

 Tips

如果在此過程中出現以下異常，請先確認 Docker 實例是否正常執行。

```
Cannot connect to the Docker daemon at unix:///var/run/docker.sock.
Is the docker daemon running?
```

（3）建立 Nginx 設定檔 default.conf。

透過上述過程，Nginx 鏡像已經準備完成。如果使用 Nginx 作為伺服器，則需要在目錄中建立 Nginx 設定檔。

在終端中執行 Linux 命令 touchdefault.conf，即可建立 Nginx 設定檔，此時的目錄結構如下所示。

```
.
├── Dockerfile
├── README.md
├── build
├── default.conf
├── node_modules
├── package.json
├── public
├── src
└── yarn.lock
```

（4）修改 Nginx 設定檔。

修改 default.conf 設定檔，寫入基本設定，具體程式如下所示。

```
server {
    listen       80;
    server_name  localhost;

    location / {
        root   /usr/share/nginx/html;
        index  index.html index.htm;
    }

    error_page   500 502 503 504  /50x.html;
    location = /50x.html {
        root   /usr/share/nginx/html;
    }
}
```

這是第一次使用 Nginx 設定檔，下面對上述程式説明。

■ 透過 listen 設定伺服器端監聽 80 通訊埠。

■ 透過 server_name 設定服務名為 localhost。

■ 透過 location 設定根存取路徑。

■ 設定 error_page 來處理「5**」異常情況。

2.3.3 建立和設定 Dockerfile 檔案

1. 建立 Dockerfile 檔案

在專案目錄下透過 Linux 命令 touch Dockerfile 建立一個 Dockerfile 檔案，此時的一級目錄如下所示。

```
.
├── Dockerfile
├── README.md
├── build
├── node_modules
├── package.json
├── public
├── src
└── yarn.lock
```

2. 設定 Dockerfile 檔案

萬事俱備，終於可以開始設定 Dockerfile 檔案了。使用程式編輯器開啟 Dockerfile 檔案，並寫入以下設定。

```
FROM nginx
COPY build/ /usr/share/nginx/html/
COPY default.conf /etc/nginx/conf.d/default.conf
```

下面逐行解釋上述設定資訊。

- FROM nginx：用於指定該鏡像是以「nginx:latest」鏡像為基礎（2.3.2 節中下載的 Nginx 鏡像）建構的。
- COPY build/ /usr/share/nginx/html/：表示將專案根目錄下的 build 資料夾中的所有檔案複製到鏡像的「/usr/share/nginx/html/」目錄下。

- COPY default.conf /etc/nginx/conf.d/default.conf：表示將本機的 Nginx 設定檔 default.conf 複製到容器中 Nginx 的「etc/nginx/conf.d/」目錄下，這表示使用本機設定檔替換了 Nginx 容器中的預設設定檔。

大功告成，至此 Docker 設定已經基本完成，伺服器也已準備就緒。

2.4 建構專案鏡像

讀者先回顧一下 1.2.2 節中介紹的 Docker 的三大核心概念：鏡像、容器和倉庫。

在專案開發完畢後，需要將其建構成鏡像，以便後續快速重複使用。

2.4.1 準備啟動環境

（1）開啟 Docker 桌面端。

開啟 Docker 桌面端，預設會啟動 Docker 實例，如圖 2-7 所示。

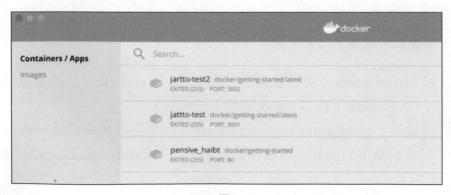

▲ 圖 2-7

（2）驗證 Docker 實例是否執行正常。

在終端中輸入「docker -v」，如果出現 Docker 版本編號，則表示 Docker 實例執行正常。

```
docker version 20.10.5, build 55c4c88
```

至此，Docker 實例啟動完成，下面開始建構專案鏡像。

2.4.2 建構鏡像

在 Docker 中，透過 build 命令來建構鏡像。

```
docker build -t jartto-test3 .
```

上面的程式透過 -t 參數將鏡像命名為 jartto-test3。

 Tips

程式最後的「.」千萬不要省略，它表示以目前的目錄為基礎的 Dockerfile 設定檔來建構鏡像。

讀者可以按照以下步驟進行規範操作。

（1）檢查專案目錄與 Dockerfile 設定檔是否存在。

在執行建構命令之前，一定要確保兩件事情。

- 在正確的專案目錄下操作。
- 該專案必須包含 Dockerfile 設定檔。

下面進行檢查，這裡用到了 pwd 和 ls 兩行 Linux 命令，如圖 2-8 所示。

```
→  my-react-app pwd
/Users/jartto/Documents/Project/my-react-app
→  my-react-app ls
README.md      node_modules package.json public        src         yarn.lock
→  my-react-app ▮
```

▲ 圖 2-8

透過 pwd 命令，可以了解到 Docker 設定檔目前位於「/Users/jartto/ Documents/Project/ my-react-app」目錄下。透過 ls 命令，輸出目前的目錄下的所有檔案，這樣即可確定 Dockerfile 設定檔是否存在。

如果不存在 Dockerfile 設定檔，那麼讀者需要按照 2.3.3 節介紹的相關內容進行初始化建立。

（2）執行鏡像建構命令。

執行鏡像建構命令 docker build -t jartto-test3.，等待 iTerm2 執行完畢，如圖 2-9 所示。

```
[+] Building 11.7s (8/8) FINISHED

=>[internal] load build definition from Dockerfile                          0.2s

=> => transferring dockerfile: 137B                                         0.0s

=> [internal] load .dockerignore                                            0.1s

=> => transferring context: 2B                                              0.0s

=> [internal] load metadata for docker.io/library/nginx:latest             0.0s

=> [internal] load build context                                           10.8s

=> => transferring context: 516.31kB                                        9.3s

=> [1/3] FROM docker.io/library/nginx                                       0.3s

=> [2/3] COPY build/ /usr/share/nginx/html/                                 0.3s

=> [3/3] COPY default.conf /etc/nginx/conf.d/default.conf                   0.1s

=> exporting to image                                                       0.1s

=> => exporting layers                                                      0.1s

=> => writing image sha256:9b9156ebaf4cb5835318471d2f80bb79729239f5f318b8cbc790fa987e4a4a29    0.0s

=> => naming to docker.io/library/jartto-test3▮
```

▲ 圖 2-9

鏡像建構成功後，透過如圖 2-10 所示的步驟可以查看為 create-react-app 建構的鏡像 jartto-test3。

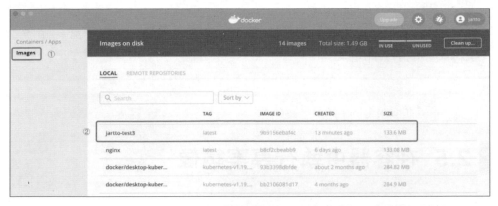

▲ 圖 2-10

從圖 2-10 中可以看出，jartto-test3 鏡像的大小為 133.6MB，ID 為 9b9156ebaf4c。

（3）使用終端查看鏡像。

先不要著急執行鏡像。趁熱打鐵，下面先介紹如何使用 iTerm2 查看鏡像。

執行 docker image 命令。

```
docker image ls | grep jartto-test3
```

在成功執行後，將看到以下資訊。

```
jartto-test3 latest  9b9156ebaf4c  32 minutes ago   134MB
```

資訊顯示，建立了一個名為 jartto-test3 的鏡像，它的 ID 是 9b9156 ebaf4c，在 32min 前建構成功，大小為 133.6MB。

這就與前面透過 Docker 使用者端看到的鏡像列表對應起來了。

> **Tips**
>
> 到底使用 Docker 用戶端，還是使用 iTerm2 查看鏡像，讀者不必糾結，
> 選擇順手的方式即可。

2.5 在容器中執行專案鏡像

相信很多讀者會有疑問，建構的專案鏡像應該如何執行呢？

在鏡像清單中選擇「jartto-test3」選項，在該鏡像右側將出現「RUN」按鈕，如圖 2-11 所示。

	TAG	IMAGE ID	CREATED	SIZE	
jartto-test3	latest	9b9156ebaf4c	13 minutes ago	133.6 MB	⋮ RUN ▶

▲ 圖 2-11

2.5.1 執行容器

在執行具體的鏡像前，需要先設定容器的基本資訊。

輸入容器名稱 first-docker-project，選擇 8888 通訊埠，點擊「Run」按鈕即可執行容器，如圖 2-12 所示。

▲ 圖 2-12

2.5.2 管理容器

在正常情況下，容器執行後，可以在 Docker 桌面端進行容器管理，如圖 2-13 所示。

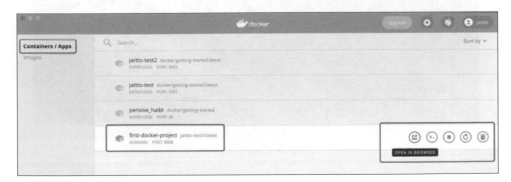

▲ 圖 2-13

這裡需要關注圖 2-13 中框出來的部分。

■ 選中 Docker 桌面端左側的「Containers/Apps」選項。

■ 選擇執行的容器「first-docker-project」。

■ 右側操作區主要包含在瀏覽器中開啟、執行 CLI、停止容器、刷新容器、刪除容器操作。

2.5.3 在瀏覽器中開啟

為了查看 jartto-test3 專案建構出來的鏡像是否能夠正常執行,可以點擊「OPEN IN BROWSER」按鈕。

不出所料,啟動的網站使用的通訊埠就是在容器中設定的 8888 通訊埠,專案成功執行,如圖 2-14 所示。

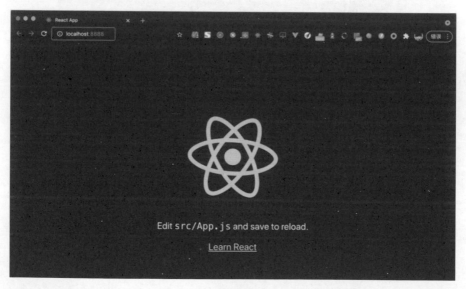

▲ 圖 2-14

2.5.4 處理程序管理

一般來説在專案執行過程中,開發人員只關心正常的狀態。事實上,專案異常及伺服器當機會帶來極大的風險。那麼如何才能降低風險呢?這時不得不提到處理程序管理。

1. 容器處理程序管理

在 Docker 中，每個容器都是 Docker Daemon（守護處理程序）的子處理程序。預設每個容器處理程序具有不同的 PID 命名空間。在建立一個 Docker 時，會新建一個 PID 命名空間。容器啟動處理程序在該命名空間內的 PID 為 1。當 PID1 處理程序結束後，Dockcr 會銷毀對應的 PID 命名空間，並向容器內所有其他的了處理程序發送 SIGKILL。

透過命名空間技術，Docker 可以實現容器間的處理程序隔離。Docker 鼓勵採用「一個容器一個處理程序」（One Process Per Container）的方式。

下面透過啟動不同的 jartto-test3 鏡像，建立兩個容器並觀察裡面的處理程序。

（1）將第 2 個容器命名為 second-docker-project，並調整為 8889 通訊埠，點擊「Run」按鈕啟動，如圖 2-15 所示。

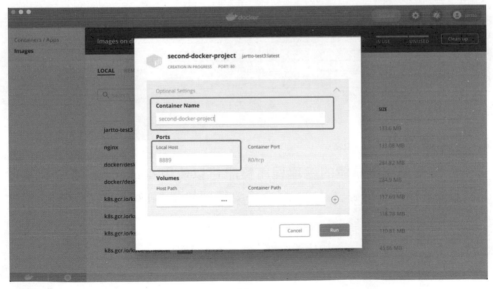

▲ 圖 2-15

（2）不出所料，容器管理列表中出現了兩個啟動中的容器，如圖 2-16 所示。

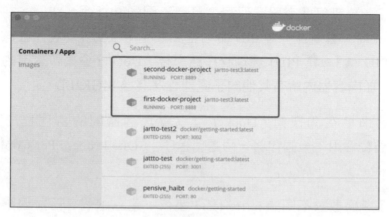

▲ 圖 2-16

 Tips

讀者也可以透過 iTerm2 執行 docker ps 命令來查看處理程序，結果如圖 2-17 所示。

```
→ my-react-app docker ps
CONTAINER ID   IMAGE               COMMAND                 CREATED          STATUS            PORTS                    NAMES
406174d3ff25   jartto-test3:latest  "/docker-entrypoint…"   29 seconds ago   Up 28 seconds     0.0.0.0:8889->80/tcp     sencond-docker-project
20b112f1b7fc   jartto-test3:latest  "/docker-entrypoint…"   About a minute ago  Up About a minute  0.0.0.0:8888->80/tcp     first-docker-project
```

▲ 圖 2-17

2. 查看處理程序資訊

查看每個容器具體的處理程序資訊可以使用 docker top 命令。執行 docker top first-docker- project 命令後會得到如圖 2-18 所示的資訊。

```
→ my-react-app docker top first-docker-project
UID        PID      PPID       C   STIME      TTY    TIME        CMD
root       84857    84830      0   10:32      ?      00:00:00    nginx: master process nginx -g dae
mon off;
uuidd      84914    84857      0   10:32      ?      00:00:00    nginx: worker process
uuidd      84915    84857      0   10:32      ?      00:00:00    nginx: worker process
uuidd      84916    84857      0   10:32      ?      00:00:00    nginx: worker process
uuidd      84917    84857      0   10:32      ?      00:00:00    nginx: worker process
uuidd      84918    84857      0   10:32      ?      00:00:00    nginx: worker process
uuidd      84919    84857      0   10:32      ?      00:00:00    nginx: worker process
```

▲ 圖 2-18

其中，UID、PID 及 PPID 的含義如下。

- UID：容器內的當前使用者為 Root 角色。
- PID：容器內的處理程序在宿主機上的 PID。
- PPID：容器內的處理程序在宿主機上父處理程序的 PID。

 Tips

此外，Docker 提供的 docker stop 命令和 docker kill 命令用來向容器中的 PID1 處理程序發送訊號。

在執行 docker stop 命令時，Docker 首先向容器中的 PID1 處理程序發送一個 SIGTERM 訊號，用於實現容器內程式的退出。如果容器在收到 SIGTERM 訊號後沒有結束，則 Docker Daemon 會在等待一段時間（預設是 10s）後，再向容器發送 SIGKILL 訊號，將容器「殺死」變為退出狀態。這種方式為 Docker 應用提供了一個優雅的退出（Graceful Stop）機制，允許應用在收到 docker stop 命令後清理和釋放使用中的資源。

執行 docker kill 命令，Docker 同樣會向容器中的 PID1 處理程序發送訊號，但預設是發送 SIGKILL 訊號來強制退出應用。

2.5.5 日誌查看

日誌查看相對簡單。開發人員可以在「Containers/Apps」介面中選擇「second-docker-project」應用，如圖 2-19 所示。

▲ 圖 2-19

「Containers/Apps」介面中保留了容器啟動後的所有日誌資訊。為了
進一步驗證，開發人員不妨刷新瀏覽器，重新請求 Web 網站，這時就會
在後台列出對應的請求日誌資訊，結果如圖 2-20 所示。

▲ 圖 2-20

每一次的使用者存取都會記錄在日誌裡面，開發人員可以從這裡了
解到 Docker 實例的執行情況。

 Tips

開發人員還需要關注實例的 CPU 及 MEMORY 的使用情況，以確保網站
穩定執行，如圖 2-21 所示。

在 CPU 和 MEMORY 的使用情況處於較低水準且沒有增長趨勢時，網站
相對穩定。否則需要查看 Web 網站是否異常，如果請求並行量太高，則
需要進行緊急擴充。

▲ 圖 2-21

2.6 管理鏡像

讀者是否還記得第 1 章中關於 Docker 的定義：一次建構，處處執行（Build Once，Run Anywhere）。沒錯，既然在 2.5 節中已經成功建構出一個名為 jartto-test3 的專案鏡像，那麼不妨將其固化到鏡像倉庫中，以便於之後的專案重複使用。

 Tips

在啟動容器時，Docker Daemon 會試圖從本機倉庫中獲取相關鏡像。如果本機鏡像不存在，則其將從遠端倉庫中下載相關鏡像並保存至本機倉庫中。

2.6.1 了解鏡像倉庫

鏡像倉庫，顧名思義就是儲存鏡像的倉庫。鏡像倉庫一般分為私有倉庫和公共倉庫。根據功能的不同，鏡像倉庫又可以細分為以下幾種。

- Sponsor Registry：協力廠商的鏡像倉庫，供客戶和 Docker 社區使用。
- Mirror Registry：協力廠商的鏡像倉庫，只供客戶使用，如阿里雲註冊後才可以使用。
- Vendor Registry：由發布 Docker 鏡像的供應商提供的鏡像倉庫，通常代表組織（如 RedHat、Google 等）。
- Private Registry：私有倉庫，設有防火牆和額外的安全層的私有實體提供的鏡像倉庫，安全性較高，一般供企業內部使用。

2.6.2 最大的鏡像倉庫——Docker Hub

Docker Hub 是世界上最大的鏡像倉庫，其鏡像的來源非常廣泛，通常來自社區開發人員、軟體供應商及開放原始碼專案等。使用者既可以透過存取免費的公共倉庫來儲存和共用鏡像，也可以選擇私有倉庫來進行個性化訂製。

舉例來説，Docker Hub 提供的官方 Nginx 鏡像如圖 2-22 所示。

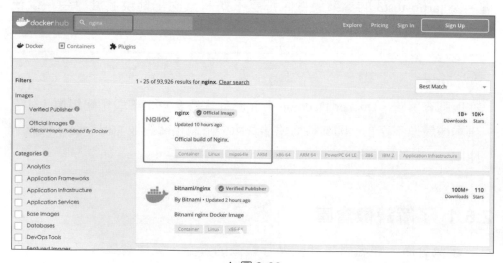

▲ 圖 2-22

那麼如何使用呢？開發人員可以透過 docker pull nginx 命令來拉取官方鏡像，如圖 2-23 所示。

▲ 圖 2-23

2.6.3 把專案鏡像推送到遠端鏡像倉庫中

在 1.5.2 節中建立的私有鏡像倉庫如圖 2-24 所示。

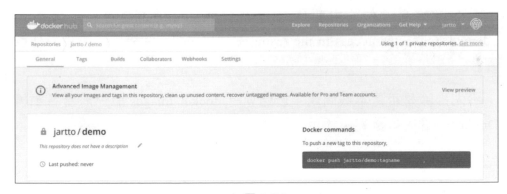

▲ 圖 2-24

下面演示如何將本機鏡像推送到遠端私有鏡像倉庫中。

（1）開啟 Docker 桌面端，如圖 2-25 所示。

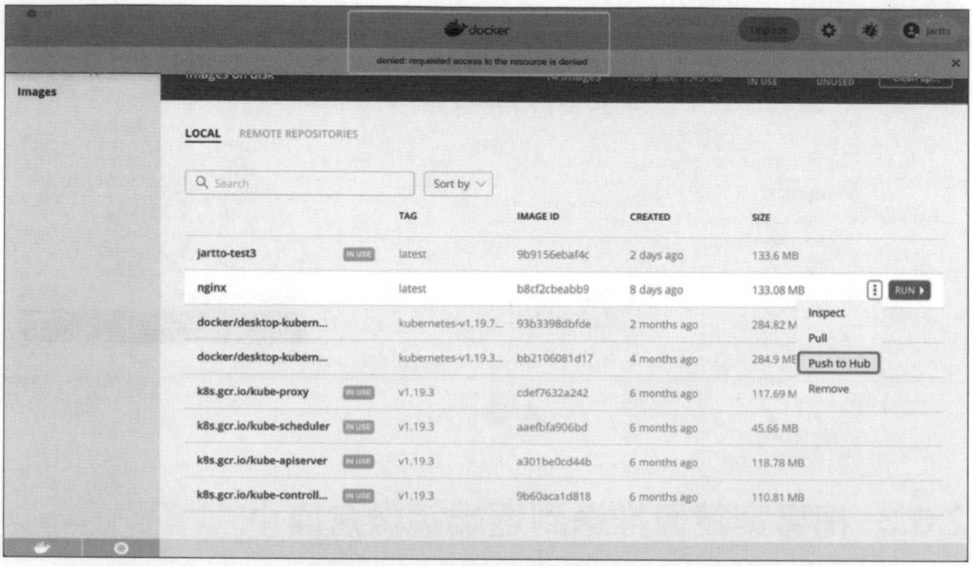

▲ 圖 2-25

奇怪的是，在選中對應鏡像執行 Push to Hub 命令時，會顯示「denied: requested access to the resource is denied」的異常，這是為什麼呢？

先排除是否是本機問題。透過執行 docker images 命令來查看本機 Docker 鏡像，如圖 2-26 所示。

```
→ my-react-app docker images
REPOSITORY                          TAG                                                    IMAGE ID       CREATED          SIZE
jartto-test3                        latest                                                 36c5a81d3035   10 minutes ago   134MB
nginx                               latest                                                 87a94228f133   11 days ago      133MB
docker/desktop-kubernetes           kubernetes-v1.21.5-cni-v0.8.5-critools-v1.17.0-debian  967a1c03eb00   4 weeks ago      290MB
k8s.gcr.io/kube-apiserver           v1.21.5                                                7b2ac941d4c3   5 weeks ago      126MB
k8s.gcr.io/kube-controller-manager  v1.21.5                                                184ef4d127b4   5 weeks ago      120MB
k8s.gcr.io/kube-scheduler           v1.21.5                                                8e60ea3644d6   5 weeks ago      50.8MB
k8s.gcr.io/kube-proxy               v1.21.5                                                e08abd2be730   5 weeks ago      104MB
docker/desktop-vpnkit-controller    v2.0                                                   8c2c38aa676e   5 months ago     21MB
docker/desktop-storage-provisioner  v2.0                                                   99f89471f470   5 months ago     41.9MB
k8s.gcr.io/pause                    3.4.1                                                  0f8457a4c2ec   9 months ago     683kB
k8s.gcr.io/coredns/coredns          v1.8.0                                                 296a6d5035e2   12 months ago    42.5MB
k8s.gcr.io/etcd                     3.4.13-0                                               0369cf4303ff   14 months ago    253MB
```

▲ 圖 2-26

原來這裡有一個限制條件：在建構（Build）本機鏡像時，如果要增加 Tag，則必須在原來的檔案前面加上 Docker Hub 中的 Username（本例中使用的帳號為 jartto）。

理解其規則後，不妨再重新建構一個名為 jartto/jartto-test4 的鏡像套件。

```
docker build -t jartto/jartto-test4 .
```

（2）再次執行 Push to Hub 命令，桌面端開始將本機鏡像上傳到遠端鏡像倉庫中，操作過程如圖 2-27 所示。

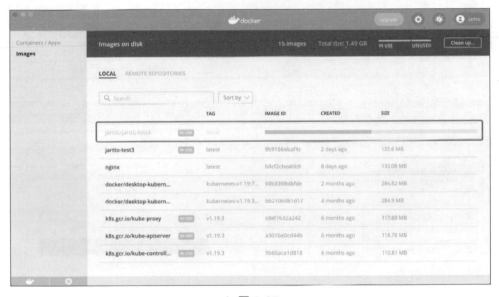

▲ 圖 2-27

（3）等待其執行結束，開啟 Docker 桌面端，查看遠端鏡像倉庫，可以看到 jartto/jartto-test4 鏡像已經存在於遠端鏡像倉庫列表中，如圖 2-28 所示。

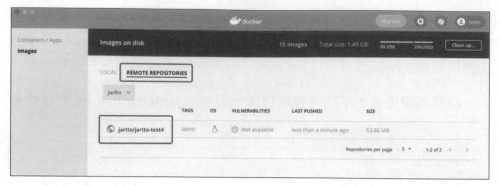

▲ 圖 2-28

 Tips

開發人員也可以從 Docker Hub 後台驗證 jartto/jartto-test4 鏡像是否存在，如圖 2-29 所示。

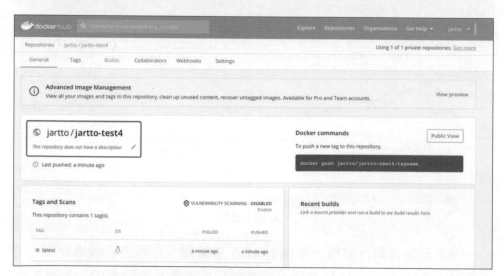

▲ 圖 2-29

（4）管理遠端鏡像倉庫也非常容易，選擇 jartto/jartto-test4 鏡像即可看到該倉庫的具體資訊，如圖 2-30 所示。

▲ 圖 2-30

　　至此，我們已經將鏡像倉庫所有的操作都體驗了一遍，是不是很簡單呢？看起來一切是那麼完美。但 Web 網站還執行在本機容器中，如何將其發布到伺服器呢？ 2.7 節將詳細介紹。

2.7　發布專案

　　為了將 Web 網站發布到伺服器，需要準備一台 Linux 伺服器。接下來我們將在伺服器端部署 Web 網站。

 Tips

關於如何申請雲端服務器，開發人員可以非常方便地在網路上找到很多資源，如阿里雲、騰訊雲等，這裡就不再贅述了。

2.7.1 準備伺服器環境

雲端服務廠商一般會在使用者申請下來伺服器後提供給使用者帳號和密碼，便於透過 SSH 來遠端登入。

```
ssh root@39.*.*.34
```

輸入帳號和密碼後即可登入成功。在終端不但可以看到本次登入資訊，而且可以看到最近伺服器的使用者存取記錄。

```
Last failed login: Mon Apr  5 11:20:25 CST 2021 from 101.132.125.87 on
ssh:notty
There were 28418 failed login attempts since the last successful login.
Last login: Sun Feb 14 03:49:21 2021 from 221.*.*.78
```

2.7.2 部署專案

（1）要執行 Docker，就需要確保伺服器上已經安裝了 Docker 實例，可以執行 docker -v 命令來確認。

如果顯示以下資訊則表示 Docker 實例已經安裝成功，並且版本編號是 20.10.3。

```
Docker version 20.10.3, build 48d30b5
```

（2）在伺服器上執行 docker pull 命令可以從遠端倉庫拉取 jartto/jartto-test4 鏡像，如圖 2-31 所示。

```
docker pull jartto/jartto-test4
```

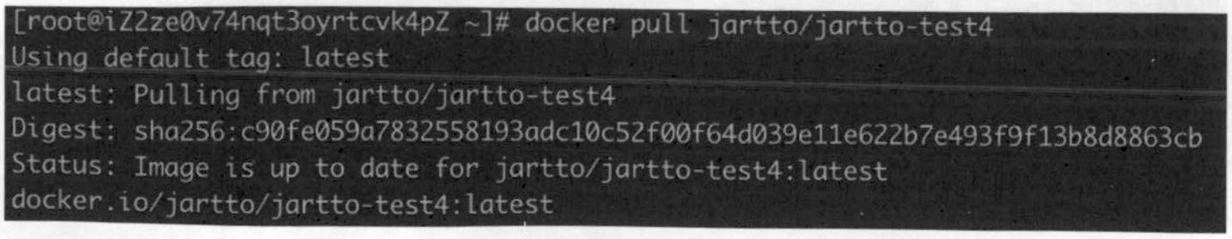

▲ 圖 2-31

Tips

如果鏡像內容未發生變化,則不會重複拉取。

（3）透過執行 docker run 命令啟動 Docker。

```
docker run -d -p 8888:80 --name react-docker-demo jartto/jartto-test4
```

參數說明如下。

- -d:設定容器在後台執行。
- -p:表示通訊埠映射,把本機的 8888 通訊埠映射到容器的 80 通訊埠(這樣外網就能透過本機的 8888 通訊埠存取容器內部)。
- --name:設定容器名稱,此處為 react-docker-demo。
- jartto/jartto-test4:表示鏡像名稱(2.6.3 節中建構的鏡像名稱)。

2.7.3 確定容器是否執行正常

1. 查看容器處理程序

執行 docker run 命令後,終端會列印出一行 ID,如圖 2-32 所示。

```
[root@iZ2ze0v74nqt3oyrtcvk4pZ ~]# docker run -d -p 8888:80 --name react-docker-demo jartto/jartto-test4
aab2595141ca8d0237860fb270e58aa0b79f6e90f71238ef7d163919a21a4f8f
```

▲ 圖 2-32

如何知道容器是否執行正常呢?

可以透過執行 docker ps 命令來查看處理程序,如圖 2-33 所示。如果容器清單中出現「jartto/jartto-test4」選項,則表示容器執行正常,否認會出現警告並提示異常資訊。

```
[root@iZ2ze0v74nqt3oyrtcvk4pZ ~]# docker ps -a
CONTAINER ID  IMAGE                                 COMMAND                  CREATED           STATUS                 PORTS                       NAMES
aab2595141ca  jartto/jartto-test4                   "/docker-entrypoint..."  About a minute ago Up About a minute     0.0.0.0:8888->80/tcp        react-docker-demo
60d071e9222a  goharbor/harbor-jobservice:v2.0.6     "/harbor/entrypoint..."  7 weeks ago       Up 7 weeks (healthy)                               harbor-jobservice
33acf265a351  goharbor/nginx-photon:v2.0.6          "nginx -g 'daemon of..." 7 weeks ago       Up 7 weeks (healthy)   0.0.0.0:8936->8080/tcp      nginx
ec15e7d61f1e  goharbor/harbor-core:v2.0.6           "/harbor/entrypoint..."  7 weeks ago       Up 7 weeks (healthy)                               harbor-core
a4b997759745  goharbor/harbor-db:v2.0.6             "/docker-entrypoint..."  7 weeks ago       Up 7 weeks (healthy)   5432/tcp                    harbor-db
c617cdd9e0cf  goharbor/harbor-registryctl:v2.0.6    "/home/harbor/start..."  7 weeks ago       Up 7 weeks (healthy)                               registryctl
58eb5c67ef35  goharbor/redis-photon:v2.0.6          "redis-server /etc/r..." 7 weeks ago       Up 7 weeks (healthy)   6379/tcp                    redis
d2723d24f11d  goharbor/registry-photon:v2.0.6       "/home/harbor/entryp..." 7 weeks ago       Up 7 weeks (healthy)   5000/tcp                    registry
cad527828bb4  goharbor/harbor-portal:v2.0.6         "nginx -g 'daemon of..." 7 weeks ago       Up 7 weeks (healthy)   8080/tcp                    harbor-portal
c09b07903806  goharbor/harbor-log:v2.0.6            "/bin/sh -c /usr/loc..." 7 weeks ago       Up 7 weeks (healthy)   127.0.0.1:1514->10514/tcp   harbor-log
```

▲ 圖 2-33

2. 進行伺服器驗證

容器執行正常並不代表部署的服務是正常的。

開發人員可以透過執行 curl -v -i localhost:8888 命令進行伺服器驗證。主控台的輸出如圖 2-34 所示。

```
[root@iZ2ze0v74nqt3oyrtcvk4pZ ~]# curl -v -i localhost:8888
* About to connect() to localhost port 8888 (#0)
*   Trying 127.0.0.1...
* Connected to localhost (127.0.0.1) port 8888 (#0)
> GET / HTTP/1.1
> User-Agent: curl/7.29.0
> Host: localhost:8888
> Accept: */*
>
< HTTP/1.1 200 OK
HTTP/1.1 200 OK
< Server: nginx/1.19.8
Server: nginx/1.19.8
< Date: Mon, 05 Apr 2021 04:32:57 GMT
Date: Mon, 05 Apr 2021 04:32:57 GMT
< Content-Type: text/html
Content-Type: text/html
< Content-Length: 3032
Content-Length: 3032
< Last-Modified: Sun, 28 Mar 2021 13:54:37 GMT
Last-Modified: Sun, 28 Mar 2021 13:54:37 GMT
< Connection: keep-alive
Connection: keep-alive
```

▲ 圖 2-34

Web 網站已經有了傳回值並且 HTTP 狀態碼為 200，說明服務部署就緒，可以正常存取。

Tips

常見的 HTTP 狀態碼如下：200 表示請求成功，301 表示資源（網頁等）
被永久地轉移到其他 URL，404 表示請求的資源（網頁等）不存在，500
表示內部伺服器錯誤。

2.7.4 線上驗證

需要注意的是，本機驗證通過，不代表網站上線後也是正常的，還
需要進行最後一步驗證—— 確定使用者線上存取正常。

在未綁定造訪域名之前，可以透過伺服器 IP 位址來造訪臨時網站
（如 http://192.168.1.53）。那麼如何得知伺服器 IP 位址呢？這裡可以使用
ifconfig 命令進行查詢，如圖 2-35 所示。

```
→ code git:(master) ✗ ifconfig
lo0: flags=8049<UP,LOOPBACK,RUNNING,MULTICAST> mtu 16384
        options=1203<RXCSUM,TXCSUM,TXSTATUS,SW_TIMESTAMP>
        inet 127.0.0.1 netmask 0xff000000
        inet6 ::1 prefixlen 128
        inet6 fe80::1%lo0 prefixlen 64 scopeid 0x1
        nd6 options=201<PERFORMNUD,DAD>
gif0: flags=8010<POINTOPOINT,MULTICAST> mtu 1280
stf0: flags=0<> mtu 1280
XHC0: flags=0<> mtu 0
XHC20: flags=0<> mtu 0
en0: flags=8863<UP,BROADCAST,SMART,RUNNING,SIMPLEX,MULTICAST> mtu 1500
        ether 88:e9:fe:6d:8a:db
        inet6 fe80::4cf:5ba2:c1dd:cb2b%en0 prefixlen 64 secured scopeid 0x6
        inet 192.168.1.53 netmask 0xffffff00 broadcast 192.168.1.255
        inet6 2408:8207::bc7f:ce00:dd:6ecd:743a:6ec7 prefixlen 64 autoconf secured
        inet6 2408:8207:6c7f:ce00:85c4:c9f7:cc73:5cb7 prefixlen 64 autoconf temporary
        nd6 options=201<PERFORMNUD,DAD>
        media: autoselect
        status: active
```

▲ 圖 2-35

得知伺服器 IP 位址後，開發人員即可透過在瀏覽器的網址列中輸入
「IP 位址 + 通訊埠編號」來造訪伺服器端部署的 Web 網站，如圖 2-36 所
示。

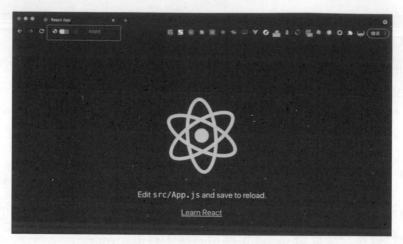

▲ 圖 2-36

　　至此，我們從 0 到 1 完成了一個 Web 專案的容器化：開發→建構→部署。

　　有了這個專案鏡像，之後的專案都可以快速、高效率地進行部署，開發人員根本不需要關心任何的環境差異問題。部署過程也簡化為「先 Pull 再 Run」，完美地實現了「一次建構，處處執行」（Build Once，Run Anywhere）。

2.8　本章小結

　　透過學習本章，相信讀者在腦海中已經初步建立起一個 Docker 地圖。在實際開發過程中，這些內容已經可以解決大部分問題。但這還遠遠不夠，我們只開啟了 Docker 的大門，要想完全掌握 Docker，還需要探索它的內在奧秘。

　　第 3 章，讓我們揚帆起飛，去探究 Docker 的核心原理，領略原始程式之美吧！

了解 Docker 的核心原理

第 2 章介紹了一個完整的範例,讓讀者不僅可以體驗 Docker 使用的便捷性,還可以更加了解 Docker 的三大核心概念(鏡像、容器、倉庫)。但這些還遠遠不夠,Docker 開發人員需要「知其然,知其所以然」。

本章將介紹一些 Docker 底層技術,讓讀者對 Docker 有更深入的理解,從而更加全面地掌握 Docker 技術。

3.1 熟悉 Docker 架構

軟體架構是一系列相關的抽象模式,用於指導大型軟體系統各方面的設計。從本質上來看,軟體架構屬於一種系統草圖。

軟體架構所描述的物件就是組成系統的各個抽象元件。可以透過線框、層級將各個抽象元件進行連接,從而比較明確地描述它們之間的關係。在大多數情況下,可以從物件領域展開分析,使用抽象介面來連接各個元件。

　　軟體架構為軟體系統提供了一個結構、行為和屬性的高級抽象模式。它不僅顯示了軟體需求和軟體結構之間的對應關係,還指定了整個軟體系統的組織和拓撲結構,提供了一些設計決策的基本原理。

1. 理解軟體架構的重要性

　　軟體架構的重要性就在於,它滿足了非功能性需求(也稱為品質需求)。這些非功能性需求不僅決定了一個應用程式在執行時期的品質(如可擴充性和可靠性),還決定了開發階段的品質(包括可維護性、可測試性、可擴充性和可部署性)。為應用程式所選擇的架構,決定了這些品質的屬性。

　　因此,理解軟體架構非常重要。讀者可以從 Docker 架構入手,從整體到局部,了解其內部元件的組成、具備的屬性,以及它們之間的關係,這樣可以達到事半功倍的效果。

2. 鏡像、容器、倉庫三者之間的關係

　　Docker 包含幾個重要的部分,如圖 3-1 所示。

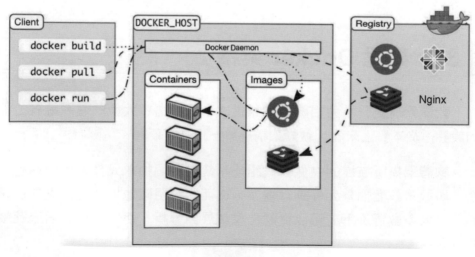

▲ 圖 3-1

（1）Docker Client（Docker 使用者端）。

使用者透過 Docker Client 與 Docker Daemon 建立通訊，並將請求發送給後者。在 Docker Client 中可以執行 docker build 命令、docker pull 命令和 docker run 命令。從 Docker Client 發送容器管理請求後，由 Docker Daemon 接收並處理請求。在 Docker Client 接收傳回的請求並進行對應處理後，一個完整的生命週期就結束了。

（2）Docker Daemon（守護處理程序）。

Docker Daemon 作為 Docker 架構中的主體部分，常處於後台的系統處理程序中，用於提供 Docker Server 功能，接收並處理 Docker Client 的請求。

此外，Docker Daemon 在啟動時所使用的可執行檔與 Docker Client 在啟動時所使用的可執行檔相同。Docker 在執行命令時，容器透過傳入的參數來判斷是 Docker Daemon 還是 Docker Client。

Docker Dacmon 的架構大致可以分為兩部分：Docker Server 和 Docker Engine，如圖 3-2 所示。

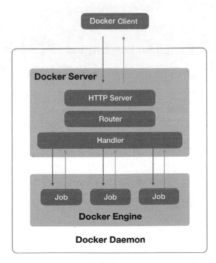

▲ 圖 3-2

理解了 Docker Daemon 就掌握了 Docker 的半壁江山，那麼 Docker Server 和 Docker Engine 又是如何連結的呢？這就需要讀者先理解這兩部分各自的作用。

- Docker Server：相當於 C/S 架構的伺服器端，既可以是本機的，也可以是遠端的，作用是接收並分發 Docker Client 發起的請求。Docker Server 接收 Docker Client 的存取請求，並建立一個全新的 Goroutine（Go 語言提供的一種使用者態執行緒，有時也稱程式碼協同）來服務該請求。

 Tips

在 Goroutine 中，首先讀取請求內容並進行解析，然後找到對應的路由項並呼叫對應的 Handler 來處理該請求，最後回復該請求。

- Docker Engine：Docker 架構中的執行引擎，同時是 Docker 執行的核心模組。它扮演 Docker Container 的角色，並且透過執行 Job 的方式來操縱和管理這些容器，每項工作都是以一個 Job 的形式存在的。

這裡需要特殊說明的是 Docker Engine 中的 Job。一個 Job 可以被認為是 Docker 架構中 Engine 內部最基本的工作執行單元。Docker 可以做的每項工作，都可以抽象為一個 Job。舉例來說，在容器內部執行一個處理程序是一個 Job，建立一個新的容器是一個 Job，Docker Server 的執行過程也是一個 Job，名為 ServeApi。

Tips

在 Job 執行過程中，如果需要容器鏡像，則從 Docker Registry 中下載鏡像，並透過鏡像管理驅動程式 graphdriver 將下載的鏡像以 Graph 形式進行儲存。

若需要為 Docker 建立網路環境，則透過網路管理驅動程式 networkdriver 建立並設定 Docker 網路環境。若需要限制 Docker 執行資源或執行使用者指令等操作，則透過驅動程式來完成。

（3）Images（鏡像）。

鏡像是 Docker 的基石，容器以鏡像為基礎啟動和執行。Docker 鏡像是一個層疊的唯讀取檔案系統。

（4）Containers（容器）。

容器透過鏡像啟動。Docker 的容器是 Docker 的執行來源，在容器中可以執行客戶的或多個處理程序。如果鏡像作用於 Docker 宣告週期中的建構和打包階段，那麼容器則作用於啟動和執行時。

（5）Registry（倉庫）。

Docker 用倉庫來儲存使用者建構的鏡像。倉庫分為公有和私有兩種。

在 Docker 的執行過程中，Daemon 會與 Registry 通訊，並實現搜尋鏡像、下載鏡像、上傳鏡像這 3 個功能。這 3 個功能對應的 Job 名稱分別為 Search、Pull 與 Push。第 2 章對倉庫進行了具體的說明，這裡不再贅述。

3. 從整體架構層面理解

Docker Engine 是一個 C/S 架構的應用程式，主要包含下面幾個元件（見圖 3-3）。

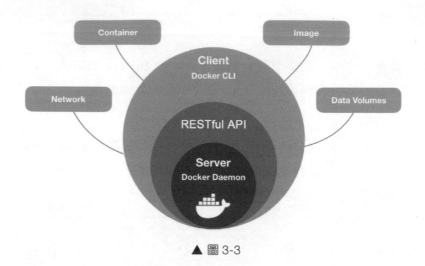

▲ 圖 3-3

- 常駐後台的處理程序 Docker Daemon。
- 一個用來和 Docker Daemon 互動的 RESTful API。
- 命令列的 Docker CLI 介面，透過它可以和 RESTful API 進行互動。

除 Docker Engine 外， 還 有 Network、Container、Image 及 Data Volumes。Container 和 Image 讀者已經很熟悉了，下面重點介紹 Network 和 Data Volumes。

（1）Network：使用它不僅可以很方便地維護和管理 Docker 網路，還可以很方便地在容器之間透過 IP 位址和通訊埠進行互動。

（2）Data Volumes：可以視為容器中的一種特殊的檔案路徑，用於儲存與容器實例生命週期無關的共用資料。它可以存放在一個或多個容器內特定的目錄下，提供獨立於容器的持久化儲存。

Data Volumes 是經過特殊設計的目錄，可以繞過 UnionFS（Union File System，聯合檔案系統），為一個或多個容器提供存取，從而實現容器間的資料共用。它有以下幾個特性：

- 在容器建立時初始化。
- 作為檔案系統的一部分，但是不受 UnionFS 的管理。
- 便於持久化儲存資料和共用資料。
- Data Volumes 的資料是持久化的，刪除容器不影響 Data Volumes 的資料。
- 對 Data Volumes 的操作會立刻生效。

4. 總結

Docker 整體架構是相對複雜的，因此本節將其拆分，並進行了詳細的講解。雖然可能存在一些基礎知識的遺漏，但是整體脈絡已經相當清楚。掌握基本架構的相關知識，對於讀者後續的深入學習很有幫助。

3.2 Linux 的 Namespace 機制

從本質上來説，Docker 是執行在宿主機上的處理程序。各個處理程序之間的資源隔離依賴 Namespace（命名空間）機制，這是在 Linux 核心中實現的。

在 Linux 中，建立任何處理程序都會把該處理程序的相關資訊記錄在作業系統的「/proc」目錄下。下面以在 CentOS 7 上安裝 Nginx 為例介紹。

```
#yum install nginx -y
#systemctl start nginx
#ss -anput | grep nginx
tcp    LISTEN    0      128      *:80      *:*
users:(("nginx",pid=20169,fd=10),("nginx",pid=8777,fd=10),("nginx",pid=8776,
fd=10))
```

從上述日誌中可以看出，處理程序 pid=20169。那麼處理程序的相關資訊又是如何被儲存的呢？不妨進入「/proc」目錄下看看，如圖 3-4 所示。

1	13142	16030	16302	17664	19	21610	28	31247	39	5426	645	8175	buddyinfo	driver	kcore	misc	self	tty
10	14	16118	16320	18	19012	22	282	31248	4	570	65	8213	bus	execdomains	keys	modules	slabinfo	uptime
101	14219	16119	16321	18803	19019	23	285	31782	410	584	655	8446	cgroups	fb	key-users	mounts	softirqs	version
11	14310	16238	16836	18810	19039	234	287	31783	437	5850	656	850	cmdline	filesystems	kmsg	mtrr	stat	vmallocinfo
11288	14239	17043	16828	19077	2380	28836	328	47	5867	659	8776	consoles	fs	kpagecount	net	swaps	vmstat
12	14375	16277	17045	18866	19331	24	29	329	49	5977	7	8777	cpuinfo	interrupts	kpageflags	pagetypeinfo	sys	zoneinfo
12615	15033	16278	17140	18906	2	25	29023	330	50	6	732	9	crypto	iomem	loadavg	partitions	sysrq-trigger	
13	15998	16289	17141	18913	20	25155	291	36	51	611	8	911	devices	ioports	locks	sched_debug	sysvipc	
13044	16	16290	17243	18931	20169	26	311	37	52	632	8151	916	diskstats	irq	mdstat	schedstat	timer_list	
13135	16029	16301	17257	18973	21	27	312	38	5408	634	8157	acpi	dma	kallsyms	meminfo	scsi	timer_stats	

▲ 圖 3-4

「/proc」目錄與其他的目錄有所不同,它是一種虛擬檔案系統,儲存的是核心執行狀態的一系列特殊檔案。使用者可以透過這些檔案查看處理程序或裝置的相關資訊。

還是用 pid=20169 舉例,找到 20169 處理程序並進入其目錄。

```
#cd 20169
#ls
```

這個目錄有非常多的資訊,如記憶體、CPU、啟動命令、當前狀態、掛載等。本章關於 Namespace 和 Cgroup(Control Groups,控制群組)的介紹主要圍繞「/proc」目錄展開。

1. 關於 Namespace

要了解 Namespace,可以進入「ns」目錄一探究竟。執行 ls -lrt 命令,按修改時間倒序列出當前工作目錄下的檔案。

```
#cd ns
#ls -lrt
```

終端輸出日誌如下。

```
total 0
lrwxrwxrwx 1 root root 0 Mar 20 14:00 uts -> uts:[4026531838]
lrwxrwxrwx 1 root root 0 Mar 20 14:00 user -> user:[4026531837]
lrwxrwxrwx 1 root root 0 Mar 20 14:00 pid -> pid:[4026531836]
lrwxrwxrwx 1 root root 0 Mar 20 14:00 net -> net:[4026531956]
lrwxrwxrwx 1 root root 0 Mar 20 14:00 mnt -> mnt:[4026531840]
lrwxrwxrwx 1 root root 0 Mar 20 14:00 ipc -> ipc:[4026531839]
```

簡單解釋一下，「ns」目錄就是命名空間目錄。可以看到，Linux 中提供了 uts、user、pid、net、mnt、ipc 的資源隔離。透過縮寫名稱，大概知道它們可以實現主機名稱 / 域名、使用者、處理程序、網路、檔案系統和訊號的隔離。

其中，「uts -> uts:[4026531838]」表示 Nginx 處理程序在編號為 4026531838 的 uts 命名空間中。如果要看到相同的主機名稱，則另外一個處理程序的 uts 編號也必須是 4026531838。

2. Namespace 的底層原理

既然 Docker 也是處理程序，那麼在 Linux 下又是如何建立該處理程序的呢？下面以 UTS（UNIX Time-sharing System）為例來講解 Namespace 的底層原理。

下面先引入如下所示的腳本部分。

```
#define _GNU_SOURCE
#include <sched.h>
#include <sys/wait.h>
#include <stdio.h>
#include <stdlib.h>
#include <unistd.h>
#include <string.h>

#define NOT_OK_EXIT(code, msg); {if(code == -1){perror(msg); exit(-1);} }
static int child_func(void *hostname)
{
    sethostname(hostname, strlen(hostname));
    execlp("bash", "bash", (char *) NULL);
  return 0;
}
static char child_stack[1024*1024];
int main(int argc, char *argv[])
{
    pid_t child_pid;
```

```
    if (argc < 2) {
        printf("Usage: %s <child-hostname>\n", argv[0]);
        return -1;
    }
    child_pid = clone(child_func,child_stack + sizeof(child_stack),CLONE_
NEWUTS | SIGCHLD, argv[1]);NOT_OK_EXIT(child_pid, "clone");
    waitpid(child_pid, NULL, 0);
    return 0;
}
```

上面是一段建立子處理程序的 C 語言程式，讀者如果看不懂也完全沒關係，只需要特別注意 clone() 函式的實作。

```
child_pid = clone(child_func,child_stack + sizeof(child_stack),CLONE_NEWUTS |
SIGCHLD, argv[1]);
```

可以看到，建立不同資源的隔離，就是加入不同的 SIGCHLD。

如果需要建立 PID 的隔離，則將上面的程式改為「child_pid = clone(child_func,child_stack + sizeof(child_stack), CLONE_NEWPID |SIGCHLD, argv[1])」即可。

如果主機與處理程序內部顯示的主機名稱不一樣，則需要確認處理程序編號，以下方程式所示。

```
[root@NewName uts]#ps
  PID TTY          TIME CMD
 5867 pts/0    00:00:00 bash
17045 pts/0    00:00:00 bash
27810 pts/0    00:00:00 uts.o
27811 pts/0    00:00:00 bash
28074 pts/0    00:00:00 ps
```

在上面的程式中，透過執行 ps 命令在日誌中輸出了 PID 的具體資訊。我們啟動的是 27811 這個 bash 子處理程序，原來 Nginx 的處理程序是 20169。下面進行簡單對比。

先列出「/proc/27811/ns/」目錄。

```
[root@NewName uts]#cd /proc/27811/ns/
[root@NewName ns]#ls -lrt
total 0
lrwxrwxrwx 1 root root 0 Mar 20 15:34 uts -> uts:[4026532467]
lrwxrwxrwx 1 root root 0 Mar 20 15:34 user -> user:[4026531837]
lrwxrwxrwx 1 root root 0 Mar 20 15:34 pid -> pid:[4026531836]
lrwxrwxrwx 1 root root 0 Mar 20 15:34 net -> net:[4026531956]
lrwxrwxrwx 1 root root 0 Mar 20 15:34 mnt -> mnt:[4026531840]
lrwxrwxrwx 1 root root 0 Mar 20 15:34 ipc -> ipc:[4026531839]
```

再列出「/20169/ns」目錄。

```
[root@NewName ns]#ls -lrt ../../20169/ns
total 0
lrwxrwxrwx 1 root root 0 Mar 20 14:00 uts -> uts:[4026531838]
lrwxrwxrwx 1 root root 0 Mar 20 14:00 user -> user:[4026531837]
lrwxrwxrwx 1 root root 0 Mar 20 14:00 pid -> pid:[4026531836]
lrwxrwxrwx 1 root root 0 Mar 20 14:00 net -> net:[4026531956]
lrwxrwxrwx 1 root root 0 Mar 20 14:00 mnt -> mnt:[4026531840]
lrwxrwxrwx 1 root root 0 Mar 20 14:00 ipc -> ipc:[4026531839]
```

對比上面兩段程式可知，除 UTS 外，其他處理程序的編號都是一樣的。

如果要實現其他的資源隔離，則需要設定不同的參數，如表 3-1 所示。

表 3-1

Namespace	系統呼叫參數	隔離內容
uts	CLONE_NEWUTS	主機名稱與域名
ipc	CLONE_NEWIPC	訊號量、訊息佇列和共用記憶體
pid	CLONE_NEWPID	處理程序編號
network	CLONE_NEWNET	網路裝置、網路堆疊、通訊埠等

續表

Namespace	系統呼叫參數	隔離內容
mount	CLONE_NEWNS	掛載點（檔案系統）
user	CLONE_NEWUSER	使用者和使用者群組

讀者可能會有這樣的疑問──如果需要同時隔離應該怎麼辦呢？很簡單，按照順序透過管道符號連接即可。

```
CLONE_NEWIPC| CLONE_NEWPID | CLONE_NEWNET | CLONE_NEWNS | CLONE_NEWUSER
|CLONE_NEWUTS |SIGCHLD
```

3. Docker 中的處理程序隔離

在對處理程序隔離有了一定的認識後，下面介紹在 Docker 中是如何實現處理程序隔離的。在上述程式部分中增加 pid 隔離參數，重新進行編譯。

```
[root@aliyun pid]#./pid.o  AName
[root@AName pid]#echo $$
1
```

透過日誌可以看到，處理程序號已經變成 1。但是，執行 ps -aux 命令後得到的並不是我們預期的結果，仍是 aliyun 這台機器上的處理程序資訊，以下方程式所示，問題出在哪裡呢？

```
[root@AName pid]#ps -aux
USER       PID %CPU %MEM    VSZ   RSS TTY       STAT START    TIME COMMAND
root     1 0.0  0.0 125656  3376 ?         Ss    2020  44:25 /usr/lib/
systemd/systemd --system --deserialize 23
root        2 0.0 0.0      0     0 ?        S     2020  0:00 [kthreadd]
root        4 0.0 0.0      0     0 ?        S<    2020  0:00
[kworker/0:0H]
root        6 0.0 0.0      0     0 ?        S     2020  8:08
[ksoftirqd/0]
```

```
root        7  0.0  0.0     0    0 ?      S   2020   1:42
[migration/0]
root        8  0.0  0.0     0    0 ?      S   2020   0:00 [rcu_bh]
```

很奇怪,「/proc」目錄沒有改變!讀者會很自然地想到檔案系統的隔離。接下來加入 mnt 進行隔離。

```
#gcc -Wall namespace.c -o  ns.o
#./ns.o ANAME
```

mount 中私有掛載的參數是 --make-private。

```
[root@ANAME ~]#mount --make-private -t proc proc /proc/
[root@ANAME ~]#ls /proc
```

輸出目錄,發現處理程序目錄只有兩個。

```
#ls /proc
ls: cannot read symbolic link /proc/self: No such file or directory
```

在宿主機中執行 ls /proc 命令並沒有成功,因為宿主機會影響主機的「/proc」目錄,所以需要在宿主機中重新掛載「/proc」目錄。

```
#mount --make-private -t proc proc /proc/
#ls /proc
```

再次執行 ls /proc 命令,已經恢復正常,如圖 3-5 所示。

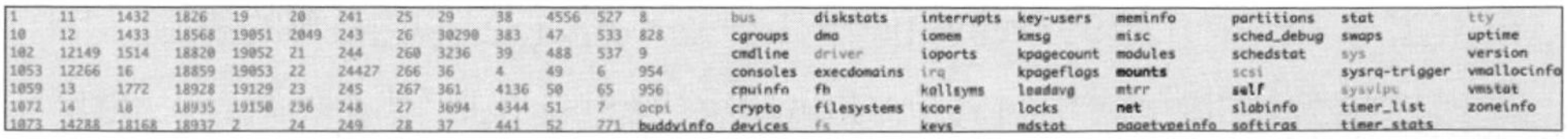

▲ 圖 3-5

那麼這時的處理程序有什麼變化呢?再次進入對應容器處理程序的命名空間進行驗證。

```
# 在宿主機中執行此命令
#./ns.o   ANAME
[root@ANAME ~]#mount --make-private -t proc proc /proc/
[root@ANAME ~]#pstree
bash────pstree
```

這時，1 號處理程序終於是 bash 程式了。但是讀者可能會有疑問——
為什麼不直接將其封裝成 private 來掛載呢？

如果在系統中新增一顆磁碟，則所有的 Namespace 都應該感知
到新掛載的這顆磁碟。如果 Namespace 之間是完全隔離的，則每個
Namespace 都需要執行一次掛載，這是非常不便的。因此，在 Linux
2.6.15 版本中加入了一個 Shared Subtree 特性——透過制定 Propagation 來
實現指定或全部的 Namespace 掛載到這顆磁碟。

3.3 Linux 底層的 Cgroup 隔離機制

Cgroup 是 Linux 核心提供的一種機制。這種機制可以根據特定的行
為，把一系列系統任務及其子任務整合（或分隔）到按資源劃分的不同
等級群組內，從而為系統資源管理提供一個統一的框架。

> 💡 Tips
>
> 在本書 3.2 節中介紹的 Namespace 其實並不是真正實現隔離的機制，因
> 為它只是分隔出一個相對獨立的 Shell 環境。真正起資源隔離作用的是
> Cgroup。Cgroup 不僅可以隔離資源，還可以記錄和限制處理程序群組所
> 使用的物理資源。

Cgroup 也是以虛擬檔案系統為基礎來實現的：透過對檔案系統進行修改，即可實現對處理程序或處理程序群組的資源隔離和限制。

1. 關於 Cgroup 目錄

在大部分的情況下，可以透過執行 ls /sys/fs/cgroup 命令來查看「Cgroup」目錄下的內容。

```
#ls /sys/fs/cgroup
total 0
drwxr-xr-x 3 root root  0 Feb 15 07:03 blkio
lrwxrwxrwx 1 root root 11 Feb 15 07:03 cpu -> cpu,cpuacct
lrwxrwxrwx 1 root root 11 Feb 15 07:03 cpuacct -> cpu,cpuacct
drwxr-xr-x 5 root root  0 Mar 31 21:04 cpu,cpuacct
drwxr-xr-x 3 root root  0 Feb 15 07:03 cpuset
drwxr-xr-x 4 root root  0 Feb 15 07:03 devices
drwxr-xr-x 3 root root  0 Feb 15 07:03 freezer
drwxr-xr-x 3 root root  0 Feb 15 07:03 hugetlb
drwxr-xr-x 5 root root  0 Mar 31 21:04 memory
lrwxrwxrwx 1 root root 16 Feb 15 07:03 net_cls -> net_cls,net_prio
drwxr-xr-x 3 root root  0 Feb 15 07:03 net_cls,net_prio
lrwxrwxrwx 1 root root 16 Feb 15 07:03 net_prio -> net_cls,net_prio
drwxr-xr-x 3 root root  0 Feb 15 07:03 perf_event
drwxr-xr-x 3 root root  0 Feb 15 07:03 pids
drwxr-xr-x 4 root root  0 Feb 15 07:03 systemd
```

每個目錄都可以稱為一個子系統（Subsystem），每個子目錄的作用如下。

- blkio：為區塊裝置設定輸入 / 輸出限制，如磁碟、固態硬碟等物理裝置。
- cpu：使用排程程式提供對 CPU 的 Cgroup 任務存取。
- cpuacct：自動生成 Cgroup 中的任務所使用的 CPU 報告。
- cpuset：為 Cgroup 中的任務分配獨立的 CPU（在多核心系統中）和記憶體節點。

- devices：可允許或拒絕 Cgroup 中的任務存取裝置。
- freezer：暫停或恢復 Cgroup 中的任務。
- hugetlb：主要針對 HugeTLB 系統進行限制，這是一個大分頁檔案系統。
- memory：設定 Cgroup 中的任務使用的記憶體限制，並自動生成記憶體資源使用報告。
- net_cls：使用等級辨識符號（classid）標記網路資料封包，可允許 Linux 流量控製程式（tc）辨識從具體 Cgroup 中生成的資料封包。
- net_prio：用來設計網路流量的優先順序。
- perf_event：允許對某 Cgroup 中的處理程序進行性能監視。
- pids：限制 Cgroup（及其後代）中可能建立的處理程序數。
- systemd：透過修改 systemd 單位檔案來管理系統資源。

2. 模擬「限制處理程序使用記憶體」

為了讓讀者更進一步地理解 Cgroup 是如何實現隔離的，接下來模擬「限制處理程序使用記憶體」，具體的操作步驟如下。

（1）準備 Shell 腳本。

透過執行 vim 命令新建 lm.sh 檔案。

```
#vim lm.sh
```

輸入以下程式部分，列印日期資訊。

```
#! /bin/bash
while true
do
        date
        echo "abcde" >> /apps/a.log
done
```

（2）設定記憶體限制條件。

進入「/sys/fs/cgroup/memory/」目錄，新建「limitmem」目錄。

```
#cd /sys/fs/cgroup/memory/
#mkdir limitmem
#cd limitmem/
#cat memory.limit_in_bytes
9223372036854771712
```

將記憶體設定值設定為 64KB。如果超過該設定值，則處理程序會被「殺掉」。

```
#echo 64k > memory.limit_in_bytes
```

透過執行 top 命令即時顯示系統中所有處理程序的資源佔用情況。

```
#top
...
  PID USER      PR  NI    VIRT    RES    SHR S  %CPU %MEM    TIME+ COMMAND
13989 root      20   0  113684   1848   1200 R  24.3  0.0   0:09.11 sh lm.sh
#echo 13989 > tasks
```

（3）重新開機服務。

重新開機服務，在終端中可以看到日期被不斷列印，直到超過設定的 64KB 後，「列印處理程序」才被系統「殺掉」。

```
Fri Mar 26 22:48:43 CST 2021
Fri Mar 26 22:48:43 CST 2021
Fri Mar 26 22:48:43 CST 2021
Fri Mar 26 22:48:43 CST 2021
Killed
```

至此，我們簡單實現了對某個處理程序的資源限制。

3. 在 Docker 中限制記憶體

在了解了系統對處理程序的資源限制原理後，下面介紹在 Docker 中是如何限制記憶體的。

以 Nginx 為例，使用 docker run 命令啟動 Nginx 容器。

```
#docker run -dit --name nginx nginx
```

透過執行 docker ps 命令查看 Docker 處理程序。在終端輸出的日誌資訊中可以看到「CONTAINER ID」。

```
#docker ps
CONTAINER ID    IMAGE     COMMAND          CREATED         STATUS
PORTS      NAMES
e399****db45    nginx     "/docker-entrypoint.…"   9 seconds ago   Up 7
seconds    80/tcp    nginx
```

透過這個 ID 即可查看該容器的記憶體限制資訊。

```
#cat /sys/fs/cgroup/memory/docker/e399***db45/memory.limit_in_bytes
10485760
>>> 10485760/1024/1024
10
```

可以看到，在「/sys/fs/cgroup/memory」下的「Docker」目錄中，「e399***db45」已經建立了相關的限制（10MB），Docker 啟用 Cgroup 實現資源的限制、隔離和記錄，這些都是圍繞虛擬檔案系統「/sys/fs/cgroup」來展開的。

 Tips

除記憶體外，CPU、I/O 設定等都可以以此種方法為基礎實現。

3.4 容器的生命週期

容器的本質是 Host 宿主機的處理程序。作業系統對處理程序的管理是以處理程序為基礎的狀態切換的。處理程序從建立到銷毀的過程稱為生命週期。

3.4.1 容器的生命狀態

通常來說，容器在生命週期中有 5 種狀態：初建狀態（created）、執行狀態（running）、停止狀態（stopped）、暫停狀態（paused）、刪除狀態（deleted）。理解每種狀態對開發人員來說非常重要。

開發人員在使用容器的過程中，可以根據實際需要使用具體的命令管理容器。

3.4.2 容器狀態之間的關係

開發人員需要透過命令產生 5 種容器狀態。

- docker create：產生初建狀態。
- docker unpause：產生執行狀態。
- docker stop：產生停止狀態。
- docker pause：產生暫停狀態。
- docker rm：產生刪除狀態。

下面透過一個具體的例子說明。

1. 建立一個容器

```
docker create [OPTIONS] IMAGE [COMMAND] [ARG...]

# 直接根據一個鏡像建立容器
Docker create imagedemo
```

docker create 命令用於在指定的鏡像上建立一個寫入的容器，初始狀態為 created，然後將容器 ID 輸出到主控台中。一切準備就緒後，開發人員可以隨時使用 docker start <container_id> 命令啟動容器。

2. 啟動一個或多個容器

啟動容器，需要使用 docker start 命令傳入要啟動的容器 ID。

```
Usage:   docker start [OPTIONS] CONTAINER [CONTAINER...]
Start one or more stopped containers
Options:
  -a, --attach              Attach STDOUT/STDERR and forward signals
  -i, --interactive         Attach container's STDIN
```

參數說明如下。

- -a：將當前的輸入 / 輸出連接到容器上。
- -i：將當前的輸入連接到容器上。

3. 執行一個容器

執行容器就比較簡單，直接執行 docker run 命令即可。

```
Usage:   docker run [OPTIONS] IMAGE [COMMAND] [ARG...]
```

執行 docker run 命令可以拆解為以下兩個過程。

- 執行 docker create 命令建立容器。
- 執行 docker start <container_id> 命令啟動容器。

可以使用 docker start 命令重新啟動一個停止的容器，並且之前的所有更改都不會受到影響。

4. 暫停容器

```
# 暫停容器
docker pause CONTAINER [CONTAINER...]
```

5. 停止容器

```
docker stop [OPTIONS] CONTAINER [CONTAINER...]
# 停止容器
Docker stop <container_id，container_name>
```

6. 關閉容器

執行 docker kill 命令可以關閉停止或執行中的容器。

```
docker kill [OPTIONS] CONTAINER [CONTAINER...]
```

7. 重新啟動一個或多個容器

執行 docker restart 命令可以重新啟動處於初建狀態、執行狀態、暫停狀態和停止狀態的容器。需要注意的是，參數 -t 的預設值是 10s。

```
docker restart [OPTIONS] CONTAINER [CONTAINER...]
```

具體範例如下。

```
docker restart -t 20 test02
```

8. 刪除一個或多個容器

```
Usage:   docker rm [OPTIONS] CONTAINER [CONTAINER...]
Remove one or more containers
```

參數說明如下。

- -f：強制刪除指定容器。
- -v：刪除容器的資料卷冊。
- -l：刪除容器之間底層的連接及網路通訊。

具體範例如下。

```
# 強制刪除容器 test01
docker rm -f test01
# 刪除容器 nginx01，並刪除容器掛載的資料卷冊
docker rm -v nginx01
# 刪除容器 nginx01 與容器 test01 的連接，連接名為 web
docker rm -l web
```

3.4.3 終止處理程序的 SIGKILL 訊號和 SIGTERM 訊號

在 Linux 中，通常使用 SIGKILL 訊號和 SIGTERM 訊號來終止處理程序，kill 命令用於向處理程序發送這些訊號。

1. SIGKILL 訊號

SIGKILL 訊號會無條件地終止處理程序。處理程序接收該訊號後會立即終止，不進行清理和暫存工作。該訊號不能被忽略、處理和阻塞，它可以「殺死」任何處理程序。

開發人員可以使用參數 -9 來發送附有 kill 命令的 SIGKILL 訊號，並立即終止處理程序。

```
kill -9 <process_id>
```

這是「殺死」處理程序的「野蠻」方式，只能作為最後的手段。假設要關閉一個沒有回應的處理程序，則可以使用 SIGKILL 訊號。

2. SIGTERM 訊號

SIGTERM 訊號也是一個程式終止訊號。與 SIGKILL 訊號不同的是，SIGTERM 訊號可以被阻塞和終止，以便程式在退出前可以儲存工作或清理暫存檔案等。

SIGTERM 訊號與 SIGKILL 訊號的命令也是類似的，都可以透過 kill 命令來終止處理程序。

```
kill <process_id>
```

SIGTERM 訊號也被稱為「軟終止」，因為接收 SIGTERM 訊號的處理程序可以選擇忽略它，這是一種「禮貌」終止處理程序的方式。

3. Docker 命令

在 Docker 中是如何使用 SIGKILL 訊號與 SIGTERM 訊號的呢？

下面透過一組命令進行解釋。

（1）docker stop 命令。

docker stop 命令支援「優雅」退出：先發送 SIGTERM 訊號，在寬限期（逾時時間，預設為 10s）之後再發送 SIGKILL 訊號。Docker 內部的應用程式在接收 SIGTERM 訊號後會做一些「退出前的工作」，如儲存狀態、處理當前請求等。

（2）docker kill 命令。

透過執行 docker kill 命令發送 SIGKILL 訊號，應用程式直接退出。

Tips

在 Docker 中，一般透過執行 docker stop 命令來實現容器的終止，而非
透過執行 docker kill 命令。因為在 docker stop 命令的等待過程中，如
果終止其執行，則容器最終不會被終止；而 docker kill 命令幾乎立刻發
生，無法撤銷。

3.5 Docker 的網路與通訊

Docker 容器和服務如此強大的原因之一是，可以將它們連接在一起，
或將它們連接到非 Docker 服務。Docker 容器和服務甚至不需要知道它們
已被部署在 Docker 上，也不必知道它們的對應物件是否是 Docker 服務。

無論開發人員的 Docker 主機使用的是 Linux、Windows，還是兩者
結合使用，都可以使用 Docker 以「與平臺無關」的方式進行管理。

3.5.1 網路驅動程式

Docker 的網路子系統可以使用驅動程式來插入。在預設情況下，有
多種驅動程式可以選擇，它們分別提供聯網的核心功能。

- 橋接器（Bridge）網路：預設的網路驅動程式。如果未指定驅動
  程式，則它是正在建立的網路類型。如果應用程式在需要通訊的
  獨立容器中執行，則通常使用橋接器網路。

- 覆蓋（Overlay）網路：將多個 Docker 守護處理程序連接在一起，
  並使叢集服務能夠相互通訊。還可以使用覆蓋網路來實現叢集服務
  和獨立容器之間，或不同 Docker 守護處理程序上的兩個獨立容器
  之間的通訊。這避免了在這些容器之間進行作業系統級路由。

- 主機（Host）網路：對於獨立容器，需要刪除容器與 Docker 主機之間的網路隔離，然後直接使用主機網路。

- 驅動（Macvlan）網路：該網路允許開發人員為容器分配 MAC 位址，使其在網路上顯示為物理裝置。Docker 守護處理程序透過其 MAC 位址，將流量路由到容器。

- None：表示對當前容器禁用所有聯網。它通常與自訂網路驅動程式一起使用。None 不適用於叢集服務。

- 網路外掛程式：可以在 Docker 中安裝和使用協力廠商網路外掛程式。這些外掛程式可從 Docker Hub 或協力廠商供應商處獲得。

3.5.2 橋接器網路

橋接器網路是在網段之間轉發流量的鏈路層裝置。橋接器可以是存主機核心中執行的硬體裝置或軟體裝置。

在 Docker 中，橋接器網路使用軟體橋接器。軟體橋接器允許連接到同一個橋接器網路的容器進行通訊，同時提供了「與未連接到該橋接器網路的容器的隔離」。Docker 橋接器驅動程式會自動在主機中安裝規則，以使不同橋接器網路上的容器無法直接相互通訊。

橋接器網路適用於在同一個 Docker 守護處理程序主機上執行的容器。為了在不同 Docker 守護處理程序主機上執行的容器之間進行通訊，開發人員可以在作業系統等級管理路由，也可以使用覆蓋網路。

在啟動 Docker 時，會自動建立一個預設的橋接器網路，除非另有說明，否則新啟動的容器將連接到它。開發人員還可以自訂橋接器網路，將會優於預設的橋接器網路。

1. 使用者自訂的橋接器網路與預設的橋接器網路的區別

使用者自訂的橋接器網路與預設的橋接器網路的區別如下。

（1）使用者自訂的橋接器網路可以在容器之間提供自動 DNS 解析功能。

預設的橋接器網路上的容器，除使用 --link 外，只能透過 IP 位址相互存取。在使用者自訂的橋接器網路上，容器可以透過名稱或別名相互解析。

如果在預設的橋接器網路上執行相同的應用程式，則需要在容器之間手動建立連結（使用 --link）。這些連結需要雙向建立，因此，如果要進行通訊的容器超過兩個，則建立連結的操作會變得很複雜。雖然可以操作 /etc/hosts 容器中的檔案，但是會出現難以偵錯的問題。

（2）使用者自訂的橋接器網路可以提供更好的隔離。

所有未通過 --network 指定的容器，都將連接到預設的橋接器網路。這可能是一種風險，因為不相關的堆疊 / 服務 / 容器隨後能夠進行通訊。

使用者自訂的橋接器網路可提供作用域網路，但是只有連接到該網路的容器才能通訊。

（3）容器可以隨時隨地與使用者自訂的橋接器網路建立連接或斷開。

在容器的生命週期內，可以即時將容器與使用者自訂的橋接器網路進行連接或斷開。如果要從預設的橋接器網路中刪除容器，則需要先停止容器，再使用其他網路選項重新建立它。

（4）每個使用者自訂的橋接器網路都會預設建立一個可設定的橋接器。

如果容器使用的是預設的橋接器網路，則可以對其進行設定，但是所有容器都必須使用相同的設定，如 MTU 或 iptables 規則。另外，需要設定預設的橋接器網路發生在 Docker 之外，並且需要重新開機 Docker。

透過執行 docker network create 命令可自訂橋接器網路。如果不同的應用程式群組具有不同的網路要求，則需要在建立時分別設定使用者自訂的所有橋接器網路。

（5）橋接器網路上的連結容器預設共用環境變數。

原來在兩個容器之間共用環境變數的唯一方法是使用 --linkflag 連結它們。使用者自訂的橋接器網路無法進行這種類型的變數共用。為了彌補這種問題，衍生出了一些共用環境變數的最佳實踐，具體如下。

- 如果有多個容器，則可以使用 Docker 卷冊來掛載包含共用資訊的檔案或目錄。
- 在使用 Docker Compose 進行多個容器部署時，利用 compose 檔案可以定義共用變數的優勢。
- 使用者群眾透過 Swarm 節點連接 Swarm 網路，透過網際網路進行資料的儲存和分發。

 Tips

橋接器連接到同一個容器（使用者自訂橋接器網路的容器），可以有效地將所有通訊埠彼此公開。為了使通訊埠能夠被不同網路上的容器或非 Docker 主機存取，必須使用「或」標識來發布該通訊埠。

2. 管理使用者自訂的橋接器網路

使用者可以使用 docker network create 命令自訂橋接器網路。

```
docker network create my-net
```

要將執行中的容器連接到使用者自訂的橋接器網路，可以使用 docker network connect 命令。以下命令將一個執行中的 my-nginx 容器連接到一個已經存在的 my-net 橋接器網路。

```
docker network connect my-net my-nginx
```

要將執行中的容器與使用者自訂的橋接器網路斷開連接，可以使用 docker network disconnect 命令。以下命令將 my-nginx 容器與 my-net 橋接器網路斷開連接。

```
docker network disconnect my-net my-nginx
```

使用 docker network rm 命令可以刪除使用者自訂的橋接器網路。如果容器當前已連接到橋接器網路，則要先斷開它們的連接。

```
docker network rm my-net
```

3.5.3 覆蓋網路

簡單來說，覆蓋網路就是應用層網路，它是應用層導向的，不考慮或很少考慮網路層、物理層的問題。覆蓋網路的驅動程式會建立多個 Docker 守護處理程序，以守護主機之間的分散式網路。

覆蓋網路位於主機「特定網路」之上（以此形成覆蓋的層級結構），使連接到它的容器（包括 Swarm 服務容器）在啟用加密後可以安全地進行彼此通訊。Docker 以透明的方式處理「每個資料封包與正確的 Docker 守護處理程序和正確的目標容器」之間的路由。

在初始化叢集或將 Docker 主機加入現有叢集時，將在該 Docker 主機上建立以下兩個新網路。

- ingress 覆蓋網路：主要處理與 Swarm 服務相關的控制資訊和資料通信。當開發人員建立 Swarm 服務而不將其連接到使用者自訂的覆蓋網路時，它將連接到 ingress 覆蓋網路（在預設情況下）。

- docker_gwbridge 橋接器網路：將單一 Docker 守護處理程序連接到參與 Swarm 服務的其他守護處理程序。

開發人員可以使用 docker network create 命令建立使用者自訂的覆蓋網路，方法與建立使用者自訂的橋接器網路相同。

儘管可以將叢集服務和獨立容器都連接到覆蓋網路，但是兩者的預設行為和設定參數有所不同，下面將分別進行闡述。

1. 建立覆蓋網路

建立覆蓋網路需要關注幾個先決條件。

（1）使用覆蓋網路的 Docker 守護處理程序的防火牆規則。

（2）開發人員需要開啟以下通訊埠，以確保「覆蓋網路的每台 Docker 主機」的流量互通。

- TCP 的 2377 通訊埠，用於叢集管理通訊。
- TCP 和 UDP 的 7946 通訊埠，用於節點之間的通訊。
- UDP 的 4789 通訊埠，用於覆蓋網路流量。

（3）初始化 Swarm 管理器。

在建立覆蓋網路之前，開發人員需要初始化 Docker 守護處理程序為 Swarm 管理器。

通常使用 docker swarm init 命令或 docker swarm join 命令將 Docker 守護處理程序加入現有的 Swarm 管理器。這兩筆命令都將建立預設的 ingress 覆蓋網路。在預設情況下，叢集服務會使用 ingress 覆蓋網路。

要建立用於叢集服務的覆蓋網路，可以使用以下命令。

```
$ docker network create -d overlay my-overlay
```

那麼如何建立覆蓋網路呢？如果叢集服務或獨立容器想要與其他 Docker 守護處理程序上執行的獨立容器進行通訊，則需要使用覆蓋網路的 --attachable 參數進行標識。

```
$ docker network create -d overlay --attachable my-attachable-overlay
```

這裡開發人員可以指定 IP 位址的範圍、子網、閘道和其他參數。

2. 自訂預設入口網路

雖然大多數使用者從來不設定 ingress 覆蓋網路，但是 Docker 允許這樣做。如果自動選擇的子網與網路上已經存在的子網衝突，或開發人員需要自訂其他低級網路設定（如 MTU），則這很有用。

訂製 ingress 覆蓋網路包含刪除和重新建立這兩步。這些操作通常由開發人員在叢集中建立服務之前完成。

 Tips

如果具有發布通訊埠的現有服務，則需要先刪除這些服務，然後才能刪除 ingress 覆蓋網路。

在沒有 ingress 覆蓋網路時，未發布通訊埠的現有服務將繼續執行，但負載不平衡。這會影響發布通訊埠的服務，如發布 80 通訊埠的 Nginx 服務。

開發人員可以使用 docker network inspect ingress 命令檢查 ingress 覆蓋網路，並刪除所有與容器連接的服務。這些與容器連接的服務是發布通訊埠的服務，如發布 80 通訊埠的 Nginx 服務。如果未停止所有這些服務，則下一步操作將失敗。具體操作如下。

刪除現有的 ingress 覆蓋網路。

```
$ docker network rm ingress

WARNING! Before removing the routing-mesh network, make sure all the nodes
in your swarm run the same docker engine version. Otherwise, removal may not
be effective and functionality of newly created ingress networks will be
impaired.
Are you sure you want to continue? [y/N]
```

開發人員可以使用 --ingress 參數和要設定的自訂選項建立一個新的覆蓋網路。下面將 MTU 設定為「1200」，將子網設定為「10.11.0.0/16」，將閘道設定為「10.11.0.2」。

```
$ docker network create \
  --driver overlay \
  --ingress \
  --subnet=10.11.0.0/16 \
  --gateway=10.11.0.2 \
  --opt com.docker.network.driver.mtu=1200 \
  my-ingress
```

Tips

這裡將 ingress 覆蓋網路命名為 ingress，該網路只能有一個。如果嘗試建立第 2 個，則會失敗。

3. 自訂虛擬橋接器

docker_gwbridge 是一個虛擬橋接器，用於將覆蓋網路（包括 ingress 覆蓋網路）連接到單一 Docker 守護處理程序的物理網路。在開發人員初始化叢集，或將 Docker 主機加入叢集時，Docker 會自動建立它，但它不是 Docker 裝置，而是存在於 Docker 主機的核心中。

如果要自訂其設定，則必須在將 Docker 主機加入叢集之前，或從叢集中暫時刪除主機之後進行。具體操作如下。

（1）停止 Docker，刪除現有的 docker_gwbridge 介面。

```
$ sudo ip link set docker_gwbridge down
$ sudo ip link del dev docker_gwbridge
```

（2）啟動 Docker。

（3）建立橋接器網路。

開發人員可以透過執行 docker network create 命令建立橋接器網路，可以透過執行 docker network create--help 命令列印使用說明。

```
docker network create --help
Usage:  docker network create [OPTIONS] NETWORK
Create a network
Options:
      --attachable         Enable manual container attachment
                           driver (default map[])
      --config-only        Create a configuration only network
  -d, --driver string      Driver to manage the Network (default "bridge")
      --gateway strings    IPv4 or IPv6 Gateway for the master subnet
      --ingress            Create swarm routing-mesh network
      --internal           Restrict external access to the network
      ...
      --ipv6               Enable IPv6 networking
      --label list         Set metadata on a network
  -o, --opt map            Set driver specific options (default map[])
      --scope string       Control the network's scope
      ...
```

下面選擇網段為「10.11.0.0/16」的子網來建立新的 docker_gwbridge。

```
 $ docker network create \
--subnet 10.11.0.0/16 \
--opt com.docker.network.bridge.name=docker_gwbridge \
--opt com.docker.network.bridge.enable_icc=false \
--opt com.docker.network.bridge.enable_ip_masquerade=true \
docker_gwbridge
```

（4）修改 docker0 橋接器。

在大部分的情況下，Docker 服務預設會建立一個 docker0 橋接器，其上有一個 docker0 內部介面。docker0 內部介面在核心層連通了其他的物理網路卡或虛擬網路卡，這就將所有容器和本機主機都放到了同一個物理網路中。

修改 docker0 橋接器的網段（一般預設是「172.17.0.1/16」），只需要修改 /etc/docker/daemon.json 檔案中的 bip 設定即可。

```
{
"bip": "172.17.10.1/24",
"default-address-pools":[
{"base":"192.168.20.0/20","size":24}
]
}
```

進行上述修改後，docker() 橋接器和 docker_gwbridge 橋接器的網段都已經被修改成我們想要的資料了。此時，使用者端伺服器也可以正常存取 Docker 服務。

有關可自訂選項的完整清單，請讀者參閱相關的官方文件。

3.5.4 Macvlan 網路

某些應用程式（尤其是舊版應用程式或監視網路流量的應用程式）被期望直接連接到物理網路。在這種情況下，可以使用 Macvlan 網路驅動程式為每個容器的虛擬網路介面分配 MAC 位址，使其看起來像是直接連接到物理網路的物理介面。

在這種情況下，開發人員需要在 Docker 主機上指定用於連接物理介面的 Macvlan 網路，以及 Macvlan 網路的子網和閘道。

> ### ⚓ Tips
>
> 在特殊情況下,開發人員可以使用不同的物理介面來隔離 Macvlan 網路。開發人員務必記住以下幾點。
>
> ▸ IP 位址耗盡或「VLAN 傳播」很容易在無意間損壞網路。在這種情況下,將在網路中產生大量不正確的 MAC 位址。
>
> ▸ 網路裝置需要能夠處理「混雜模式」。在該模式下,可以為一個物理介面分配多個 MAC 位址。
>
> ▸ 如果應用程式可以使用橋接器(在單台 Docker 主機上通訊)或覆蓋網路(跨多台 Docker 主機進行通訊),那麼從長遠來看可能會更好。

Macvlan 網路在建立後處於下面兩種模式之一:橋接模式、802.1q 中繼橋接模式。

- 在橋接模式下,Macvlan 網路流量透過主機上的物理裝置進行通訊。
- 在 802.1q 中繼橋接模式下,Macvlan 網路流量透過 Docker 在執行中動態地建立 802.1q 子介面,這使開發人員可以更精細地控制路由和篩選。

1. 橋接模式

要建立 Macvlan 網路與給定物理介面橋接的網路,需要將 -d macvlan 命令與 docker network create 命令一起使用。具體如下所示。

```
$ docker network create -d macvlan \
  --subnet=172.16.86.0/24 \
  --gateway=172.16.86.1 \
  -o parent=eth0 pub_net
```

如果需要排除 Macvlan 網路中使用的某個 IP 位址,則使用 --aux-address 命令。

```
$ docker network create -d macvlan \
  --subnet=192.168.32.0/24 \
  --ip-range=192.168.32.128/25 \
  --gateway=192.168.32.254 \
  --aux-address="my-router=192.168.32.129" \
  -o parent=eth0 macnet32
```

2. 802.1q 中繼橋接模式

如果指定的 parent 是帶有點的介面名稱,如 eth0.50,則 Docker 會將其解釋為子介面 eth0,並自動建立該子介面。

```
$ docker network create -d macvlan \
    --subnet=192.168.50.0/24 \
    --gateway=192.168.50.1 \
    -o parent=eth0.50 macvlan50
```

3. 使用 ipvlan 代替

在橋接模式中,仍在使用 L3 橋接器(網路層,因為處於第 3 層所以往往簡稱 L3,屬於中繼系統,即路由器)。開發人員也可以改用 ipvlan L2 橋接器。下面的程式指定「-o ipvlan_mode=l2」。

```
$ docker network create -d ipvlan \
    --subnet=192.168.210.0/24 \
    --subnet=192.168.212.0/24 \
    --gateway=192.168.210.254 \
    --gateway=192.168.212.254 \
     -o ipvlan_mode=l2 -o parent=eth0 ipvlan210
```

4. 使用 IPv6

如果已將 Docker 守護處理程序設定為允許使用 IPv6,則可以使用雙堆疊 IPv4 / IPv6 Macvlan 網路。

```
$ docker network create -d macvlan \
   --subnet=192.168.216.0/24 --subnet=192.168.218.0/24 \
   --gateway=192.168.216.1 --gateway=192.168.218.1 \
   --subnet=2001:db8:abc8::/64 --gateway=2001:db8:abc8::10 \
    -o parent=eth0.218 \
    -o macvlan_mode=bridge macvlan216
```

3.5.5 禁用 Docker 上的網路

如果要完全禁用容器上的網路,則可以在啟動容器時使用 --network none 命令。這樣,在容器內有 loopback 網路(它代表裝置的本機虛擬介面,預設被看作永遠不會當掉的介面)被建立。

以下範例説明了這一點。

1. 建立容器

```
$ docker run --rm -dit \
  --network none \
  --name no-net-alpine \
  alpine:latest \
  ash
```

2. 檢查容器中的網路堆疊

下面透過在容器內執行一些常見的聯網命令來檢查容器中的網路堆疊。

```
$ docker exec no-net-alpine ip link show

1: lo: <LOOPBACK,UP,LOWER_UP> mtu 65536 qdisc noqueue state UNKNOWN qlen 1
   link/loopback 00:00:00:00:00:00 brd 00:00:00:00:00:00
2: tunl0@NONE: <NOARP> mtu 1480 qdisc noop state DOWN qlen 1
   link/ipip 0.0.0.0 brd 0.0.0.0
```

```
3: ip6tnl0@NONE: <NOARP> mtu 1452 qdisc noop state DOWN qlen 1
    link/tunnel6 00:00:00:00:00:00:00:00:00:00:00:00:00:00:00:00 brd 00:00:00
:00:00:00:00:00:00:00:00:00:00:00:00:00:00:00
$ docker exec no-net-alpine ip route
```

這裡需要注意的是，第 2 筆命令將傳回空值，因為沒有路由表。

3. 退出容器

通常使用「docker stop」命令退出容器。

```
$ docker stop no-net-alpine
```

4. 最佳實踐

在實際工作中，根據具體場景有一些最佳實踐。

- 當多個容器需要在同一台 Docker 主機上進行通訊時，最好使用使用者自訂的橋接器網路。

- 當網路堆疊不應與 Docker 主機隔離，但希望容器的其他方面隔離時，主機網路是最佳選擇。

- 當多台 Docker 主機上的容器之間需要進行通訊時，或當多個應用程式使用叢集服務一起工作時，覆蓋網路是最佳選擇。

- 當從虛擬機器設定遷移或需要容器看起來像網路上的物理主機時，Macvlan 網路是最佳選擇，因為每台主機都有一個唯一的 MAC 位址。

- 協力廠商網路外掛程式可以將 Docker 與私人網路絡堆疊整合。

3.6 Docker UnionFS 的原理

在 Docker 整個架構中，檔案系統是 Docker 實現容器化的關鍵。不同鏡像之間的檔案是如何被儲存和共用的呢？容器建立和執行過程中生成的資料，或記錄檔資料是如何被儲存和隔離的呢？

用一句話概括：UnionFS 主要解決 Docker 的儲存問題。

3.6.1 UnionFS 的概念

UnionFS 由紐約州立大學石溪分校開發，它可以把多個目錄（也叫作分支）下的內容聯合掛載到同一個目錄下，而目錄的物理位置是分開的。

> **Tips**
>
> UnionFS 允許唯讀和可讀 / 寫目錄並存（即可以同時讀取、刪除和增加內容）。

UnionFS 的應用場景非常廣泛。舉例來說，在多個磁碟分割上合併不同檔案系統的家目錄，或把幾張光碟合併成一個統一的光碟目錄（歸檔）。另外，具有「寫入時複製」（Copy on Write）功能的 UnionFS，可以把唯讀和讀取 / 寫入檔案系統合併在一起，虛擬上允許唯讀取檔案系統的修改被儲存到寫入檔案系統中。

3.6.2 載入 Docker 鏡像的原理

Bootfs（Boot file system）主要包含 Bootloader 和 Kernel。Bootloader 的主要作用是引導作業系統載入 Kernel。在 Linux 剛啟動時會載入 Bootfs

檔案系統，Docker 鏡像的底層是 Bootfs 檔案系統。Bootfs 檔案系統與典型的 Linux/UNIX 的原理是一樣的，包含 Boot 載入器和核心。當 Boot 載入器完成載入後，記憶體的使用權已由 Bootfs 轉交給核心，系統也會移除 Bootfs。

對一個精簡的作業系統來說，Rootfs 可以很小，只需要包括最基本的命令、工具和程式庫，因為其底層直接使用 Host（宿主機）的 Kernel，作業系統只需提供 Rootfs 就可以。由此可見，對於不同的 Linux 發行版本，Bootfs 基本上是一致的，但 Rootfs 有差別，因此不同的發行版本可以公用 Bootfs。

UnionFS 是一種分層、輕量級且高性能的檔案系統，它支援對檔案系統的修改作為一次提交來一層層地疊加（像洋蔥一樣，一層包裹一層）。UnionFS 是 Docker 鏡像的基礎。鏡像可以透過分層來繼承，以基礎鏡像（沒有父鏡像）為基礎，可以製作各種具體的應用鏡像。需要注意的是，各 Linux 版本的 UnionFS 不盡相同。

為了便於讀者理解，接下來透過一個具體的檔案操作範例來認識 UnionFS。

1. 啟動一個容器

```
docker run -dt golang:1.8.3 /bin/sh
7bcd***0f34
```

2. 透過容器 ID 查看掛載點

```
ls /var/lib/docker/image/aufs/layerdb/mounts/7bcd***0f34
init-id  mount-id  parent
/var/lib/docker/image/aufs/layerdb/mounts/7bcd***0f34/mount-id
cat e4e2***0a9b#
```

3. 透過容器掛載的目錄查看容器內的檔案

```
ls /var/lib/docker/aufs/mnt/e4e2***0a9b
bin  dev  etc  go  go%  home  lib  lib64  media  mnt  opt  proc  root  run
sbin  srv  sys  tmp  usr  var
```

4. 查看 Rootfs 聯合掛載的層級結構

首先，透過執行 mount-id 命令查看 AUFS（Advanced Multi-layered Unification Filesytem，其主要功能是把多個目錄結合成一個目錄，並對外使用）的內部 ID（也叫作 SI）。

```
cat /proc/mounts |grep e4e2***0a9b
none /var/lib/docker/aufs/mnt/e4e2***0a9b aufs rw,relatime,si=63e50947768841e
c,dio,dirperm1 0 0
```

然後，使用這個 ID，開發人員可以在「/sys/fs/aufs」目錄下查看被掛載在一起的各個層的資訊。

```
cat /sys/fs/aufs/si_63e50947768841ec/br[0-9]*
/var/lib/docker/aufs/diff/e4e2***0a9b=rw
/var/lib/docker/aufs/diff/e4e2***0a9b-init=ro
/var/lib/docker/aufs/diff/974a***4106=ro
/var/lib/docker/aufs/diff/fd68***9fb1=ro
/var/lib/docker/aufs/diff/0e12***9496=ro
/var/lib/docker/aufs/diff/440b***85c5=ro
/var/lib/docker/aufs/diff/57e2***bb6f=ro
/var/lib/docker/aufs/diff/55da***9143=ro
```

最終，找到每個增量 Rootfs（即 Layer）所在的目錄。

5. Layer 的層級結構

透過目錄結構，很容易發現 Layer 有 8 層：6 層唯讀層、Init 層及讀取 / 寫層。這 8 層都被聯合掛載到「/var/lib/docker/aufs/mnt」目錄下，表現為一個完整的作業系統和 golang 環境供容器使用。下面逐一詳細說明。

- 唯讀層：容器的 Rootfs 結構中最下面的 6 層（以 xxx=ro 結尾）。可以看到，它們的掛載方式都是唯讀的（ro+wh，即 readonly+whiteout，一般來説唯讀目錄都會有 whiteout 屬性）。
- Init 層：一個以 -init 結尾的層，夾在唯讀層和讀取 / 寫層之間。Init 層是 Docker 專案單獨生成的內部層，專門用來存放「/etc/hosts」和「/etc/resolv.conf」等資訊。

☀️ Tips

需要 Init 層的原因是，這些檔案本來屬於唯讀的系統鏡像層的一部分，但是使用者往往需要在啟動容器時寫入一些指定的值（如 Hostname），所以需要在可讀 / 寫層對它們進行修改。但是，這些修改往往只對當前的容器有效，我們並不希望在執行 docker commit 命令時把這些資訊連同可讀 / 寫層一起提交。所以，Docker 底層的做法是，在修改了這些檔案後，將這些檔案以一個單獨的層掛載出來。當使用者執行 docker commit 命令時只會提交可讀 / 寫層，不會包含這些內容。

- 讀取 / 寫層：它是這個容器的 Rootfs 結構中最上面的一層，它的掛載方式為 rw（read write）。在寫入檔案之前，這個層是空的。而一旦在容器中做了寫入操作，修改的內容就會以增量的方式出現在這個層中。

刪除 ro-wh 層中的檔案時，也會在 rw 層建立對應的 whiteout 檔案，把唯讀層中的檔案「遮擋」起來。

在使用完這個被修改過的容器後，還可以使用 docker commit 命令或 docker push 命令儲存這個被修改過的讀取 / 寫層，並上傳到 Docker Hub 上供其他使用者使用。與此同時，原先的唯讀層中的內容則不會有任何變化。這就是增量 Rootfs 的好處。

3.7 Device Mapper 儲存

Device Mapper 是以 Linux 核心為基礎的框架，是 Linux 上許多高級卷冊管理技術的基礎。Docker 的 devicemapper（儲存驅動程式）利用此框架的精簡設定和快照功能進行影像與容器管理。通常將 Device Mapper 儲存驅動程式稱為 devicemapper，將核心框架稱為 Device Mapper。

雖然 Linux 核心中一般包含 devicemapper 的底層支援，但是需要進行特定的設定才能將其與 Docker 一起使用。該 devicemapper 使用專用於 Docker 的區塊裝置，並在區塊級別（而非檔案等級）執行。可以透過向 Docker 主機增加物理儲存來擴充這些裝置，這樣能顯著提升執行性能。

devicemapper 在 Docker Engine 上支援在 CentOS、Fedora、Ubuntu 或 Debian 中執行的系統。devicemapper 需要安裝 LVM2 和 device-mapper-persistent-data 兩個軟體套件。更改儲存驅動程式會使已經建立的所有容器在本機系統上均不可被存取。

3.7.1 鏡像分層和共用

devicemapper 把每個鏡像和容器都儲存在它自己的虛擬裝置中，這些裝置是超配的 copy-on-write 快照裝置。Device Mapper 技術在區塊級別執行（而非檔案等級），即 devicemapper 的超配和 copy-on-write 操作直接操作區塊，而非整個檔案。

Tips

快照使用的也是 thin 裝置或虛擬裝置。

在使用 devicemapper 時，Docker 按照以下步驟建立鏡像。

（1）使用 devicemapper 建立一個 thin 池，這個池是在區塊裝置或 loop mounted sparse file 上建立的。

（2）使用 Docker 建立一個基礎裝置，該基礎裝置是一個附帶檔案系統的 thin 裝置。可以透過 docker info 命令中的 Backing filesystem 值來查看後端使用的是哪種檔案系統。

（3）每個新的鏡像和鏡像層都是該基礎裝置的快照。這些都是超配的 copy-on-write 快照，即它們在初始化時是空的，只有在有資料寫向它們時，才會從池中消耗空間。

（4）容器層是以鏡像為基礎的快照。容器層使用 devicemapper 和使用鏡像一樣——複製 copy- on-write 快照。容器快照儲存了容器的所有更新，當向容器寫入資料時，devicemapper 隨選從 AUFS 中給容器層分配空間。

3.7.2 在 Docker 中設定 devicemapper

devicemapper 是部分 Linux 發行版本的預設 Docker 儲存驅動，其中包括 RHEL 和它的分支。以前的發行版本支援 RHEL/CentOS/Fedora、Ubuntu、Debian、Arch Linux 等驅動。

Docker host 使用 loop-lvm 模式來執行 devicemapper。該模式使用系統檔案來建立 thin 池，這些池用於鏡像和容器快照，並且這些模式是開箱即用的，無須額外設定。

 Tips

不建議在產品部署中使用 loop-lvm 模式。開發人員可以透過 docker info 命令來查看是否使用了 loop-lvm 模式。

使用 Overlay2 和 devicemapper 的效果如圖 3-6 所示。

```
[root@iZ2ze0v74nqt3oyrtcvk4pZ ~]# docker info
Client:
 Context:    default
 Debug Mode: false
 Plugins:
  app: Docker App (Docker Inc., v0.9.1-beta3)
  buildx: Build with BuildKit (Docker Inc., v0.5.1-docker)

Server:
 Containers: 10
  Running: 5
  Paused: 0
  Stopped: 5
 Images: 17
 Server Version: 20.10.3
 Storage Driver: overlay2
  Backing Filesystem: extfs
  Supports d_type: true
  Native Overlay Diff: false
 Logging Driver: json-file
 Cgroup Driver: systemd
 Cgroup Version: 1
 Plugins:
  Volume: local
  Network: bridge host ipvlan macvlan null overlay
  Log: awslogs fluentd gcplogs gelf journald json-file local logentries splunk syslog
 Swarm: inactive
 Runtimes: io.containerd.runc.v2 io.containerd.runtime.v1.linux runc
 Default Runtime: runc
 Init Binary: docker-init
 containerd version: 269548fa27e0089a8b8278fc4fc781d7f65a939b
 runc version: ff819c7e9184c13b7c2607fe6c30ae19403a7aff
 init version: de40ad0
 Security Options:
  seccomp
   Profile: default
 Kernel Version: 3.10.0-514.16.1.el7.x86_64
 Operating System: CentOS Linux 7 (Core)
 OSType: linux
 Architecture: x86_64
 CPUs: 1
 Total Memory: 1.796GiB
 Name: iZ2ze0v74nqt3oyrtcvk4pZ
 ID: ZKH6:3UDI:OWWV:F4NA:TYHH:L27J:RDL4:SE2F:OSPI:JM5E:36PP:KKQK
 Docker Root Dir: /var/lib/docker
 Debug Mode: false
 Registry: https:.██████ ██ ██/v1/
 Labels:
 Experimental: false
 Insecure Registries:
  127.0.0.0/8
 Live Restore Enabled: false
```

▲ 圖 3-6

Docker Host 不僅使用了 devicemapper，還使用了 loop-lvm 模式，因為「/var/lib/docker/ devicemapper/devicemapper」下有 Data loop file

和 Metadata loop file 這兩個檔案，這些都是 loopback 映射的稀疏檔案
（sparse file 是一種電腦檔案，它能嘗試在檔案內容大多為空時更有效率
地使用檔案系統的空間）。

　　開發人員可以先編輯成功 daemon.json 檔案並設定適當的參數，然後
重新啟動 Docker 使更改生效。具體設定如下。

```
{
  "storage-driver": "devicemapper",
  "storage-opts": [
    "dm.directlvm_device=/dev/xdf",
    "dm.thinp_percent=95",
    "dm.thinp_metapercent=1",
    "dm.thinp_autoextend_threshold=80",
    "dm.thinp_autoextend_percent=20",
    "dm.directlvm_device_force=false"
  ]
}
```

 Tips

這些設定不支持在 Docker 就緒後更改這些值，否則會導致異常。

3.7.3 設定 loop-lvm 模式

　　loop-lvm 模式設定僅適用於測試。loop-lvm 模式利用一種「回送」
機制，該機制可以讀取和寫入本機磁碟中的檔案，就像它們是實際的物
理磁碟或區塊裝置一樣。但是，增加「回送」機制和與 OS 檔案系統層的
互動，表示 I/O 操作速度可能很慢且佔用大量資源。

　　設定 loop-lvm 模式可以幫助開發人員在嘗試啟用 direct-lvm 模式所
需的更複雜的設定之前，先找出一些基本問題（舉例來說，缺少使用者

空間軟體套件、核心驅動程式等）。loop-lvm 模式僅在設定之前用於執行測試 direct-lvm 模式。

具體操作如下。

（1）停止 Docker。

```
$ sudo systemctl stop docker
```

（2）編輯 /etc/docker/daemon.json 檔案。如果該檔案不存在，則需要先建立。如果該檔案為空，則先增加以下內容。

```
{
  "storage-driver": "devicemapper"
}
```

（3）啟動 Docker。

如果 daemon.json 檔案包含格式錯誤的 JSON 序列，則 Docker 無法啟動。

```
$ sudo systemctl start docker
```

（4）驗證守護處理程序是否正在使用 devicemapper。執行 docker info 命令並查詢 Storage Driver。

```
$ docker info

  Containers: 0
    Running: 0
    Paused: 0
    Stopped: 0
  Images: 0
  Server Version: 17.03.1-ce
  Storage Driver: devicemapper
  Pool Name: docker-202:1-8413957-pool
```

```
Pool Blocksize: 65.54 kB
Base Device Size: 10.74 GB
Backing Filesystem: xfs
Data file: /dev/loop0
Metadata file: /dev/loop1
Data Space Used: 11.8 MB
Data Space Total: 107.4 GB
Data Space Available: 7.44 GB
Metadata Space Used: 581.6 KB
Metadata Space Total: 2.147 GB
Metadata Space Available: 2.147 GB
Thin Pool Minimum Free Space: 10.74 GB
Udev Sync Supported: true
Deferred Removal Enabled: false
Deferred Deletion Enabled: false
Deferred Deleted Device Count: 0
Data loop file: /var/lib/docker/devicemapper/data
Metadata loop file: /var/lib/docker/devicemapper/metadata
Library Version: 1.02.135-RHEL7 (2016-11-16)
<...>
```

該主機以 loop-lvm 模式執行（生產系統不支援該模式）。這是因為 Data loop file 和 Metadata loop file 均位於 /var/lib/docker/devicemapper 檔案中，這些都是環回安裝的稀疏檔案。

3.7.4 設定 direct-lvm 模式

下面將建立一個設定為精簡池的邏輯卷冊，以用作儲存池的後備。假設有一個備用的區塊裝置（/dev/xvdf）具有足夠的可用空間來完成任務。

裝置識別字和卷冊大小在讀者的裝置環境中可能會有所不同，因此，讀者應該在設定過程中替換為自己裝置的值。該過程還假設 Docker 守護處理程序處於 stopped 狀態。

（1）標識要使用的區塊裝置。該裝置位於「/dev/」目錄下（如「/dev/xvdf」），並且需要足夠的可用空間來儲存影像和容器層，以供主機執行的工作負載使用。

（2）停止 Docker。

```
sudo systemctl stop docker
```

（3）安裝以下軟體套件。

- RHEL/CentOS 需要安裝 device-mapper-persistent-data、LVM2 等相依。
- Ubuntu/Debian 需要安裝 thin-provisioning-tools、LVM2 和所有的相依。

（4）使用 pvcreate 命令在步驟（1）的區塊裝置上建立物理卷冊，將裝置名稱修改為 /dev/xvdf。

```
sudo pvcreate /dev/xvdf
Physical volume "/dev/xvdf" successfully created.
```

💡 **Tips**

接下來的幾個步驟具有破壞性，因此請讀者確保指定了正確的裝置。

（5）在 Docker 中使用 vgcreate 命令在同一裝置上建立卷冊群組。

```
sudo vgcreate docker /dev/xvdf
Volume group "docker" successfully created
```

（6）使用 lvcreate 命令建立兩個名為 thinpool 和 thinpoolmeta 的邏輯卷冊。最後一個參數（-l）用於指定可用空間量，以在空間不足時允許自動擴充資料或中繼資料，這是一個權宜之計。

```
$ sudo lvcreate --wipesignatures y -n thinpool docker -l 95%VG

Logical volume "thinpool" created.

$ sudo lvcreate --wipesignatures y -n thinpoolmeta docker -l 1%VG

Logical volume "thinpoolmeta" created.
```

（7）使用 lvconvert 命令將卷冊轉為「精簡池和精簡池中繼資料的儲存位置 lvconvert」。

```
$ sudo lvconvert -y \
--zero n \
-c 512K \
--thinpool docker/thinpool \
--poolmetadata docker/thinpoolmeta

WARNING: Converting logical volume docker/thinpool and docker/thinpoolmeta to
thin pool's data and metadata volumes with metadata wiping.
THIS WILL DESTROY CONTENT OF LOGICAL VOLUME (filesystem etc.)
Converted docker/thinpool to thin pool.
```

（8）透過 lvm 設定檔設定精簡池的自動擴充。

```
$ sudo vi /etc/lvm/profile/docker-thinpool.profile
```

（9）指定 thin_pool_autoextend_threshold 和 thin_pool_autoextend_percent 的值。

- thin_pool_autoextend_threshold 是在 lvm 嘗試自動擴充可用空間之前使用的空間百分比（100 表示禁用，不推薦）。
- thin_pool_autoextend_percent 是在邏輯卷冊自動擴充時要增加到裝置的空間量（0 表示禁用）。

當磁碟使用率達到 80% 時，以下範例將容量增加 20%。

```
activation {
  thin_pool_autoextend_threshold=80
  thin_pool_autoextend_percent=20
}
```

（10）使用 lvchange 命令應用 lvm 設定檔。

```
$ sudo lvchange --metadataprofile docker-thinpool docker/thinpool

Logical volume docker/thinpool changed.
```

（11）確保已啟用對邏輯卷冊的監視。

```
$ sudo lvs -o+seg_monitor

LV        VG     Attr       LSize  Pool Origin Data%  Meta%  Move Log Cpy%Sync
Convert Monitor
thinpool docker twi-a-t--- 95.00g              0.00   0.01
not monitored
```

如果 Monitor 列中的輸出如上所述，報告該卷冊為 not monitored，則需要顯性地啟用監視。如果沒有執行此步驟，則無論應用的檔案如何設定，邏輯卷冊的自動擴充都不會生效。

```
$ sudo lvchange --monitor y docker/thinpool
```

透過執行 sudo lvs -o+seg_monitor 命令，仔細檢查是否已啟用監視。按照預期，Monitor 列現在應報告邏輯卷冊正在被監聽（monitored）。

（12）如果曾經在此主機上執行過 Docker，則需要將「/var/lib/docker/」移動到其他目錄，以便 Docker 可以使用新的 lvm 池來儲存鏡像和容器的內容。

```
$ sudo su -
#mkdir /var/lib/docker.bk
```

```
#mv /var/lib/docker/* /var/lib/docker.bk
#exit
```

如果以下任何步驟的操作失敗都需要還原，則可以將 /var/lib/docker 檔案刪除並替換為 /var/lib/docker.bk 檔案。

（13）編輯 /etc/docker/daemon.json 檔案並設定 devicemapper 所需的參數。如果該檔案以前為空，則應設定以下內容。

```
{
    "storage-driver": "devicemapper",
    "storage-opts": [
    "dm.thinpooldev=/dev/mapper/docker-thinpool",
    "dm.use_deferred_removal=true",
    "dm.use_deferred_deletion=true"
    ]
}
```

（14）啟動 Docker。

```
$ sudo systemctl start docker
```

（15）使用 docker info 命令驗證 Docker 是否正在使用新設定。

```
$ docker info

Containers: 0
 Running: 0
 Paused: 0
 Stopped: 0
Images: 0
Server Version: 17.03.1-ce
Storage Driver: devicemapper
 Pool Name: docker-thinpool
 Pool Blocksize: 524.3 kB
 Base Device Size: 10.74 GB
 Backing Filesystem: xfs
```

```
Data file:
Metadata file:
Data Space Used: 19.92 MB
Data Space Total: 102 GB
Data Space Available: 102 GB
Metadata Space Used: 147.5 kB
Metadata Space Total: 1.07 GB
Metadata Space Available: 1.069 GB
Thin Pool Minimum Free Space: 10.2 GB
Udev Sync Supported: true
Deferred Removal Enabled: true
Deferred Deletion Enabled: true
Deferred Deleted Device Count: 0
Library Version: 1.02.135-RHEL7 (2016-11-16)
<...>
```

如果 Docker 設定正確，則 Data file 和 Metadata file 為空白，池名稱為 docker-thinpool。

（16）確認設定正確後，可以刪除 /var/lib/docker.bk 檔案，以及先前設定的目錄。

```
$ sudo rm -rf /var/lib/docker.bk
```

3.7.5 最佳實踐

在使用 devicemapper 時，請讀者記住以下操作以最大化性能。

- 儘量使用 direct-lvm 模式，因為 loop-lvm 模式的性能不佳，切勿在生產中使用。

- 使用快速儲存：SSD 磁碟提供了比旋轉磁碟更快的讀 / 寫速度。

- 記憶體使用率：devicemapper 比其他儲存驅動程式使用更多的記憶體。每個啟動的容器都將其檔案的或多個副本載入到記憶體中，具體載入多少個副本則取決於同時修改同一檔案的多少區塊。由於記憶體壓力，對於高密度使用案例中的某些工作負載，用 devicemapper 儲存驅動程式可能不是正確的選擇。

■ 將卷冊用於繁重的寫入工作負載：卷冊可以為繁重的寫入工作負載提供最佳和最可預測的性能。這是因為它繞過了儲存驅動程式，並且不會產生任何精簡設定和寫入時複製所帶來的潛在銷耗。卷冊還有其他好處，如允許在容器之間共用資料，即使沒有正在執行的容器可供使用，也可以持久儲存資料。

> 💡 **Tips**
>
> 在使用 devicemapper 和 json-file 日誌驅動程式時，通常預設由容器生成的記錄檔仍儲存在 Docker 的「dataroot」目錄中（路徑為「/var/lib/docker」）。如果容器生成大量記錄檔，則可能會導致磁碟使用率增加或由於磁碟已滿而無法管理系統。開發人員可以設定日誌驅動程式，以用於在外部儲存容器生成的記錄檔。

3.8 Compose 容器編排

在開始開發 Docker 專案之前，開發人員都會建立 Dockerfilc 檔案，然後使用 docker build 命令、docker run 命令等操作容器。然而在微服務架構（一個在雲端中部署應用和服務的新技術，在本書 7.3 節中會重點介紹）中，每個微服務一般都會部署多個實例，如果巨量的實例都要手動控制，那麼效率將大大降低。在這種情況下，使用 Compose 就可以輕鬆而又高效率地管理容器。

Compose 是用於定義和執行多個容器 Docker 應用程式的工具。透過 Compose，開發人員可以使用 YAML 檔案來設定應用程式的服務。使用一筆命令即可從設定中建立並啟動所有服務。

這裡需要明確的是，使用 Compose 的 3 個核心步驟如下。

（1）定義應用環境，設定 Dockerfile 檔案以便可以在任何地方複製它。

（2）定義組成應用程式的服務，設定 docker-compose.yml 檔案，以便多個服務可以在隔離的環境中一起執行。

（3）先執行 docker compose up 命令，然後執行 docker compose 命令，啟動並執行整個應用程式。開發人員也可以透過執行 docker-compose up 命令使用 docker-compose 二進位檔案執行應用程式。

一個簡單的設定如下所示。

```
version: "3.9"  #optional since v1.27.0
services:
  web:
    build: .
    ports:
      - "5000:5000"
    volumes:
      - .:/code
      - logvolume01:/var/log
    links:5
      - redis
  redis:
    image: redis
volumes:
  logvolume01: {}
```

3.8.1 安裝 Docker Compose

首先，在 CentOS 7 上部署，執行以下命令下載 Docker Compose。

```
$ sudo curl -L "https://〔github 官網〕
/docker/compose/releases/download/1.28.6/docker-compose-$(uname -s)-$(uname
-m)" -o /usr/local/bin/docker-compose
```

其次，修改 Docker Compose 的許可權，並透過軟鏈方式連結到系統環境變數下。

```
$ sudo chmod +x /usr/local/bin/docker-compose
$ sudo ln -s /usr/local/bin/docker-compose /usr/bin/docker-compose
```

最後，檢查是否安裝成功。

```
$ docker-compose --version
docker-compose version 1.28.6, build 1110ad01
```

3.8.2 基本使用

下面使用 Docker Compose 執行一個簡單的 Python Web 應用程式。該應用程式使用 Flask 框架，並且在 Redis 中維護一個計數器。

1. 建立專案目錄

```
mkdir compose
cd compose
```

2. 在專案目錄中建立 app.py 檔案

```
import time
import redis
from flask import Flask
```

```
app = Flask(__name__)
cache = redis.Redis(host='redis', port=6379)
#redis 是應用程式網路上的 Redis 容器的主機名稱
def get_hit_count():
    retries = 5
    while True:
        try:
            return cache.incr('hits')
        except redis.exceptions.ConnectionError as exc:
            if retries == 0:
                raise exc
            retries -= 1
            time.sleep(0.5)

@app.route('/')
def hello():
    count = get_hit_count()
    return 'Hello World! I have been seen {} times.\n'.format(count)
```

3. 建立 requirements.txt 檔案

在專案目錄中建立 requirements.txt 檔案，並進行貼上。

```
flask
redis
```

4. 在專案目錄中建立一個 Dockerfile 檔案

```
FROM python:3.7-alpine
WORKDIR /code
ENV FLASK_APP=app.py
ENV FLASK_RUN_HOST=0.0.0.0
RUN apk add --no-cache gcc musl-dev linux-headers
COPY requirements.txt requirements.txt
RUN pip install -r requirements.txt
EXPOSE 5000
COPY . .
CMD ["flask", "run"]
```

5. 建立 docker-compose.yml 檔案

在專案目錄中建立 docker-compose.yml 檔案，這是 Compose 編排的重點。

```
version: "3.9"
services:
  web:
    build: .
    ports:
      - "5000:5000"
  redis:
    image: "redis:alpine"
```

該 Compose 檔案定義了兩個服務：Web 和 Redis。

6. 執行程式

```
docker-compose up
```

執行結果如圖 3-7 所示。

```
Attaching to compose_web_1, compose_redis_1
redis_1  | 1:C 30 Mar 2021 06:46:48.803 # oO0OoO0OoO0Oo Redis is starting oO0OoO0OoO0Oo
redis_1  | 1:C 30 Mar 2021 06:46:48.803 # Redis version=6.0.10, bits=64, commit=00000000, modified=0, pid=1, just started
redis_1  | 1:C 30 Mar 2021 06:46:48.803 # Warning: no config file specified, using the default config. In order to specify a config file use redis-server /path/to/redis.conf
redis_1  | 1:M 30 Mar 2021 06:46:48.804 * Running mode=standalone, port=6379.
redis_1  | 1:M 30 Mar 2021 06:46:48.804 # WARNING: The TCP backlog setting of 511 cannot be enforced because /proc/sys/net/core/somaxconn is set to the lower value of 128.
redis_1  | 1:M 30 Mar 2021 06:46:48.804 # Server initialized
redis_1  | 1:M 30 Mar 2021 06:46:48.804 # WARNING overcommit_memory is set to 0! Background save may fail under low memory condition. To fix this issue add 'vm.overcommit_memory = 1' to /etc/
sysctl.conf and then reboot or run the command 'sysctl vm.overcommit_memory=1' for this to take effect.
redis_1  | 1:M 30 Mar 2021 06:46:48.804 # WARNING you have Transparent Huge Pages (THP) support enabled in your kernel. This will create latency and memory usage issues with Redis. To fix thi
s issue run the command 'echo madvise > /sys/kernel/mm/transparent_hugepage/enabled' as root, and add it to your /etc/rc.local in order to retain the setting after a reboot. Redis must be res
tarted after THP is disabled (set to 'madvise' or 'never').
redis_1  | 1:M 30 Mar 2021 06:46:48.805 * Ready to accept connections
web_1    |  * Serving Flask app "app.py"
web_1    |  * Environment: production
web_1    |    WARNING: This is a development server. Do not use it in a production deployment.
web_1    |    Use a production WSGI server instead.
web_1    |  * Debug mode: off
web_1    |  * Running on http://0.0.0.0:5000/ (Press CTRL+C to quit)
```

▲ 圖 3-7

3.8.3 驗證服務是否正常

可以用 curl 命令來發送請求以驗證服務是否正常。

```
#curl http://0.0.0.0:5000/
Hello World! I have been seen 1 times.
#curl http://0.0.0.0:5000/
Hello World! I have been seen 2 times.
#curl http://0.0.0.0:5000/
Hello World! I have been seen 3 times.
#curl http://0.0.0.0:5000/
Hello World! I have been seen 4 times.
#curl http://0.0.0.0:5000/
Hello World! I have been seen 5 times.
```

3.8.4 綁定目錄與更新應用

1. 綁定目錄並重新執行

編輯 docker-compose.yml 檔案，在專案目錄中增加綁定安裝的 Web 服務。

```yaml
version: "3.9"
services:
  web:
    build: .
    ports:
      - "5000:5000"
    volumes:
      - .:/code
    environment:
      FLASK_ENV: development
  redis:
    image: "redis:alpine"
```

新「volumes」金鑰將主機上的專案目錄（目前的目錄）「/code」安裝到容器內部，以便開發人員可以即時修改程式，而不必重建鏡像。該 environment 屬性設定了 FLASK_ENV 環境變數，該變數指示「flask run」表示要在開發模式下執行並在更改時重新載入程式。需要注意的是，此模式只能在開發中使用。

2. 使用 docker-compose up 命令更新應用

```
$ curl http://0.0.0.0:5000/
Hello World! I have been seen 6 times.
$ sed -i 's/World/Docker/g' app.py
# 再次存取
$ curl http://0.0.0.0:5000/
Hello Docker! I have been seen 7 times.
```

3.8.5 在後台啟動服務

如果要在後台啟動服務，則需要將 d 參數（用於「分離」模式）傳遞給 docker-compose up 命令，如以下程式所示。

```
$ docker-compose up -d
Starting composetest_redis_1...
Starting composetest_web_1...
```

在後台啟動服務後，可以使用以下命令查詢它的狀態。

```
$ docker-compose ps
```

3.8.6 部署分散式應用

分散式應用（Distributed Application）指的是應用程式分布在不同的電腦上，透過網路來共同完成一項任務的工作方式。它可以有效地解決單應用的性能瓶頸問題。舉例來說，隨著使用者量和並行量的增加，單應用可能會因為難以承受如此大的並行請求而導致當機。

因此，分散式應用尤為重要。下面將演示如何使用 Compose 部署攜程開放原始碼的應用設定中心。

1. 環境準備

建立 MySQL，使用的 Compose 的版本編號為 5.6.17。在「myfolder」目錄下建立「mysql」目錄，如下所示。

```
cd myfolder
mkdir mysql
```

進入「mysql」目錄，並建立「conf」目錄。

```
cd mysql
mkdir conf  datadir mydir
```

透過執行 **cat** 命令查看設定檔。

```
cat conf/my.cnf
```

具體輸出如下。

```
[mysqld]
user=mysql
default-storage-engine=INNODB
character-set-client-handshake=FALSE
character-set-server=utf8mb4
collation-server=utf8mb4_unicode_ci
init_connect='SET NAMES utf8mb4'
[client]
default-character-set=utf8mb4
[mysql]
default-character-set=utf8mb4
```

接下來建立 Compose 檔案。

```
vim docker-compose.yaml
```

寫入以下設定。

```
version: '3'
services:
  mysql:
    restart: always
    image: mysql:5.7.16
    container_name: mysql
    volumes:
      - ./mydir:/mydir
      - ./datadir:/var/lib/mysql
      - ./conf/my.cnf:/etc/my.cnf
    environment:
      - "MYSQL_ROOT_PASSWORD=apollo"
      - "TZ=Asia/Shanghai"
    ports:
      - 3306:3306
```

如果要執行 Compose 應用，則可以執行 docker-compose 命令。

```
docker-compose up -d
```

2. 初始化資料

分別建立「apollo」目錄及「logs」目錄，並從 GitHub 上複製 Apollo 專案原始程式。

```
mkdir apollo
mkdir -p /tmp/logs
git clone https://[github 官網]/ctripcorp/apollo.git
```

由於這裡使用的不是主機網路模式，因此需要修改 Eureka 位址。

```
INSERT INTO `ServerConfig` (`Key`, `Cluster`, `Value`, `Comment`)
VALUES
    ('eureka.service.url', 'default', 'http://172.16.220.132:8080/eureka/',
'Eureka 服務的 URL，多個 service 以英文逗點分隔'),
```

```
('namespace.lock.switch', 'default', 'false', ' 一次發布只能有一個人修改開關 '),
('item.key.length.limit', 'default', '128', 'item key 最大長度限制 '),
('item.value.length.limit', 'default', '20000', 'item value 最大長度限制 '),
('config-service.cache.enabled', 'default', 'false', 'ConfigService 是否開
啟快取,開啟後能提高性能,但是會增加記憶體消耗!');
```

匯入初始化資料。

```
mysql -uroot -h 172.16.220.132 -papollo <  apollo/scripts/sql/apolloconfigdb.
sql
mysql -uroot -h 172.16.220.132 -papollo <  apollo/scripts/sql/apolloportaldb.
sql
```

3. 準備 Compose 檔案

建立 apollo-compose 資料夾並進入該目錄。

```
mkdir apollo-compose
cd apollo-compose
```

透過執行 vi 命令新建 docker-compose.yml 檔案。

```
vi docker-compose.yml
```

寫入以下設定。

```
version: '3.7'

services:
  apollo-configservice:
    container_name: apollo-configservice
    image: apolloconfig/apollo-configservice
    volumes:
      - type: volume
        source: logs
        target: /opt/logs
    ports:
```

```
      - "8080:8080"
    environment:
      -
SPRING_DATASOURCE_URL=jdbc:mysql://172.16.220.132:3306/ApolloConfigDB?
characterEncoding=utf8
      - SPRING_DATASOURCE_USERNAME=root
      - SPRING_DATASOURCE_PASSWORD=apollo
    restart: always

  apollo-adminservice:
    depends_on:
      - apollo-configservice
    container_name: apollo-adminservice
    image: apolloconfig/apollo-adminservice
    volumes:
      - type: volume
        source: logs
        target: /opt/logs
    ports:
      - "8090:8090"
    environment:
      -
SPRING_DATASOURCE_URL=jdbc:mysql://172.16.220.132:3306/ApolloConfigDB?
characterEncoding=utf8
      - SPRING_DATASOURCE_USERNAME=root
      - SPRING_DATASOURCE_PASSWORD=apollo
    restart: always

  apollo-portal:
    depends_on:
      - apollo-adminservice
    container_name: apollo-portal
    image: apolloconfig/apollo-portal
    volumes:
      - type: volume
        source: logs
        target: /opt/logs
    ports:
      - "8081:8070"
```

```
    environment:
      -
SPRING_DATASOURCE_URL=jdbc:mysql://172.16.220.132:3306/ApolloPortalDB?
characterEncoding=utf8
      - SPRING_DATASOURCE_USERNAME=root
      - SPRING_DATASOURCE_PASSWORD=apollo
      - APOLLO_PORTAL_ENVS=dev
      - DEV_META=http://172.16.220.132:8080
    restart: always

volumes:
  logs:
    driver: local
    driver_opts:
      type: none
      o: bind
      device: /tmp/logs
```

4. 啟動服務並存取

使用 docker-compose up 命令啟動服務。

```
docker-compose up -d
```

透過本機 IP 位址即可存取服務,如圖 3-8 所示。

▲ 圖 3-8

至此，部署完成。讀者可以使用 Apollo 來管理應用設定中心，系統預設的登入帳號和密分碼別為 admin 和 apollo。

3.9 Docker 原始程式分析

要想更深入地學習 Docker，不妨從原始程式入手。本節將對 Docker 原始程式進行逐層分析，從程式結構到資料流程轉，再到各個模組的執行機制，由淺入深，從而幫助讀者快速地融會貫通。Docker 原始程式系統龐大，初學者應該從哪裡入手呢？不要著急，本節將從以下幾個方面詳細說明。

3.9.1 給初學者的建議

開發人員對程式的追求是永無止境的。學習原始程式不僅可以提升編碼能力，還能提高技術深度。另外，高品質的原始程式一般包含一些思想精粹，開發人員可以學習參考，並由此「站在巨人的肩膀上」更快地成長。當然，開發人員也可以將所學應用到實際開發中，從而產生直接收益。

開發人員可以非常方便地在 GitHub 上找到與 Docker 相關的原始程式，從而對其系統有一個宏觀的認識。Docker 原始程式的目錄結構如圖 3-9 所示。

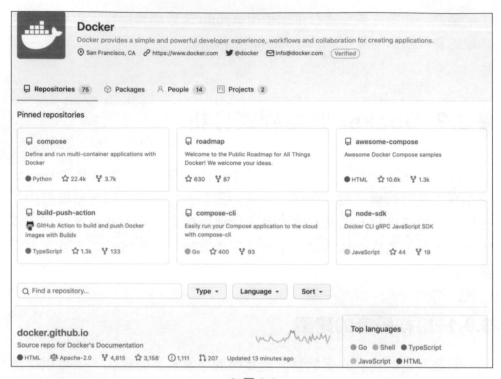

▲ 圖 3-9

從圖 3-9 中可以看出，Docker 有一個龐大的系統，其中包含大量的模組。如果隨機選擇一個模組入手，初學者肯定會暈頭轉向，不知所云。

 Tips

看原始程式也需要有一些技巧。針對單一系統的原始程式，很容易找到入口。但是對於一些龐大的系統，一定要從架構中尋找思路，逐層遞進。Docker 的學習過程完全遵循後者，因此從「C/S」架構入手再合適不過了。

3.9.2 學習 Docker 原始程式的想法

　　3.1 節重點介紹了 Docker 架構。在開始學習 Docker 原始程式之前，讀者還要了解以下幾個問題。

1. 學習原始程式的整體想法是怎樣的

　　既然要從 C/S 架構入手，那麼讀者可以首先從 Docker Client 開始，因為這是最先接觸的部分。開啟 iTerm2，在主控台中輸入「docker version」，這樣就可以看到 Docker 各部分的組成和版本，如圖 3-10 所示。

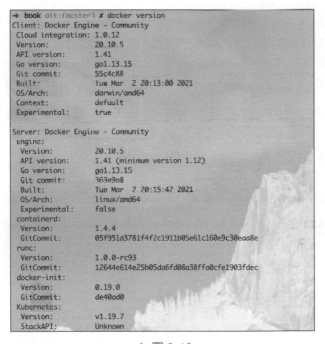

▲ 圖 3-10

　　從圖 3-10 中可以看出，Docker 整體由兩個模組組成，即 Docker Client 和 Docker Server，要真正地掌握 Docker 原理，這兩個模組非常重要。從核心模組入手，順著啟動程式探索，即可整理出各個模組的內部連結及呼叫關係。

2. 從哪裡開始學習

既然找到了兩個最重要的模組，那麼應該從哪個模組開始學習呢？當然要從 Docker 核心模組 docker-ce 開始。開啟目錄，結構如下所示。

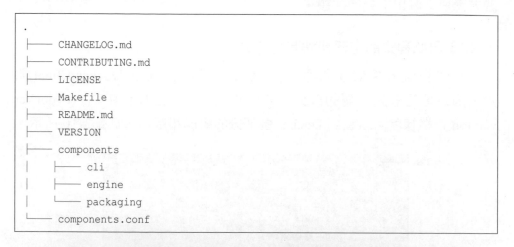

```
.
├── CHANGELOG.md
├── CONTRIBUTING.md
├── LICENSE
├── Makefile
├── README.md
├── VERSION
├── components
│   ├── cli
│   ├── engine
│   └── packaging
└── components.conf
```

可以看到，其中都是設定檔，暫時可以忽略。讀者只需要關注「components」目錄下的 cli、engine 和 packaging。

- Docker Client 對應這裡的 cli。
- Docker Server 對應這裡的 engine。
- packaging 中存放了打包 Docker CE 相關的原始程式。這是非重點內容，可以暫時跳過。

3.9.3 容器是如何被啟動的

當執行 docker start <container> 命令時，Docker Client 需要存取 Docker Server 提供的 RESTful API，這時 Docker Engine 就需要對 RESTful API 進行監聽，從而執行後續的操作。

那麼 Docker CLI 命令列又是執行原理的呢？

1. 目錄結構

拿到原始檔案,第一時間就要了解其目錄結構,以對整體有一個認識。透過執行 tree -L 1 命令可以快捷地輸出一級目錄的結構。對目錄結構理解清楚後,按照功能職責拆分,就可以很容易找到入口檔案。

```
.
├── cli
├── engine
└── packaging
```

緊接著進入「cli」目錄,查看它包含哪些檔案。

```
.
├── AUTHORS
├── CONTRIBUTING.md
├── Dockerfile
├── Jenkinsfile
├── LICENSE
├── MAINTAINERS
├── Makefile
├── NOTICE
├── README.md
├── TESTING.md
├── VERSION
├── appveyor.yml
├── cli
├── cli-plugins
├── cmd
├── codecov.yml
├── contrib
├── docker-bake.hcl
├── docker.Makefile
├── dockerfiles
├── docs
├── e2e
├── experimental
├── internal
```

```
├──── kubernetes
├──── man
├──── opts
├──── poule.yml
├──── scripts
├──── service
├──── templates
├──── vendor
└──── vendor.conf
```

「cli」目錄下的設定檔較多,我們依然聚焦 cli 檔案。首先透過執行
cd cli 命令進入「cli」目錄,然後透過執行 tree -L2 命令輸出二級目錄,
具體結構如下。

```
.
├──── cobra.go
├──── cobra_test.go
├──── command
│    ├──── builder
│    ├──── checkpoint
│    ├──── cli.go
│    ├──── cli_options.go
│    ├──── cli_options_test.go
│    ├──── cli_test.go
│    ├──── commands
│    ├──── config
│    ├──── container
│    ├──── context
│    ├──── streams.go
│    ├──── swarm
│    ├──── system
│    ├──── task
│    ├──── testdata
│    ├──── trust
│    ├──── trust.go
│    ├──── utils.go
│    ├──── utils_test.go
│    └──── volume
```

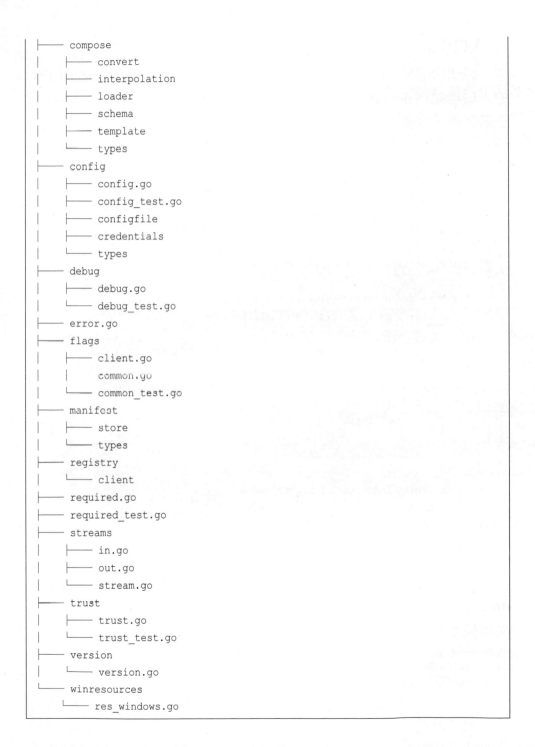

```
├──── compose
│     ├──── convert
│     ├──── interpolation
│     ├──── loader
│     ├──── schema
│     ├──── template
│     └──── types
├──── config
│     ├──── config.go
│     ├──── config_test.go
│     ├──── configfile
│     ├──── credentials
│     └──── types
├──── debug
│     ├──── debug.go
│     └──── debug_test.go
├──── error.go
├──── flags
│     ├──── client.go
│     │     common.go
│     └──── common_test.go
├──── manifest
│     ├──── store
│     └──── types
├──── registry
│     └──── client
├──── required.go
├──── required_test.go
├──── streams
│     ├──── in.go
│     ├──── out.go
│     └──── stream.go
├──── trust
│     ├──── trust.go
│     └──── trust_test.go
├──── version
│     └──── version.go
└──── winresources
      └──── res_windows.go
```

2. 入口檔案

每個功能模組都有一個入口檔案。根據經驗分析可知，Docker Client 的入口檔案為 docker.go，位於「cli/cmd/docker/」目錄中。開啟檔案，折疊函式後，會發現一個名為 main 的函式，具體如下。

```go
func main() {
    dockerCli, err := command.NewDockerCli()
    if err != nil {
        fmt.Fprintln(os.Stderr, err)
        os.Exit(1)
    }
    logrus.SetOutput(dockerCli.Err())

    if err := runDocker(dockerCli); err != nil {
        if sterr, ok := err.(cli.StatusError); ok {
            if sterr.Status != "" {
                fmt.Fprintln(dockerCli.Err(), sterr.Status)
            }
            //have a non-zero exit status, so never exit with 0
            if sterr.StatusCode == 0 {
                os.Exit(1)
            }
            os.Exit(sterr.StatusCode)
        }
        fmt.Fprintln(dockerCli.Err(), err)
        os.Exit(1)
    }
}
```

函式內部做了簡單的空值判斷及異常輸出，值得開發人員關注的是 runDocker() 方法。繼續往下查看，找到當前檔案下的 runDocker() 方法，具體如下。

```go
func runDocker(dockerCli *command.DockerCli) error {
    tcmd := newDockerCommand(dockerCli)
```

```
cmd, args, err := tcmd.HandleGlobalFlags()
if err != nil {
    return err
}

if err := tcmd.Initialize(); err != nil {
    return err
}

args, os.Args, err = processAliases(dockerCli, cmd, args, os.Args)
if err != nil {
    return err
}

if len(args) > 0 {
    if _, _, err := cmd.Find(args); err != nil {
        err := tryPluginRun(dockerCli, cmd, args[0])
        if !pluginmanager.IsNotFound(err) {
            return err
        }
        //For plugin not found we fall through to
        //cmd.Execute() which deals with reporting
        //"command not found" in a consistent way
    }
}

//We've parsed global args already, so reset args to those
//which remain
cmd.SetArgs(args)
return cmd.Execute()
}
```

可以看到，runDocker() 方法中實例化了 DockerCommand() 建構函式，緊接著解析了 Docker CLI 中傳過來的參數，在函式最後傳回了 cmd 的執行結果。

3. 命令集合

這時讀者可能會有一些疑問，在 Docker Client 中，docker --hlep 命令是執行原理的？要解開這個疑問，不妨進入「cli/cli/command」目錄一探究竟。是不是很眼熟？每個目錄其實對應一行子命令，這表示所有的子命令都可以在這裡找到原始程式實作。

4. 找到啟動檔案

啟動檔案和容器啟動流程有關，需要在「/cli/cli/command/container」目錄中查詢。進入目錄後，可以清晰地看到容器相關命令對應的檔案。

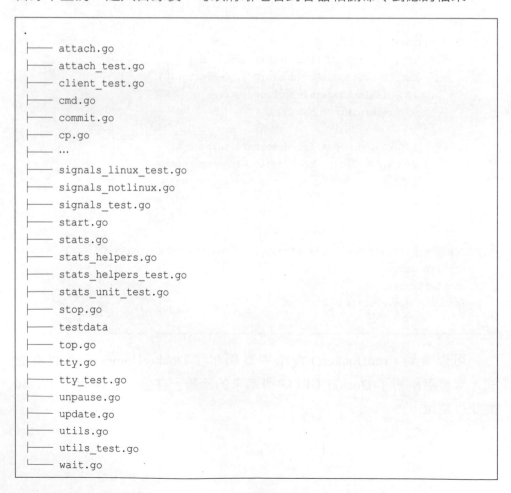

```
.
├── attach.go
├── attach_test.go
├── client_test.go
├── cmd.go
├── commit.go
├── cp.go
├── ...
├── signals_linux_test.go
├── signals_notlinux.go
├── signals_test.go
├── start.go
├── stats.go
├── stats_helpers.go
├── stats_helpers_test.go
├── stats_unit_test.go
├── stop.go
├── testdata
├── top.go
├── tty.go
├── tty_test.go
├── unpause.go
├── update.go
├── utils.go
├── utils_test.go
└── wait.go
```

至此可以看出，該目錄結構和命令列的結構十分相似。找到 start.go 檔案，發現多個函式呼叫了 runStart() 函式，透過名字我們也可以猜出其大概的作用，不妨看一看函式的具體實作。

```
//4. Start the container.
      if err := dockerCli.Client().ContainerStart(ctx, c.ID, startOptions);
err != nil {
          cancelFun()
          <-cErr
          if c.HostConfig.AutoRemove {
              //wait container to be removed
              <-statusChan
          }
          return err
      }
```

runStart() 函式呼叫 dockerCli.Client().ContainerStart() 來啟動容器。命令和容器最終產生了連結。那麼，Docker Client 是如何存取 Docker Server 的呢？

3.9.4 Docker Client 是如何存取 Docker Server 的

dockerCli 指向 command.Cli，而 command.Cli 中的 Docker Client 指向「docker/docker/ client」，於是找到了 client.go 檔案。

```
components/engine/client/client.go
```

問題變得簡單、清晰了，透過搜尋關鍵字，最終在 container_start.go 檔案中發現了目標方法。程式比較少，我們來具體看一看。

```
package client //import "github.com/docker/docker/client"

import (
    "context"
```

```
    "net/url"

    "github.com/docker/docker/api/types"
)

//ContainerStart sends a request to the docker daemon to start a container
func (cli *Client) ContainerStart(ctx context.Context, containerID string,
options types.ContainerStartOptions) error {
    query := url.Values{}
    if len(options.CheckpointID) != 0 {
        query.Set("checkpoint", options.CheckpointID)
    }
    if len(options.CheckpointDir) != 0 {
        query.Set("checkpoint-dir", options.CheckpointDir)
    }

    resp, err := cli.post(ctx, "/containers/"+containerID+"/start", query,
nil, nil)
    ensureReaderClosed(resp)
    return err
}
```

透過 import 導入套件路徑可以知道具體的檔案位置，ContainerStart() 函式最終執行了 cli.post，這就是核心所在，原來 dockerCli 透過 RESTful API 向 Container 發送了 post 請求，從而啟動了容器。這樣，Docker Client 的基本流程就整理清楚了。接下來，學習 Docker Engine 是執行原理的。

3.9.5 Docker Engine 是執行原理的

按照 Docker Client 的整理方法，Docker Engine 也有對應的函式入口，非常幸運，該入口也是 docker.go 檔案。但是它不是重點，暫時先跳過。

請求都找到了，目標還會遙遠嗎？在大部分的情況下，Docker Client 發送請求，伺服器端一定會有對應的監聽事件，對於當前的場景，透過介面路由可以迅速定位。

```
components/engine/api/server/router/container/container.go
```

開啟上述檔案，映入眼簾的是一張超大的路由表，如下所示。

```go
//initRoutes initializes the routes in container router
func (r *containerRouter) initRoutes() {
    r.routes = []router.Route{
        ...
        //GET
        router.NewGetRoute("/containers/json", r.getContainersJSON),
        router.NewGetRoute("/exec/{id:.*}/json", r.getExecByID),
        ...
        //POST
        router.NewPostRoute("/containers/create", r.postContainersCreate),
        ...
        router.NewPostRoute("/containers/{name:.*}/restart",
r.postContainersRestart),
        router.NewPostRoute("/containers/{name:.*}/start",
r.postContainersStart),
        router.NewPostRoute("/containers/{name:.*}/stop",
r.postContainersStop),
        ...
        router.NewPostRoute("/containers/prune", r.postContainersPrune),
        router.NewPostRoute("/commit", r.postCommit),
        //PUT
        router.NewPutRoute("/containers/{name:.*}/archive",
r.putContainersArchive),
        //DELETE
        router.NewDeleteRoute("/containers/{name:.*}", r.deleteContainers),
    }
}
```

這裡讀者只需要關注「/containers/{name:.*}/start」路由。從程式中可以看到，router.NewPostRoute 的第二個回呼方法為 r.postContainersStart。那麼，問題就變得簡單了，讀者只需要查看 r.postContainersStart 方法做了什麼事情。採用路由追溯的方式，即可輕鬆地找到該方法所在的檔案。

```
components/engine/api/server/router/container/container_routes.go
```

原始程式如下。

```go
func (s *containerRouter) postContainersStart(ctx context.Context, w http.
ResponseWriter, r *http.Request, vars map[string]string) error {

    version := httputils.VersionFromContext(ctx)
    var hostConfig *container.HostConfig
    //A non-nil json object is at least 7 characters
    if r.ContentLength > 7 || r.ContentLength == -1 {
        if versions.GreaterThanOrEqualTo(version, "1.24") {
            return bodyOnStartError{}
        }

        if err := httputils.CheckForJSON(r); err != nil {
            return err
        }

        c, err := s.decoder.DecodeHostConfig(r.Body)
        if err != nil {
            return err
        }
        hostConfig = c
    }

    if err := httputils.ParseForm(r); err != nil {
        return err
    }

    checkpoint := r.Form.Get("checkpoint")
    checkpointDir := r.Form.Get("checkpoint-dir")
```

```
    if err := s.backend.ContainerStart(vars["name"], hostConfig, checkpoint,
checkpointDir); err != nil {
        return err
    }

    w.WriteHeader(http.StatusNoContent)
    return nil
}
```

跳過一些邏輯判斷，找到核心方法 s.backend.ContainerStart()，它位於當前同級目錄的 backend.go 檔案中，具體如下。

```
type stateBackend interface {
    ContainerCreate(config types.ContainerCreateConfig) (container.
ContainerCreateCreatedBody, error)
    ContainerKill(name string, sig uint64) error
    ContainerPause(name string) error
    ContainerRename(oldName, newName string) error
    ContainerResize(name string, height, width int) error
    ContainerRestart(name string, seconds *int) error
    ContainerRm(name string, config *types.ContainerRmConfig) error
    ContainerStart(name string, hostConfig *container.HostConfig, checkpoint
string, checkpointDir string) error
    ContainerStop(name string, seconds *int) error
    ContainerUnpause(name string) error
    ContainerUpdate(name string, hostConfig *container.HostConfig)
(container.ContainerUpdateOKBody, error)
    ContainerWait(ctx context.Context, name string, condition containerpkg.
WaitCondition) (<-chan containerpkg.StateStatus, error)
}
```

顯然，檔案中定義了 ContainerStart 介面，具體實作依賴 Daemon。繼續查詢，這裡相對複雜一些，讀者可以直接進入以下目錄查看 start.go 檔案。

```
components/engine/daemon/start.go
```

原始程式部分較長，下面依然選擇核心部分進行演示。

```
func (daemon *Daemon) ContainerStart(name string, hostConfig *containertypes.
HostConfig, checkpoint string, checkpointDir string) error {
    ...
    if err := validateState(); err != nil {
        return err
    }
    ...
    //check if hostConfig is in line with the current system settings
    //It may happen cgroups are umounted or the like
    if _, err = daemon.verifyContainerSettings(ctr.OS, ctr.HostConfig, nil,
false); err != nil {
        return errdefs.InvalidParameter(err)
    }
    if hostConfig != nil {
        if err := daemon.adaptContainerSettings(ctr.HostConfig, false); err
!= nil {
            return errdefs.InvalidParameter(err)
        }
    }
    return daemon.containerStart(ctr, checkpoint, checkpointDir, true)
}
```

當前的 ContainerStart() 方法指向 daemon.containerStart() 方法。
Daemon 的核心方法均在 daemon.containerStart() 方法中，大概有 100 行
程式，感興趣的讀者可以細細品味。這裡不再深入講解，畢竟我們的目
標不是重寫 Docker 原始程式。

3.10 本章小結

本章重點介紹了 Docker 的核心原理，Docker 架構和底層隔離機制都是讀者需要重點掌握的內容。除此之外，Docker 的網路與通訊、UnionFS、Device Mapper 儲存及 Compose 容器編排在實際開發中的應用非常頻繁，懂得底層原理才能在實際使用過程中遊刃有餘。

當然，原始程式分析部分也是非常精彩的。對 Docker 原始程式進行分析，順著 Docker Client 找到了 Docker Server 請求，並逐步深入學習 Docker Engine 原理。相信讀者對整個過程有了明確的認識，從「黑盒的外部使用」到「白盒的原始程式解析」，揭開了 Docker 技術的神秘面紗。

熟練地掌握加上合理地運用，相信讀者一定能夠掌握 Docker 技術的精髓。

趁熱打鐵，
Docker 專案實戰

本章將進入 Docker 專案實戰部分，一步步引導讀者打造 Docker 應用。為了滿足全端開發的需求，本章將從前端專案和後端專案分別詳細說明。

4.1 前端環境準備

一個完整的 Web 應用包含專案、執行環境及託管伺服器。

通常來說，靜態網站 Web 應用採用 Nginx 作為託管伺服器；動態網站，如 SSR（Server Side Render，伺服器端繪製）專案，則採用 Node.js 作為託管伺服器。

下面將從靜態網站和動態網站兩部分詳細說明，並逐層深入。

4.1.1 Web 伺服器──安裝 Nginx

　　Nginx 是一個用於 HTTP、HTTPS、SMTP、POP3 和 IMAP 協定的開放原始碼反向代理伺服器，同時是一個負載平衡器、HTTP 快取和一個 Web 伺服器（原始伺服器）。在第 1 章中重點介紹它，本節直接進入安裝環節。

1. 安裝 Nginx 鏡像

　　（1）存取 Docker Hub，在搜尋框中輸入「nginx」，如圖 4-1 所示。

▲ 圖 4-1

　　（2）開啟終端，輸入以下命令拉取最新的 Nginx 官方鏡像。

```
docker pull nginx
```

　　（3）待命令執行完畢就可以看到目前最新的 Nginx 鏡像版本，如圖 4-2 所示。

```
~/Documents/workspace via ● v10.16.3
[→ docker pull nginx
Using default tag: latest
latest: Pulling from library/nginx
75646c2fb410: Pull complete
6128033c842f: Pull complete
71a81b5270eb: Pull complete
b5fc821c48a1: Pull complete
da3f514a6428: Pull complete
3be359fed358: Pull complete
Digest: sha256:bae781e7f518e0fb02245140c97e6ddc9f5fcf6aecc043dd9d17e33aec81c832
Status: Downloaded newer image for nginx:latest
docker.io/library/nginx:latest
```

▲ 圖 4-2

（4）輸入以下命令驗證本機是否已經存在鏡像。

```
docker images
```

（5）執行容器，查看 Nginx 實際的執行效果。

```
docker run --name nginx-demo -p 8080:80 -d nginx
```

為了讓讀者更進一步地理解，下面對上述命令做一些簡要的解釋。

- --name：容器名稱。
- -p：通訊埠，將宿主機的 8080 通訊埠映射到容器內的 80 通訊埠。
- -d：啟動後台執行。

一切就緒後，開啟瀏覽器即可存取。本機服務執行後的效果如圖 4-3 所示，這表示 Nginx 服務已經就緒。

▲ 圖 4-3

2. 總結

在實際工作中，根據專案情況可以設計不同的設定項目。通常有以下兩種情況。

- 映射 Nginx 設定：根據 Nginx 設定確定是否使用 -v 參數，這樣可以設定線上 Nginx 是否使用遠端倉庫管理，從而確保專案的穩定性。
- 映射前端資源：把對應的前端資源使用 -v 參數映射出來，這樣可以非常方便地實現前後端分離，達到解耦「前端資源」與「設定更新」的目的。

4.1.2 伺服器端環境——安裝 Node.js

Node.js 是一個事件驅動 I/O 的伺服器端 JavaScript 環境，它以 Google 為基礎的 V8 引擎（V8 引擎使用 C++ 開發，它將 JavaScript 編譯成原生機器碼 IA-32、x86-64、ARM、MIPS CPUs 等，並且使用內聯快取等方法來提高性能）執行。

Node.js 是前端工作重要的環境之一，提供本機編譯、工具化、Web 服務等功能。

1. 安裝 Node.js

（1）查看 Docker Hub 上的 Node.js 的版本，根據專案相依的 Node.js 的版本找到對應的標籤，如圖 4-4 所示。

當然，也可以透過在命令列中直接執行 docker search 命令來查看 Node.js 的版本。

```
docker search node
```

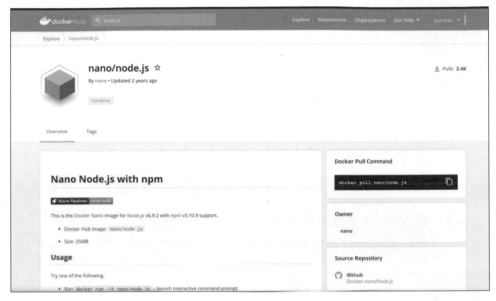

▲ 圖 4-4

（2）拉取最新版本的 Node.js 程式。

```
docker pull nano/node.js
```

（3）查看鏡像是否已經下載到本機。

```
docker images
```

（4）執行容器。

```
docker run -itd --name node-demo node
```

（5）進入容器，檢查 Node.js 的版本。

```
docker exec -it node-test /bin/bash
node -v
```

如果能正確列印版本資訊（如 v14.17.5），則說明 Node.js 安裝正常。

2. 在工作中使用 Node.js

下面列舉 3 種常見的場景。

（1）透過 Node.js 編譯程式。

對前端專案進行編譯（如對 React、Vue.js、Angular 等框架的專案進行編譯），或對 Next.js、Nuxt.js 等 SSR 專案進行編譯。

（2）將 Node.js 專案作為 SSR 服務執行。

這種情況還需要結合處理程序維護程式（如 PM2 等）來實現。

（3）將 Node.js 專案作為 WebServer 來提供服務。

此時需要做好網路通道管理，以提高網路請求效率。

 Tips

設定 -v 參數直接映射待編譯檔案目錄，並把輸出目錄映射出去。這樣做可以把對應的靜態資源直接發到 CDN，以實現資源加速。

4.2 前端應用 1——Web 技術堆疊

既然 Nginx 和 Node.js 環境都已經準備就緒，那麼是時候執行 Web 應用了。下面將從幾類比較流行的 Web 框架展開講解。

4.2.1 Web 框架 1——React 實戰

React 是一個用於建構使用者介面的 JavaScript 函式庫，主要用於建構 UI。它起源於 Facebook 的內部專案，用來架設 Instagram 的網站，於 2013 年 5 月開放原始碼。

React 擁有較高的性能,程式邏輯非常簡單,越來越多的人開始關注和使用它。目前,React 已經成為開放原始碼社區十分受歡迎的前端框架之一。

在容器中執行 React 框架分為以下幾個步驟。

(1)使用鷹架 create-react-app 建立專案。

```
npm install -g create-react-app
create-react-app my-app
cd my-app/
npm start       // 啟動專案
npm run build   // 建構結果產物
```

一般來說在執行 build 命令後,在專案根目錄下會生成與 build 名稱相同的資料夾(建構的結果產物都存放在該資料夾下)。

(2)在專案根目錄下建立 Dockerfile 檔案,設定如下。

```
FROM nginx
COPY build/ /data/nginx/html/
COPY default.conf /etc/nginx/conf.d/default.conf
```

(3)在專案根目錄下建立 Nginx 設定檔 default.conf。

```
server {
    listen       80;
    server_name  localhost;

    location / {
        root   /data/nginx/html;
        index  index.html index.htm;
    }
}
```

（4）使用 docker build 命令生成鏡像。

```
docker build -t react-docker-demo .
```

（5）使用 docker tag 命令和 docker push 命令將鏡像推送到遠端倉庫中。

```
#docker tag SOURCE_IMAGE[:TAG] TARGET_IMAGE[:TAG]
#docker push [OPTIONS] NAME[:TAG]
#docker push {Harbor 位址 }:{ 通訊埠 }/{ 自訂鏡像名稱 }:{ 自訂 tag}
docker tag react-docker-demo:0.1 react-docker-demo:0.1
docker push harbo.test.com/react-docker-demo:0.1
```

如果要在本機執行，則需要映射本機的 8080 通訊埠。

```
Docker run -d -p 8080:80 react-docker-demo -name react-demo
```

（6）預覽效果。

一切準備就緒後即可執行容器，具體效果如圖 4-5 所示。

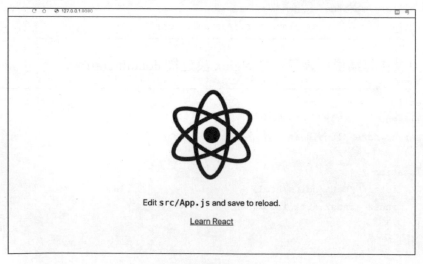

▲ 圖 4-5

4.2.2　Web 框架 2——Vue.js 實戰

Vue.js 是用於建構使用者介面的漸進式框架。它只關注視圖層，採用自下向上增量開發的設計方式。Vue.js 的目標是——透過盡可能簡單的 API 響應資料綁定和組合視圖元件。

在容器中執行 Vue.js 框架的步驟如下。

（1）初始化及執行專案。

```
npm install --global vue-cli
vue init webpack my-project
cd my-project
npm install
npm run dev
npm run build // 建構結果產物
```

（2）在專案根目錄下建立 Dockerfile 檔案，設定如下。

```
FROM nginx
COPY dist/ /data/nginx/html/
COPY default.conf /etc/nginx/conf.d/default.conf
```

（3）在專案根目錄下建立 Nginx 設定檔 default.conf。

```
server {
    listen       80;
    server_name  localhost;

    location / {
        root    /data/nginx/html;
        index  index.html index.htm;
    }
}
```

（4）使用 docker build 命令生成鏡像。

```
docker build -t vue-docker-demo .
```

（5）在本機執行。

```
docker run -d -p 8080:80 vue-docker-demo -name vue-demo
```

（6）預覽效果。

一切準備就緒後即可執行容器，具體效果如圖 4-6 所示。

▲ 圖 4-6

4.2.3 Web 框架 3——其他

除上述兩大 Web 框架外，Angular 框架也有一定的市場佔比。本節介紹使用 Angular 框架如何實現容器化改造，並總結前端框架容器化改造的通用邏輯。

1. 改造 Angular 專案

（1）安裝 CLI 工具，並初始化專案。

```
npm install -g @angular/cli
ng new my-app-ng
npm run build
```

執行上述命令後，主控台會輸出如圖 4-7 所示的內容。

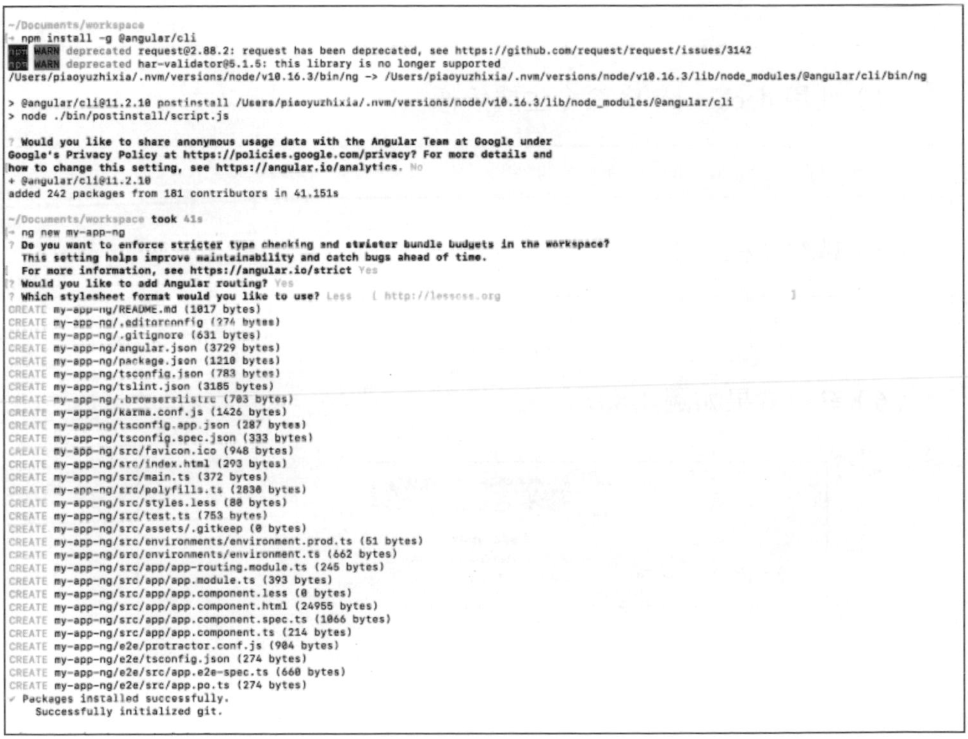

▲ 圖 4-7

（2）在專案根目錄下建立 Dockerfile 檔案，設定如下。

```
FROM nginx
COPY dist/ /data/nginx/html/
COPY default.conf /etc/nginx/conf.d/default.conf
```

（3）在專案根目錄下建立 Nginx 設定檔 default.conf。

```
server {
    listen        80;
    server_name  localhost;

    location / {
        root    /data/nginx/html;
        index   index.html index.htm;
    }
}
```

（4）使用 docker build 命令生成鏡像。

```
docker build -t ng-docker-demo .
```

（5）啟動本機服務。

```
docker run -d -p 8080:80 ng-docker-demo -name ng-demo
```

（6）執行效果如圖 4-8 所示。

▲ 圖 4-8

2. Web 框架容器化改造總結

學習了前面對 Web 框架（React、Vue.js、Angular 等）的容器化改造後，相信讀者已經發現了一些 Web 框架容器化改造的共同之處。

（1）編譯過程。

透過執行編譯命令 npm run build 生成 dist 資料夾，其中包含靜態資源和 index.html。當然，這裡的設定是最簡單的，線上一般會將設定檔和其他靜態資源做成範本，並且將 CDN 檔案進行分離儲存。

（2）建立並設定 Nginx 檔案和 Dockerfile 檔案。

這是容器化改造的核心步驟，設定 Dockerfile 檔案的操作必不可少。

（3）建立鏡像並將其提交到遠端倉庫中。

開發人員通常直接把 HTML 資源和靜態資源打包到鏡像中。當然，還可以採用其他設定方式。舉例來說，把 Static 和 Template 分開，並使用 -v 參數映射到宿主機中，這樣便於版本管理和線上運行維護操作。

關於 Docker 的持續整合和發布在第 5 章中會深入講解。

4.3 前端應用 2——Node.js

Node.js 有兩種使用場景：

① 編譯專案過程；
② 執行 SSR 或 WebServer。

從繪製方式來看，Node.js 分為 CSR（Client Side Rendering，使用者端繪製）和 SSR（Server Side Rendering，伺服器端繪製）兩種常見類型。

4.3.1 使用者端繪製（CSR）實戰

CSR 是指以 JSON 方式從瀏覽器端請求資料，並根據 JavaScript 邏輯繪製 DOM。

CSR 有以下幾個優點。

- 載入 HTML 資源的速度很快，直接存取靜態範本檔案。
- 不需要伺服器端判斷處理。
- 需要根據介面判斷許可權，然後控制路由。

當然，沒有什麼方案是盡善盡美的。CSR 也有不足之處，具體包括以下幾點。

- 不能對 SEO 提供很好的支援。
- 許可權控制、精細控制難度高，因為 CSR 是依賴介面的，所以只能做到路由控制。要做到更精細化的控制，則需要配合使用一套完整的許可權控制方案。

 Tips

在 4.2 節中介紹的 React、Vue.js 都是 CSR。

以上述原因為基礎，SSR 獲得了更多公司的青睞。

4.3.2 伺服器端繪製（SSR）實戰

顧名思義，SSR 是在伺服器端進行的。SSR 直接使用 Nginx 作為代理，並且使用後端語言（如 Java、PHP、Python、Go、Node.js 等）啟動伺服器。

Node.js 社區比較有影響力的 SSR 有很多種，如 Next.js、Nuxt.js、Express.js、Koa.js、Egg.js 等。

下面以 Next.js 為例介紹如何使用 Docker 容器化 SSR。

（1）初始化專案。

```
npx create-next-app
npm install next react react-dom
npm run build // 建構結果產物
```

（2）在專案根目錄下建立 Dockerfile 檔案。

```
FROM node:alpine
# 設定工作目錄
WORKDIR /usr/app

# 全域安裝
RUN npm install --global pm2
# 複製 package* package-lock.json
COPY ./package*.json ./
# 安裝相依
RUN npm install --production
# 複製檔案
COPY ./ ./
# 建構應用
RUN npm run build
# 暴露服務通訊埠
EXPOSE 3000
# 設定使用者
USER node
# 執行啟動命令
CMD [ "pm2-runtime", "start", "npm", "--", "start" ]
```

（3）透過 PM2 管理服務處理程序。

透過執行 RUN npm install --global pm2 命令在 Node 鏡像中安裝 PM2。

（4）使用 Docker build 命令生成鏡像，並利用 docker tag 命令和 docker push 命令將鏡像儲存到遠端倉庫中。這在 4.2 節中已經有詳細介紹，這裡不再贅述。

```
Docker build -t TARGET_IMAGE[:TAG]
docker tag SOURCE_IMAGE[:TAG] TARGET_IMAGE[:TAG]
docker push {Harbor 位址 }:{ 通訊埠 }/{ 自訂鏡像名稱 }:{ 自訂 tag}
```

4.4 後端環境準備

一般來説後端容器化比前端容器化稍微複雜一些，因為需要提前安裝好資料庫。本節將介紹如何安裝 Redis、MySQL 及 MongoDB 等應用。

4.4.1 註冊中心——ZooKeeper

ZooKeeper 是 Apache Software Foundation 的軟體專案，用於為大型分散式系統提供開放原始碼的分散式設定服務、同步服務和命名登錄檔服務。雖然 ZooKeeper 是 Hadoop 的子專案，但是現在儼然成為一個頂級明星專案。鑑於此，ZooKeeper 成了開發人員必須掌握的技能之一。

本節將介紹 ZooKeeper 的安裝和使用。

（1）開啟 Docker Hub，在搜尋框中輸入「zookeeper」，如圖 4-9 所示。

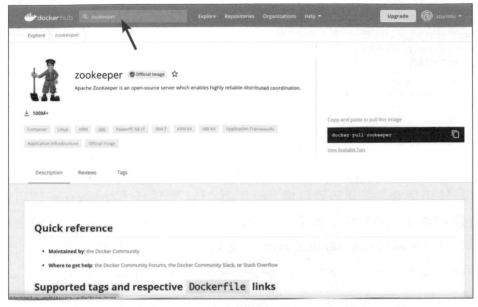

▲ 圖 4-9

當然，開發人員也可以開啟終端，輸入以下命令查看版本。

```
docker search zookeeper
```

主控台輸出日誌如圖 4-10 所示。

```
~ via ● v14.15.4
→ docker search zookeeper
NAME                              DESCRIPTION                                      STARS   OFFICIAL   AUTOMATED
zookeeper                         Apache ZooKeeper is an open-source server wh…    1118    [OK]
jplock/zookeeper                  Builds a docker image for Zookeeper version …    165                [OK]
wurstmeister/zookeeper                                                             151                [OK]
mesoscloud/zookeeper              ZooKeeper                                        73                 [OK]
digitalwonderland/zookeeper       Latest Zookeeper - clusterable                   23                 [OK]
mbabineau/zookeeper-exhibitor                                                      23                 [OK]
tobilg/zookeeper-webui            Docker image for using `zk-web` as ZooKeeper…    15                 [OK]
debezium/zookeeper                Zookeeper image required when running the De…    14                 [OK]
confluent/zookeeper               [deprecated - please use confluentinc/cp-zoo…   13                 [OK]
31z4/zookeeper                    Dockerized Apache Zookeeper.                     9                  [OK]
thefactory/zookeeper-exhibitor    Exhibitor-managed ZooKeeper with S3 backups …    6                  [OK]
engapa/zookeeper                  Zookeeper image optimised for being used int…    3
harisekhon/zookeeper              Apache ZooKeeper (tags 3.3 - 3.4)                2                  [OK]
emccorp/zookeeper                 Zookeeper                                        2
openshift/zookeeper-346-fedora20  ZooKeeper 3.4.6 with replication support         1
paulbrown/zookeeper               Zookeeper on Kubernetes (PetSet)                 1                  [OK]
duffqiu/zookeeper-cli                                                              1                  [OK]
perrykim/zookeeper                k8s - zookeeper  ( forked k8s contrib )          1                  [OK]
josdotso/zookeeper-exporter       ref: https://github.com/carlpett/zookeeper_e…    1                  [OK]
strimzi/zookeeper                                                                  1
midonet/zookeeper                 Dockerfile for a Zookeeper server.               0                  [OK]
pravega/zookeeper-operator        Kubernetes operator for Zookeeper                0
humio/zookeeper-dev               zookeeper build with zulu jvm.                   0
phenompeople/zookeeper            Apache ZooKeeper is an open-source server wh…    0                  [OK]
dabealu/zookeeper-exporter        zookeeper exporter for prometheus                0                  [OK]
```

▲ 圖 4-10

（2）拉取指定版本鏡像。

```
docker pull zookeeper:latest
// 查看本機鏡像
docker images
```

（3）啟動 ZooKeeper 鏡像。

```
docker run --name some-zookeeper --restart always -d zookeeper
```

該鏡像會暴露 4 個通訊埠，分別為 2181 通訊埠（ZooKeeper 使用者端通訊埠）、2888 通訊埠（Follower 通訊埠）、3888 通訊埠（選舉通訊埠）、8080 通訊埠（AdminServer 通訊埠），外部可以直接使用對應的通訊埠服務。

（4）從 Docker 中連結 ZooKeeper。

```
docker run --name some-app --link some-zookeeper:zookeeper -d application-
that-uses-zookeeper
```

（5）連結 ZooKeeper 命令列使用者端。

```
docker run -it --rm --link some-zookeeper:zookeeper zookeeper zkCli.sh
-server zookeeper
```

（6）透過執行 docker stack deploy 命令或 docker-compose 命令進行部署。

在部署 ZooKeeper 時需要用到 stack.yml 檔案，具體設定如下。

```
version: '3.1'

services:
  zoo1:
```

```
    image: zookeeper
    restart: always
    hostname: zoo1
    ports:
      - 2181:2181
    environment:
      ZOO_MY_ID: 1
      ZOO_SERVERS: server.1=zoo1:2888:3888;2181 server.2=zoo2:2888:3888;2181
server.3=zoo3: 2888:3888;2181

  zoo2:
    image: zookeeper
    restart: always
    hostname: zoo2
    ports:
      - 2182:2181
    environment:
      ZOO_MY_ID: 2
      ZOO_SERVERS: server.1=zoo1:2888:3888;2181 server.2=zoo2:2888:3888;2181
server.3=zoo3: 2888:3888;2181

  zoo3:
    image: zookeeper
    restart: always
    hostname: zoo3
    ports:
      - 2183:2181
    environment:
      ZOO_MY_ID: 3
      ZOO_SERVERS: server.1=zoo1:2888:3888;2181 server.2=zoo2:2888:3888;2181
server.3=zoo3: 2888:3888;2181
```

　　待一切就緒後，執行 docker stack deploy -c stack.yml zookeeper 命令
或 docker-compose- f stack.yml up 命令並等待 ZooKeeper 容器完全初始
化。此時，2181 ～ 2183 通訊埠將被暴露出來，方便其他服務呼叫。

Tips

在一台機器上設定多個容器實例不會產生任何容錯。如果機器當機，則所有的 ZooKeeper 容器實例都將處於離線狀態。完全符合容錯要求的每個容器實例都有自己的機器。每個容器實例必須是一個完全獨立的物理伺服器。同一台物理主機上的多個容器仍然容易受該主機故障的影響。

（7）設定 ZooKeeper 設定檔。

ZooKeeper 設定檔位於「/conf」目錄下，可以將設定檔安裝為卷冊。

```
docker run --name some-zookeeper --restart always -d -v $(pwd)/zoo.cfg:/conf/
zoo.cfg zookeeper
```

（8）儲存 ZooKeeper 資料。

在大部分的情況下，ZooKeeper 會把容器資料儲存在「/data」目錄下。對於業務日誌，則使用「/datalog」目錄存放。

```
docker run --name some-zookeeper --restart always -d -v $(pwd)/zoo.cfg:/conf/
zoo.cfg zookeeper
```

 Tips

設定專用的事務日誌裝置是保持良好性能的關鍵。將日誌放在頻繁操作的裝置上會對性能產生不利影響。

（9）設定日誌記錄。

在預設情況下，ZooKeeper 將標準輸出（Stdout）和標準錯誤（Stderr）重新導向到主控台上。開發人員可以透過環境變數 ZOO_LOG4J_PROP 來獲取，並將日誌寫入 /logs/zookeeper.log 檔案中。

```
docker run --name some-zookeeper --restart always -e ZOO_LOG4J_PROP=
"INFO,ROLLINGFILE" zookeeper
```

4.4.2 訊息佇列框架——Kafka

Kafka 是一個開放原始分碼散式事件流平臺,被眾多企業用於高性能資料管道、串流分析、資料集成和關鍵任務應用中。它具有水平可擴充性、容錯性、快速性等特點,在大型企業的生產環境中執行穩定。

 Tips

Kafka 不能單獨使用,它需要連接 ZooKeeper 服務。

1. Kafka 的特性

(1)Kafka 有以下四人核心功能。

- 高輸送量:使用延遲低至 2ms 的機器叢集,主要以網路有限的輸送量傳遞訊息。
- 可擴充性:具備強大的彈性擴充和收縮儲存的能力。Kafka 將生產叢集擴充到多達 1000 個代理、每天數兆筆訊息、PB 級數據、數十萬個分區。
- 永久儲存:通常資料流程被安全地儲存在分散式、持久、容錯的叢集中。
- 高可用性:在可用區上有效地擴充叢集或跨地理區域連接單獨的叢集。

(2)強大的生態系統。

Kafka 內建了「流式處理」,用於建構流式處理應用的使用者端函式庫,其中輸入和輸出資料是儲存在 Kafka 叢集中的,一般透過連接、聚合、過濾和轉換等處理事件流。

Kafka 開箱即用的 Connect 介面可以與數百個事件來源和事件接收器整合，包括 Postgres、JMS、Elasticsearch、AWS S3 等。豐富的生態鏈讓 Kafka 成為社區有名的大型開放原始碼專案。

（3）可靠性和好用性。

Kafka 支援「關鍵任務使用案例」，從而為「排序」、「零訊息遺失」和「高效的一次性處理」提供保障。也正是因為 Kafka 具備較高的好用性，所以它受到眾多組織（從網際網路巨頭到汽車製造商再到證券交易所）的信任。

此外，Kafka 是 Apache 軟體基金會的 5 個專案之一，提供了豐富的線上資源、文件、線上教育訓練課程、指導教學、範例專案、Stack Overflow 等。

2. 安裝 Kafka 的準備工作

在安裝 Kafka 之前，需要先準備容器環境。

（1）安裝 docker-compose。

```
docker-compose https://[docker 官網位址 ]/compose/install/
```

（2）修改 docker-compose.yml 檔案。

開發人員需要修改 docker-compose.yml 檔案中的 KAFKA_ADVERTISED_HOST_NAME 設定。很簡單，只需修改為符合映射容器 IP 位址即可。

Tips

在代理上不使用 localhost 或 127.0.0.1 作為容器的 IP 位址。

（3）自訂 Kafka 參數。

如果開發人員想自訂任何 Kafka 參數，則需要將它們增加到 docker-compose.yml 檔案中。舉例來説，為了增加 message.max.bytes 參數，需要將環境變數設定為 KAFKA_MESSAGE_ MAX_BYTES: 2000000。

讀者可以參考 Kafka 官網了解更多參數的設定。

（4）使用 Log4j 輸出日誌。

開發人員可以利用 Log4j 把日誌輸出到 Kafka 佇列中。一般透過增加首碼為「LOG4J_」的環境變數自訂設定，這些設定將被映射到 log4j.properties 中。

```
LOG4J_LOGGER_KAFKA_AUTHORIZER_LOGGER=DEBUG, authorizerAppender
```

3. 使用 Kafka

一切準備就緒之後，下面開始使用 Kafka。

（1）啟動 Kafka 叢集。

```
docker-compose up -d
```

（2）增加更多代理。

```
docker-compose scale kafka=3
```

（3）設定代理 ID。

一般可以透過兩種方式設定代理 ID。

- 變數：使用 KAFKA_BROKER_ID 變數來設定。
- 命令：透過 BROKER_ID_COMMAND 命令來執行。

```
BROKER_ID_COMMAND: "hostname | awk -F'-' '{print $$2}'"
```

如果沒有在 docker-compose 檔案中指定代理 ID，則系統會自動生成（向上和向下擴充）。

Tips

如果沒有指定代理 ID，為了保留容器名稱和 ID，建議使用 --no-recreatedocker-compose 參數來確保不會重新建立容器。

（4）設定自動建立 Topic。

可以將一個 Topic 看作一個訊息的集合。Topic 可以接收多個生產者（Producer）推送（Push）過來的訊息，也可以讓多個消費者（Consumer）從中消費（Pull）訊息。

如果想讓 kafka-docker 在建立時自動在 Kafka 中建立 Topic，則需要修改 docker- compose.yml 檔案中的 KAFKA_CREATE_TOPICS 的設定。

```
environment:
    KAFKA_CREATE_TOPICS: "Topic1:1:3,Topic2:1:1:compact"
```

按照上述設定，Topic1 將有 1 個分區和 3 個副本，Topic 2 將有 1 個分區和 1 個副本，清理策略（cleanup.policy）為 compact 模式（清理策略通常只有 delete 模式和 compact 模式）。

（5）銷毀 Kafka 叢集。

銷毀 Kafka 叢集的操作非常簡單，使用 stop 命令即可。

```
docker-compose stop
```

4.4.3 微服務框架——Dubbo

Dubbo 是一款微服務開發框架,它提供了 RPC 通訊與微服務治理兩大關鍵功能。這表示,使用 Dubbo 開發的微服務,將具備相互之間的遠端發現與通訊功能。另外,利用 Dubbo 提供的微服務治理功能,可以實現服務發現、負載平衡、流量排程等服務治理功能。

Dubbo 是高度可擴充的,使用者幾乎可以在任意功能點訂製自己的功能,從而改變框架的預設行為,以滿足自己的業務需求。

 Tips

Dubbo 3 在保持 Dubbo 2 原有核心功能特性的同時,在好用性、超大規模微服務實踐、雲端原生基礎設施調配等方面進行了全面升級。

以下內容是以 Dubbo 3 為基礎展開的。

1. 安裝 Dubbo

(1)下載 Dubbo 原始程式。

開發人員可以在 GitHub 中下載 Dubbo 原始程式。

```
git clone https://[github 官網 ]/apache/dubbo-admin.git
```

(2)在 application.properties 檔案中指定註冊位址。

application.properties 檔案位於「dubbo-admin-server/src/main/resources/」目錄下。

```
# 叢集方式
#dubbo.registry.address=zookeeper://xxx.xxx.xxx.xxx:2181?backup=xxx.xxx.xxx.
xxx:2181,xxx.xxx.xxx.xxx:2181
# 單機 IP 位址方式
```

```
#dubbo.registry.address=zookeeper://xxx.xxx.xxx.xxx:2181
# 容器 service 方式
dubbo.registry.address=zookeeper://zk:2181
```

（3）打包並啟動 dubbo-admin-server 專案。

```
mvn clean package -Dmaven.test.skip=true
mvn --projects dubbo-admin-server spring-boot:run
cd dubbo-admin-distribution/target; java -jar dubbo-admin-0.1.jar
```

（4）預覽效果。

一切準備就緒後，即可在瀏覽器的網址列中輸入「http://localhost:
8080」進行存取。

Tips

系統預設的帳號和密碼都是 root，開發人員登入後可自行修改。

2. 啟動和維護 Dubbo 專案

細心的讀者可能發現了，前面在本機啟動了服務。那麼，如何在
Docker 中啟動和維護 Dubbo 專案呢？

（1）建立 Dockerfile 檔案。

```
FROM java:8
VOLUME /tmp

add dubbo-admin-0.0.1-SNAPSHOT.jar dubbo.jar
# 命令
ENTRYPOINT ["java","-Djava.security.egd=file:/dev/./urandom","-jar","/dubbo.
jar"]
```

（2）生成 dubbo-admin 鏡像。

```
docker build -t dubbo-admin:1.0 .
```

（3）建立 docker-compose.yml 檔案。

```
version: '3'

services:
  zookeeper1:
    image: zookeeper:3.4
    container_name: zookeeper1
    restart: always
    hostname: zookeeper1
    ports:
      - "2181:2181"
    environment:
      ZOO_MY_ID: 1
      ZOO_SERVERS: server.1=0.0.0.0:2888:3888 server.2=zookeeper2:2888:3888

  Zookeeper2:
    image: zookeeper:3.4
    container_name: zookeeper2
    restart: always
    hostname: zookeeper2
    ports:
      - "2182:2181"
    environment:
      ZOO_MY_ID: 2
      ZOO_SERVERS: server.1=zookeeper1:2888:3888 server.2=0.0.0.0:2888:3888

  dubbo-admin:
    image: dubbo-admin:1.0
    container_name: dubbo-admin
    links:
      - zookeeper:zk   #設定容器別名
    depends_on:
      - zookeeper1
```

```
  - zookeeper2
ports:
  - 7001:7001
restart: always
```

（4）啟動 docker-compose。

```
# 根據 docker-compose.xmk 啟動容器
docker-compose up -d
# 停止 services
docker-compose stop
# 開啟 services
docker-compose start
```

至此，Dubbo 的安裝和使用就介紹完了。接下來開始介紹資料庫部分。

4.4.4 資料庫 1──安裝 Redis

Redis 是一個開放原始碼的、使用 ANSI C 語言撰寫、遵守 BSD 協定、支援網路、可以記憶體、分散式、可選持久性為基礎的鍵值對（key-value）儲存資料庫，並提供多種語言的 API。

Redis 通常被稱為資料結構伺服器，因為其值（value）可以是字串（string）、雜湊（hash）、串列（list）、集合（sets）和有序集合（sorted sets）等類型。

1. 安裝 Redis

（1）開啟 Docker Hub，搜尋「Redis」並進行安裝。

（2）拉取最新版本的 Redis 鏡像。

```
// 拉取最新版本的鏡像
docker pull redis:latest
// 查看本機鏡像
docker images
```

（3）啟動 Redis。

```
docker run -itd --name redis-demo -p 6379:6379 redis
```

這裡需要關注以下兩個參數。

- -p：通訊埠映射，形式為「宿主機通訊埠：容器通訊埠」。
- --name：容器名稱。

（4）查看 Redis 的執行情況。

```
docker exec -it redis-demo /bin/bash
```

2. 分離資料設定

對於資料庫，很關鍵的一步是分離資料（資料庫及日誌需要獨立部署為資料容器，以便於備份和儲存），具體的操作步驟如下。

（1）取出 Redis 設定檔 redis.conf。

（2）建立 Dockerfile 檔案。

```
FROM redis
COPY redis.conf /usr/local/etc/redis/redis.conf
CMD [ "redis-server", "/usr/local/etc/redis/redis.conf" ]
```

（3）根據具體的啟動情況，可能還會擴充 Network 及 Volume。

（4）使用 build 命令生成鏡像，打出對應版本的 Tag 標識，並將其儲存到倉庫中。

4.4.5 資料庫 2──安裝 MySQL

MySQL 是非常流行的關聯式資料庫管理系統。在 Web 應用方面，MySQL 是很好的應用軟體之一。關聯式資料庫的一大特點就是，將資料儲存在不同的資料表中，而非將所有資料放在一個大倉庫中，這樣可以提高資料庫的執行速度和靈活性。

1. 安裝 MySQL

（1）開啟 Docker Hub，搜尋「MySQL」並進行安裝。也可以透過以下命令進行搜尋。

```
docker search mysql
```

（2）拉取最新版本的 MySQL 鏡像。

```
// 拉取最新版本的鏡像
docker pull mysql:latest
// 查看本機鏡像
docker images
```

（3）啟動 MySQL。

```
docker run -itd --name mysql-test -p 3306:3306 -e MYSQL_ROOT_PASSWORD=123456
mysql
```

參數較多，具體的解釋如下。

- -p：通訊埠映射，形式為「宿主機通訊埠：容器通訊埠」。
- --name：容器名稱。
- -e：需要傳遞的環境變數。
- MYSQL_ROOT_PASSWORD：MySQL 中 Root 使用者的密碼。

（4）查看 MySQL 的執行情況。

```
docker exec -it mysql-demo /bin/bash
```

2. 分離資料設定

同 Redis 資料庫一樣，MySQL 資料庫也需要分離資料。

```
sudo docker run
-p 3306:3306
--name mysql
-v /usr/local/docker/mysql/conf:/etc/mysql
-v /usr/local/docker/mysql/logs:/var/log/mysql
-v /usr/local/docker/mysql/data:/var/lib/mysql
-e MYSQL_ROOT_PASSWORD=123456
-d mysql
```

這裡補充一點，通常把資料、日誌、設定透過 -v 參數映射到宿主機上，以便於運行維護人員進行管理和操作。

4.4.6 資料庫 3——安裝 MongoDB

MongoDB 是一個以分散式檔案儲存為基礎的資料庫，使用 C++ 撰寫，旨在為 Web 應用提供可擴充的高性能資料儲存解決方案。它是一個介於關聯式資料庫和非關聯式資料庫之間的產品，是非關聯式資料庫中功能最豐富且最像關聯式資料庫的產品。

1. 安裝 MongoDB

（1）開啟 Docker Hub，搜尋「Mongo」並進行安裝。也可以透過以下命令進行搜尋。

```
docker search mongo
```

（2）拉取最新版本的 MongoDB 鏡像。

```
// 拉取最新版本的鏡像
docker pull mongo:latest
// 查看本機鏡像
docker images
```

（3）啟動 MongoDB。

```
docker run -itd --name mongo -p 27017:27017 mongo --auth
```

其參數與其他類型態資料庫的參數類似，如下所示。

- -p：通訊埠映射，形式為「宿主機通訊埠：容器通訊埠」。
- --name：容器名稱。
- --auth：表示需要輸入密碼才可以存取。

（4）設定管理員角色。

資料庫都會設定管理員角色，開發人員可以透過以下命令建立新使用者。

```
docker exec -it mongo mongo admin
db.createUser({ user:'admin',pwd:'123456',roles:[ {
role:'userAdminAnyDatabase', db: 'admin'}, "readWriteAnyDatabase"]});
```

這裡將使用者設定為 admin，並且將其預設密碼設定為 123456。設定成功後，可以透過 db.auth 來驗證。

```
db.auth('admin', '123456')
```

2. 分離和備份資料的設定

分離和備份資料的具體設定如下。

```
docker run
--name mongod
-p 27017:27017
-v /data/opt/mongodb/data/configdb:/data/configdb/
-v /data/opt/mongodb/data/db/:/data/db/
-d mongo
--auth
```

4.5 後端容器 1──Java 技術堆疊

Java 具有簡單性、物件導向、分散式、穩固性、安全性、平臺獨立與可攜性、多執行緒、動態性等特點。眾多的特性使 Java 覆蓋了更多的業務場景，如撰寫桌面應用、Web 應用、分散式系統和嵌入式系統應用等。

4.5.1 Java 常用框架

早些年，行業內用得最多的 Java 框架是 Struts、Spring 和 Hibernate，簡稱 SSH。之後幾年逐步開始採用 Spring、SpringMVC 和 MyBatis，簡稱 SSM。而現在 Java 開發用得最多的框架其實是 Spring Boot。

因此，下面將重點圍繞 Spring Boot 框架詳細説明。

1. Spring Boot 框架

（1）Spring Boot 框架簡介。

Spring Boot 是 Pivotal 團隊在 Spring 的基礎上提供的一套全新的開放原始碼框架，其目的是簡化 Spring 應用的架設和開發過程。Spring Boot 框架去除了大量的 XML 設定檔，簡化了複雜的相依管理。

Spring Boot 框架具有 Spring 框架的一切優秀特性。Spring 框架能做的事，Spring Boot 框架都可以做，而且使用更加簡單、功能更加豐富、性能更加穩定和穩固。

（2）Spring Boot 框架的特點。

使用 Spring Boot 框架，微服務可以從小規模開始並快速迭代。這就是 Spring Boot 成為 Java 微服務框架標準的原因。

值得一提的是，Spring Boot 框架的嵌入式伺服器模型，可以在幾分鐘內準備好專案，開發效率很高。

Spring Boot 框架的特點包括以下幾點。

- 可以快速開發 Spring 應用。
- 內嵌了 Tomcat、Jetty 或 Undertow（無須部署 WAR 檔案），不需要單獨安裝容器，可以透過 JAR 套件直接發布一個 Web 應用。
- 提供了簡捷的「入門」相依項以簡化建構設定，可以「整合式」引入各種相依。
- 以註釋為基礎的「零設定」思想。
- 提供了生產狀態檢測功能，如指標、執行狀況檢查和外部化設定。

也正是以這些特點為基礎，加上微服務技術的流行，Spring Boot 框架成了時下十分受歡迎的技術。

2. Spring Cloud 框架

（1）Spring Cloud 簡介。

Spring Cloud 是以 Spring Boot 實作為基礎的雲端原生應用程式開發工具，它為以 JVM 為基礎的雲端原生應用程式開發中包含的設定管理、服務發現、熔斷器、智慧路由、微代理、控制匯流排、分散式階段和叢集狀態管理等功能提供了一種簡單的開發方式。

> ⚡ **Tips**
>
> 儘管 Spring Cloud 帶有 Cloud 這個單字,但它並不是雲端運算解決方案,而是在 Spring Boot 框架的基礎之上建構的,用於快速建構分散式系統的工具集。

（2）分散式系統的挑戰。

分散式系統的挑戰在於,系統複雜性從應用層轉移到了網路層,這就需要服務之間進行更多的互動。「雲端原生」表示需要處理外部設定、無狀態、日誌記錄和連接到支援服務等問題。

Spring Cloud 專案套件包含雲端執行所需的很多服務,因此成為微服務方案的首選。

（3）支援服務發現。

在雲端,應用無法知道其他服務的確切位置。常見的「服務註冊中心」方案包括 Netflix Eureka、SideCar 和 HashiCorp Consul 等。

Spring Cloud 支援具備「服務發現」能力的常見框架,如 Eureka、Consul、ZooKeeper 等。除此之外,Spring Cloud 負載平衡器可以實現在服務實例之間分配負載。

（4）具備 API 閘道能力。

一般來說在雲端架構中如果包含一層 API 閘道,則在執行較多的客戶端設備和伺服器時它非常有用。API 閘道可以負責保護和路由訊息、隱藏服務、限制負載,以及做許多其他有用的事情。

Spring Cloud 框架的 API 閘道提供對 API 層的精確控制,並整合了服務發現和使用者端負載平衡解決方案,因此其設定和維護過程非常容易。

（5）支援雲端設定。

一般來說，在雲端不能將設定簡單地嵌入應用中。為了應對多個應用、環境和服務實例，並在不停機的情況下處理動態變化，則設定必須足夠靈活。Spring Cloud 減輕了這些負擔，並提供了與 Git 等版本控制系統的整合，從而確保設定安全。

（6）提供熔斷器功能。

分散式系統可能存在不可靠性。請求可能會遇到逾時或完全失敗。熔斷器可以幫助其緩解這些狀況，並且 Spring Cloud 的熔斷器提供了 3 種流行的框架，即 Resilience4J、哨兵和 Hystrix。

（7）提供「鏈路追蹤」功能。

偵錯分散式應用可能很複雜並且需要花費很長的時間。對於任何給定的故障，開發人員需要將來自多個獨立服務的資訊拼湊在一起。

（8）以約定為基礎的測試。

在雲端架構中，獲得可靠、值得信賴、穩定的 API 非常難。以約定為基礎的方式進行測試是高績效團隊保持高效的關鍵工具。它有助規範 API 的內容並圍繞它們建構測試，從而確保程式處於檢查狀態。

下面將從 Spring Boot 實戰開始，一步步介紹 Java 微服務容器化的想法。

4.5.2　Java 微服務容器化實戰──Spring Boot

Java 微服務容器化有兩個核心步驟：初始化 Spring Boot 專案和容器化改造。

1. 初始化 Spring Boot 專案

（1）建立 Spring Boot 專案。

下面將透過 IntelliJ IDEA 開發工具來建立 Spring Boot 專案。點擊「Create New Project」按鈕，如圖 4-11 所示。

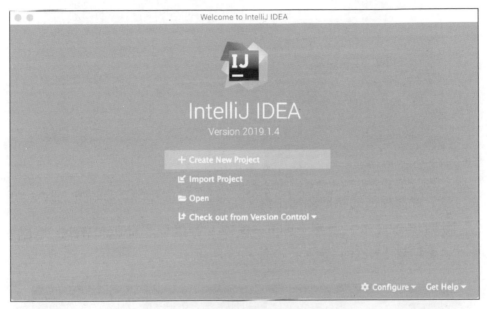

▲ 圖 4-11

（2）指定 SDK 版本和 Custom 版本。

選擇「Spring Initializr」選項，指定對應的 SDK 版本（如 Java Version 16.0.2）。因為「start.spring.io」可能存在網路下載問題，所以通常選擇「Custom」選項，然後自訂下載來源位址「https://[阿里雲官網]」，如圖 4-12 所示。

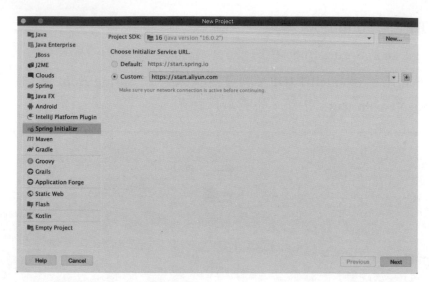

▲ 圖 4-12

（3）選擇相依的類別庫和工具。

按照操作提示，選擇「Web」選項，並選取「Spring Web」核取方塊，然後點擊「Next」按鈕，如圖 4-13 所示。

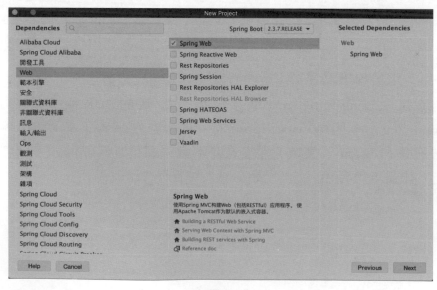

▲ 圖 4-13

（4）設定項目 Metadata（中繼資料）。

Metadata 檔案提供了所有支援的設定屬性的詳情（如屬性名稱、類型等），如圖 4-14 所示。這些檔案在開發人員使用 application.properties 檔案或 application.yml 檔案時，可以提供上下文幫助和自動程式完成功能。完成設定後點擊「Next」按鈕。

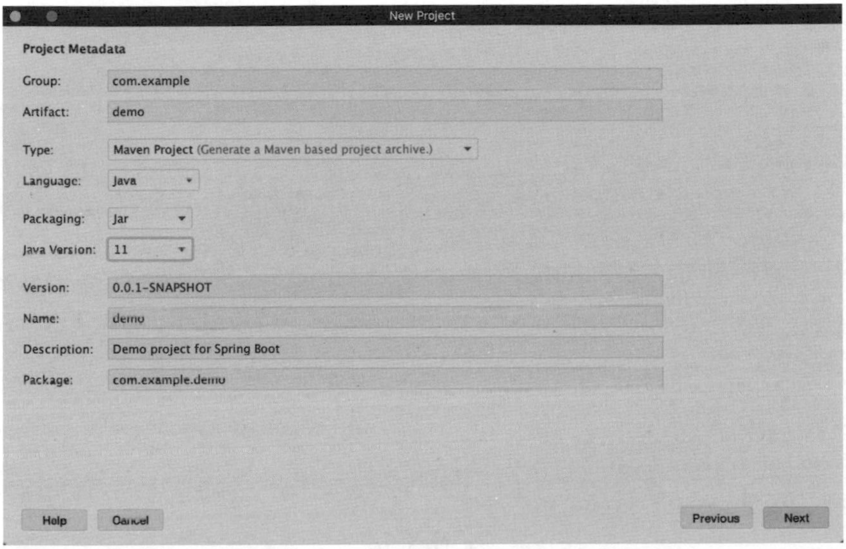

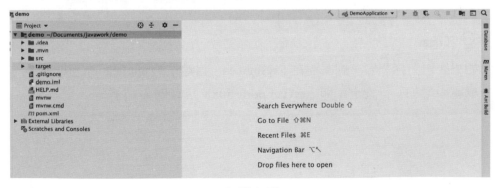

▲ 圖 4-14

至此專案初始化完成，如圖 4-15 所示。

▲ 圖 4-15

（5）執行專案。

開發人員可以利用 IntelliJ IDEA 執行專案（點擊 IntelliJ IDEA 右上角的「執行」按鈕，如圖 4-16 所示）。

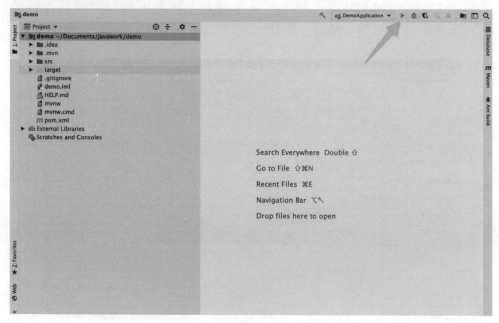

▲ 圖 4-16

按照流程啟動後，endpoint（通訊埠）輸出「Tomcat started on port(s): 8080 (http) with context path」，這是因為預設啟動的通訊埠是 8080。

 Tips

如果要自訂通訊埠，則需要在「resources」目錄下的 application.properties 檔案中增加一行設定，即「server.port=8088」，如圖 4-17 所示。

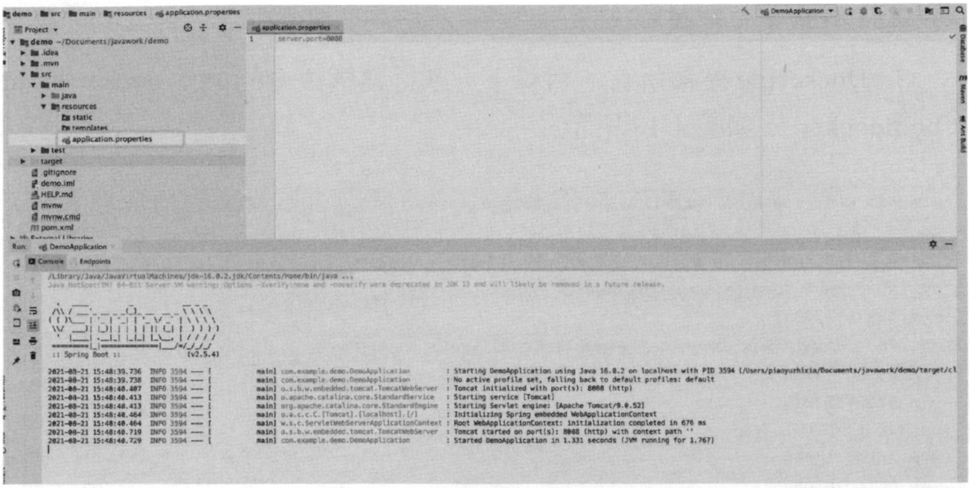

▲ 圖 4-17

2. 容器化改造

（1）建立 Dockerfile 檔案。

開發人員需要在專案根目錄下建立 Dockerfile 檔案，具體設定如下。

```
# 基礎鏡像
FROM openjdk:16.0-jdk-buster
#VOLUME 指定了臨時的日誌或資料目錄
VOLUME /tmp
VOLUME /log
# 將 JAR 套件增加到容器中，並改名為 module-name.jar
ADD target/demo-0.0.1-SNAPSHOT.jar module-name.jar
EXPOSE 8080
# 執行 JAR 套件
ENTRYPOINT ["java","-jar","/module-name.jar"]
```

（2）使用 Maven 打包 JAR 套件。

Maven 是一個跨平臺的專案管理工具。它是 Apache 的開放原始碼專案，主要用於以 Java 平臺為基礎的專案建構、相依管理和專案資訊管理。使用 Maven 打包後，會在「Target」目錄下生成對應的 JAR 套件。

（3）建構專案鏡像。

在 Dockerfile 檔案所在的目錄下，執行建構鏡像的命令 docker build -t bootdocker .，如圖 4-18 所示。

```
Documents/javawork/demo on 🐳 v19.03.12 took 11m 14s
→ docker build -t bootdocker .
Sending build context to Docker daemon  17.61MB
Step 1/6 : FROM openjdk:16.0-jdk-buster
 ---> 408a85222357
Step 2/6 : MAINTAINER eangulee <eangulee@gmail.com>
 ---> Using cache
 ---> 97a6f392e18f
Step 3/6 : VOLUME /tmp
 ---> Using cache
 ---> 6bfad363aeec
Step 4/6 : ADD ./target/demo-0.0.1-SNAPSHOT.jar app.jar
 ---> Using cache
 ---> f8d434631983
Step 5/6 : RUN bash -c 'touch /app.jar'
 ---> Using cache
 ---> 25e86f705649
Step 6/6 : ENTRYPOINT ["java","-Djava.security.egd=file:/dev/./urandom","-jar","/app.jar"]
 ---> Using cache
 ---> 433b2031e2c1
Successfully built 433b2031e2c1
Successfully tagged bootdocker:latest
```

▲ 圖 4-18

在鏡像建構成功後，可以在主控台中執行 docker images 命令查看鏡像資訊，如圖 4-19 所示。

```
Documents/javawork/demo on 🐳 v19.03.12
→ docker images
REPOSITORY          TAG            IMAGE ID        CREATED          SIZE
bootdocker          latest         433b2031e2c1    10 minutes ago   684MB
```

▲ 圖 4-19

（4）啟動容器。

透過執行鏡像命令啟動 bootdocker 鏡像的容器。

```
docker run -d -p 8080:8080 bootdocker
```

（5）存取網站。

開啟瀏覽器，在網址列中輸入「127.0.0.1:8080/hello」。如果頁面中出現「Hello SpringBoot」（見圖 4-20），則説明專案已經順利地完成了容器化改造。

▲ 圖 4-20

至此，完成了 Spring Boot 專案的容器化改造。之後開發人員即可專注於業務功能的開發。

4.5.3 Java 技術堆疊改造的常見問題

看起來一切都相當完美，容器化改造過程非常順利。但事實並非如此，整個過程還會有一些「坑點」問題。本節將聚焦 Java 技術堆疊改造的常見問題，為讀者提供一份參考指南。

如何選擇 SDK 鏡像

Java 提供了標準的 SDK 鏡像，從安全性和穩定性兩方面考慮，開發人員都應該優先選擇這些標準的 SDK 鏡像，如 openjdk:16.0-jdk-buster 版本。

開發人員可以在 Docker Hub 上面搜尋關鍵字「java」。

找到 OpenJDK 的鏡像後，選擇 18-slim-buster 版本，透過執行 docker pull openjdk 命令即可下載，如圖 4-21 所示。

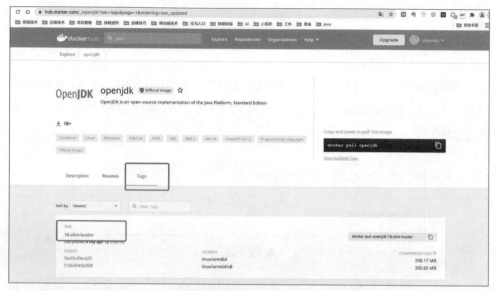

▲ 圖 4-21

當然，在 Java 技術堆疊容器化改造過程中可能還會碰到其他問題，這裡就不再一一列舉了。

4.6 後端容器 2──Go 語言技術堆疊

Go（又稱 Golang）是 Google 發布的一種靜態強類型、編譯型語言。Go 語言簡潔、乾淨且高效，其並行機制可以充分利用多核心。其新穎的類型系統，可以實現靈活和模組化的程式建構。

Go 語言程式可以被快速編譯為機器程式。Go 語言具有垃圾回收的便利性和執行時期反射的能力。本節將重點探索 Go 語言技術堆疊。

4.6.1 Go 語言常用框架

框架一直是敏捷開發中的利器，能讓開發人員很快上手並快速開發出應用。因此，新生的技術堆疊都會衍生出很多優秀框架，Go 語言也不例外。

社區中湧現出一些知名的 Go 語言框架，下面進行簡單介紹。

1. Gin

Gin 是用 Go 語言撰寫的 Web 微框架，封裝優雅、API 友善、原始程式註釋明確，並且具有快速靈活、容錯方便等特點。

2. Iris

Iris 是一個快速、簡單、功能齊全且非常有效的 Web 框架。Iris 以簡單且強大的 API 而聞名。它是唯一一個擁有 MVC 架構模式，並且支援 Go 語言的 Web 框架，性能成本接近於零。

3. Beego

Beego 是一個用於快速開發 Go 應用的 HTTP 框架，可以用於快速開發 API、Web、後端服務等各種應用，是一個 RESTful 框架。其設計靈感主要來自 Tornado、Sinatra、Flask 這 3 個框架，並結合了 Go 語言本身的一些特性（interface、struct 繼承等）。

4. Buffalo

Buffalo 能幫助開發人員生成一個 Web 專案，從前端（JavaScript、CSS 等）到後端（資料庫、路由等）。它使用簡單的 API 快速建構 Web 應用。Buffalo 不只是一個框架，還有完整的 Web 開發環境和專案結構。

上面介紹的 Go 語言框架各有所長，下面選擇 Gin 和 Beego 進行實戰演練。如果讀者對其他的框架感興趣，也可以在社區查詢對應的學習資料，這裡不再擴充介紹。

4.6.2 Web 框架改造 1──Gin 實戰

Gin 是一個性能極高的 API 框架。如果開發人員對性能有所追求，那麼它非常適合。

1. Gin 框架的特性

（1）極好的性能。Gin 框架提供以 Radix 樹為基礎的路由，記憶體佔用率較低。

（2）支援中介軟體特性。傳入的 HTTP 請求，可以由一系列中介軟體和最終操作來處理。

（3）完整的 Crash 處理。Gin 框架可以捕捉（Catch）發生在 HTTP 請求中的異常，並嘗試修復它，這樣可以保證服務始終可用。

（4）提供 JSON 驗證。Gin 框架可以解析並驗證請求的 JSON 資料，如檢查所需值是否存在。

（5）更進一步地組織路由。路由可以確定是否需要授權、區分不同的 API 版本等。另外，路由可以無限制地巢狀結構，而不會降低性能。

（6）便捷的異常日誌管理。Gin 框架提供了一種方便的方法，用來收集 HTTP 請求期間發生的所有錯誤。最終，中介軟體可以將它們寫入記錄檔或資料庫中，並持久儲存起來。

（7）提供內建繪製能力。Gin 框架為 JSON、XML 和 HTML 提供了易用的 API。

（8）具備可擴充性。一般來説，可擴充性往往依賴中介軟體。Gin 框架不但提供了巨量的協力廠商中介軟體，而且提供了自訂中介軟體的擴充方式。

2. Gin 專案實戰

下面透過一個專案實戰來幫助讀者進一步加深對 Gin 框架的理解。

（1）新建專案並安裝相依。

```
go get -u github.com/gin-gonic/gin
```

（2）新建 hello.go 檔案。

在「Go_PATH」下建立「hello」目錄，並建立 hello.go 檔案，程式如下。

```
package main

import (
    "net/http"
    "github.com/gin-gonic/gin"
)

func main() {
    //1. 建立路由
    r := gin.Default()
    //2. 綁定路由規則
    //gin.Context，封裝了 request 和 response
    r.GET("/", func(c *gin.Context) {
        c.String(http.StatusOK, "hello world!")
    })
    //3. 監聽通訊埠，預設為 8080 通訊埠
    //Run(" 裡面不指定通訊埠編號，預設為 8080")
    r.Run(":8000")
}
```

（3）啟動 Go 服務。

在撰寫好程式後，使用 run 命令啟動 Go 服務。

```
$ go run helloworld.go
[GIN-debug] [WARNING] Creating an Engine instance with the Logger and
Recovery middleware already attached.

[GIN-debug] [WARNING] Running in "debug" mode. Switch to "release" mode in
production.
 - using env:  export GIN_MODE=release
 - using code: gin.SetMode(gin.ReleaseMode)

[GIN-debug] GET    /                          --> main.main.func1 (3 handlers)
[GIN-debug] Listening and serving HTTP on :8000
[GIN] 2021/08/16 - 02:07:12 | 200 |       71.206µs |       127.0.0.1 | GET
"/"
```

（4）驗證服務是否正常。

在預設情況下，服務會啟動 8000 通訊埠，因此開發人員可以透過
「http://127.0.0.1:8000」連結進行存取，從而驗證服務是否正常，如圖
4-22 所示。

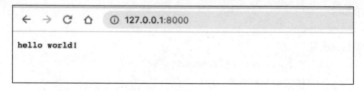

▲ 圖 4-22

如果瀏覽器中正常顯示「hello world!」，則表示服務已經就緒。

（5）新建 Dockerfile 檔案。

緊接著對 Gin 專案進行容器化改造，新建 Dockerfile 檔案並寫入以下
設定。

```
#base image
FROM golang
#ENV GOPATH /go
```

```
WORKDIR /go/src/hellogin
#Install beego & bee
RUN go env -w GOPROXY=https://[goproxy官網]direct
RUN go env -w GO111MODULE=on
RUN go get -u github.com/gin-gonic/gin


COPY . .
EXPOSE 8000
CMD [ "go", "run" , "helloworld.go" ]
```

（6）建構專案鏡像。

建構專案鏡像的操作比較簡單，執行「docker build -t image-name 專案目錄」命令即可。

```
# 定義鏡像的名稱，以及要以什麼目錄執行前面的動作
docker build -t hellogin .
```

建構專案鏡像的過程比較慢，建構日誌如圖 4-23 所示。

```
⇨ docker build -t hellogin .
Sending build context to Docker daemon  9.728kB
Step 1/9 : FROM golang
 ---> 0821480a2b48
Step 2/9 : MAINTAINER storm lu 422386546@qq.com
 ---> Using cache
 ---> 1b8bce757033
Step 3/9 : WORKDIR /go/src/hellogin
 ---> Running in 492067a34fee
Removing intermediate container 492067a34fee
 ---> b79fe8abf10e
Step 4/9 : RUN go env -w GOPROXY=https://goproxy.io,direct
 ---> Running in 685b034e0266
Removing intermediate container 685b034e0266
 ---> 90492dfa2a0e
Step 5/9 : RUN go env -w GO111MODULE=on
 ---> Running in cc602bbbbe9f
Removing intermediate container cc602bbbbe9f
 ---> 9e663a99fe79
Step 6/9 : RUN go get -u github.com/gin-gonic/gin
 ---> Running in 5538b205400b
go: downloading github.com/gin-gonic/gin v1.7.4
go: downloading github.com/gin-contrib/sse v0.1.0
go: downloading github.com/mattn/go-isatty v0.0.12
go: downloading github.com/json-iterator/go v1.1.9
go: downloading github.com/go-playground/validator/v10 v10.4.1
go: downloading github.com/golang/protobuf v1.3.3
go: downloading github.com/ugorji/go v1.1.7
```

▲ 圖 4-23

```
go: downloading github.com/ugorji/go/codec v1.1.7
go: downloading gopkg.in/yaml.v2 v2.2.8
go: downloading github.com/json-iterator/go v1.1.11
go: downloading github.com/mattn/go-isatty v0.0.13
go: downloading github.com/go-playground/validator/v10 v10.9.0
go: downloading github.com/go-playground/validator v9.31.0+incompatible
go: downloading gopkg.in/yaml.v2 v2.4.0
go: downloading golang.org/x/sys v0.0.0-20200116001909-b77594299b42
go: downloading github.com/modern-go/concurrent v0.0.0-20180228061459-e0a39a4cb421
go: downloading github.com/ugorji/go v1.2.6
go: downloading github.com/ugorji/go/codec v1.2.6
go: downloading github.com/modern-go/reflect2 v0.0.0-20180701023420-4b7aa43c6742
go: downloading github.com/go-playground/universal-translator v0.17.0
go: downloading github.com/golang/protobuf v1.5.2
go: downloading github.com/leodido/go-urn v1.2.0
go: downloading golang.org/x/crypto v0.0.0-20200622213623-75b288015ac9
go: downloading github.com/modern-go/concurrent v0.0.0-20180306012644-bacd9c7ef1dd
go: downloading github.com/go-playground/universal-translator v0.18.0
go: downloading github.com/modern-go/reflect2 v1.0.1
go: downloading github.com/go-playground/locales v0.13.0
go: downloading golang.org/x/sys v0.0.0-20210809222454-d867a43fc93e
go: downloading github.com/leodido/go-urn v1.2.1
go: downloading golang.org/x/crypto v0.0.0-20210813211128-0a44fdfbc16e
go: downloading github.com/go-playground/locales v0.14.0
go: downloading google.golang.org/protobuf v1.26.0
go: downloading google.golang.org/protobuf v1.27.1
go: downloading golang.org/x/text v0.3.6
go: downloading golang.org/x/text v0.3.7
Removing intermediate container 5538b205400b
 ---> aae3e4d8c93d
Step 7/9 : COPY . .
 ---> 842277da28de
Step 8/9 : EXPOSE 8000
 ---> Running in 03498ee3ad7f
Removing intermediate container 03498ee3ad7f
 ---> e18d5ed0af92
Step 9/9 : CMD [ "go", "run" , "helloworld.go" ]
 ---> Running in 1dfe543403d6
Removing intermediate container 1dfe543403d6
 ---> 875cb77fdc14
Successfully built 875cb77fdc14
Successfully tagged hellogin:latest
```

▲ 圖 4-23（續）

如果看到 Successfully built 875cb77fdc14 日誌，則表示鏡像已經建構成功。

（7）啟動 Gin 專案容器。

```
docker run --name project-gin -p 8000:8000 -d hellogin
```

（8）服務驗證。

在容器正常啟動後，透過執行 docker ps 命令進行服務驗證。從處理程序資訊中可以看到，使用 hellogin 鏡像啟動的容器已經成功執行了，如圖 4-24 所示。

```
gowork/src/hellogin via 🔷 v1.16.7 on 🐳 v19.03.12
+ docker run --name project-gin -p 8000:8000 -d hellogin
3550bff15045abd15a44228313f38baf52ce4b5f6662c46af0437339130020ee

gowork/src/hellogin via 🔷 v1.16.7 on 🐳 v19.03.12
+ docker ps
CONTAINER ID    IMAGE                  COMMAND               CREATED          STATUS              PORTS                      NAMES
3550bff15045    hellogin               "go run helloworld.go" 5 seconds ago    Up 4 seconds        0.0.0.0:8000->8000/tcp     project-gin
c6b42c2c5bd4    my-hello               "bee run"             About an hour ago Up About an hour    0.0.0.0:8080->8080/tcp     my-go-project1
7442538c5f7a    riveryang/dubbo-admin  "/entrypoint.sh"      9 hours ago      Up 9 hours          0.0.0.0:9600->8080/tcp     dubbo-admin
```

▲ 圖 4-24

至此，Gin 專案的初始化及容器化改造都已經完成。雖然這只是一個簡單的應用，但包含全部的流程。因為這裡的重點是 Docker 容器化，所以並沒有包含資料庫、前後端分離等內容。在實際開發過程中，開發人員還需要做更多的細節擴充，這裡就不再詳細說明。

4.6.3 Web 框架改造 2——Beego 實戰

Beego 被設計出來就是為了實現功能模組化，它是一個典型的高度解耦的框架。

1. Beego 框架的特性

（1）好用性。Beego 框架可以借助 RESTful、MVC 模型和 Bee 等方案，快速建構出應用。此外，Beego 框架具有程式熱編譯、自動化測試、自動打包和部署等功能，非常好用。

（2）高可用性。Beego 框架透過智慧路由和監控，能夠監控伺服器的 QPS、記憶體和 CPU 的使用情況，以及 goroutine 狀態。其完整的監控系統，使開發人員擁有更完整的控制許可權，從而確保了較高的可用性。

（3）模組化設計想法。Beego 框架具有強大的內建模組，包括階段控制、快取、日誌記錄、設定解析、性能監督、上下文處理、ORM（Object Relational Mapping，物件關係映射）支援和請求模擬等模組。

（4）高性能。Beego 框架使用原生的 Go HTTP 封包來處理請求，透過 goroutine 來高效處理並行。也正是因為這種原因，以 Beego 框架為基礎可以處理大流量請求。

2. Beego 專案實戰

下面透過專案實戰來幫助讀者進一步加深對 Beego 框架的理解。

（1）安裝專案相依。

安裝 Beego 框架相依和 Bee 工具（一個為了協助 Beego 專案的快速開發而建立的專案，透過 Bee 可以很容易地進行 Beego 專案的建立、熱編譯、開發、測試和部署）。

```
go get -u github.com/beego/beego/v2
go get -u github.com/beego/bee/v2
```

（2）新建 hello.go 檔案。

在「Go_PATH」下建立「hello」目錄，並建立 hello.go 檔案，程式如下。

```
package main
import (
    "github.com/beego/beego/v2/server/web"
)
type MainController struct {
    web.Controller
}
func (this *MainController) Get() {
    this.Ctx.WriteString("hello world")
}
func main() {
    web.Router("/", &MainController{})
    web.Run()
}
```

（3）建構專案。

透過執行 go build 命令建構專案。

```
go build -o hello hello.go
```

（4）啟動 Go 服務。

在專案建構後，會生成「hello」目錄及產物檔案，我們直接執行產物檔案。

```
./hello
```

（5）驗證服務是否正常。

在預設情況下，服務會啟動 8080 通訊埠，因此開發人員可以透過「http://127.0.0.1:8080」連結進行存取，從而驗證服務是否正常，如圖 4-25 所示。

▲ 圖 4-25

如果瀏覽器中正常顯示了「hello world」，則表示服務已經就緒。

（6）新建 Dockerfile 檔案。

下面對 Beego 專案進行容器化改造。新建 Dockerfile 檔案，並寫入以下設定。

```
#base image
FROM golang
#ENV GOPATH /go
WORKDIR /go/src/hello
```

```
#Install beego & bee
RUN go env -w GOPROXY=https://[goproxy官網],direct
RUN go env -w GO111MODULE=on
RUN go get github.com/astaxie/beego
RUN go get github.com/beego/bee


COPY . .
EXPOSE 8080
CMD [ "bee", "run" ]
```

（7）建構專案鏡像。

建構專案鏡像比較簡單，執行「docker build -t image-name 專案目錄」命令即可。

```
# 定義鏡像的名稱，以及要在什麼目錄範圍內執行前面的動作
docker build -t hello .
```

（8）啟動 Beego 專案容器。

啟動 Beego 專案容器（鏡像名為 my-hello）。

```
docker run --name my-go-project -p 8080:8080 -d my-hello
```

（9）服務驗證。

Beego 專案和 Gin 專案類似，在容器正常啟動後，需要透過執行 docker ps 命令進行服務驗證。從列印出的處理程序資訊中可以看到，使用 my-hello 鏡像啟動的容器已經成功執行，如圖 4-26 所示。

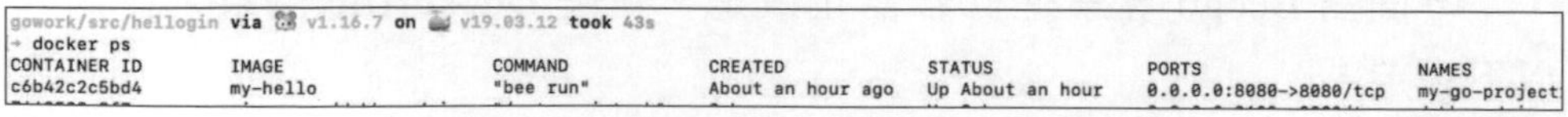

```
gowork/src/hellogin via 🐹 v1.16.7 on 🐳 v19.03.12 took 43s
→ docker ps
CONTAINER ID    IMAGE         COMMAND       CREATED            STATUS             PORTS                     NAMES
c6b42c2c5bd4    my-hello      "bee run"     About an hour ago  Up About an hour   0.0.0.0:8080->8080/tcp    my-go-project
```

▲ 圖 4-26

Tips

在 Go 專案中，每次執行 go build 命令後，都會動態地將檔案（包括可執行檔和靜態資源）生成到容器中。後期成本較小的一種維護方式是，每次只考慮重新生成，並把對應的資源打包進去。

4.6.4 Go 語言技術堆疊改造的常見問題

本節將聚焦 Go 語言技術堆疊改造的常見問題，為讀者提供一份參考指南。

1. 在下載過程中出現 Timeout 問題

如果出現 Timeout 問題，則說明沒有設定好正確的代理，可能的顯示出錯資訊如下。

```
go get github.com/beego/beego/v2@latest
go get github.com/beego/beego/v2@latest: module github.com/beego/beego/
v2: Get "https://[Go官網]/github.com/beego/beego/v2/@v/list": dial tcp
172.217.27.145:443: i/o timeout
```

解決方案很簡單：重新設定環境變數 GOPROXY 和 GO111MODULE。

```
go env -w GOPROXY=https://[goproxy官網]/direct
go env -w GO111MODULE=on
```

2. 在 Build 過程中出現異常

如果在程式中使用了協力廠商函式庫，則直接執行 run 命令或 build 命令會報下面所示的錯誤。

```
missing go.sum entry for module providing package <package_name>
```

這是因為在 go.mod 中並沒有同步更新協力廠商函式庫，輸出日誌如圖 4-27 所示。

```
gowork/src/hello via 🐹 v1.16.7 took 7s
→ go build hello.go
../../../../go/pkg/mod/github.com/beego/beego/v2@v2.0.1/server/web/staticfile.go:29:2: missing go.sum entry for module providing package github.com/hashicorp/golang-lru; to add:
        go mod download github.com/hashicorp/golang-lru
../../../../go/pkg/mod/github.com/beego/beego/v2@v2.0.1/core/config/ini.go:31:2: missing go.sum entry for module providing package github.com/mitchellh/mapstructure; to add:
        go mod download github.com/mitchellh/mapstructure
../../../../go/pkg/mod/github.com/beego/beego/v2@v2.0.1/core/admin/command.go:18:2: missing go.sum entry for module providing package github.com/pkg/errors; to add:
        go mod download github.com/pkg/errors
../../../../go/pkg/mod/github.com/beego/beego/v2@v2.0.1/server/web/admin_controller.go:25:2: missing go.sum entry for module providing package github.com/prometheus/client_golang/prometheus/promhttp; to add:
        go mod download github.com/prometheus/client_golang
../../../../go/pkg/mod/github.com/beego/beego/v2@v2.0.1/core/logs/console.go:24:2: missing go.sum entry for module providing package github.com/shiena/ansicolor; to add:
        go mod download github.com/shiena/ansicolor
../../../../go/pkg/mod/github.com/beego/beego/v2@v2.0.1/server/web/server.go:32:2: missing go.sum entry for module providing package golang.org/x/crypto/acme/autocert; to add:
        go mod download golang.org/x/crypto
../../../../go/pkg/mod/github.com/beego/beego/v2@v2.0.1/server/web/parser.go:31:2: missing go.sum entry for module providing package golang.org/x/tools/go/packages; to add:
        go mod download golang.org/x/tools
../../../../go/pkg/mod/github.com/beego/beego/v2@v2.0.1/server/web/context/output.go:34:2: missing go.sum entry for module providing package gopkg.in/yaml.v2; to add:
        go mod download gopkg.in/yaml.v2
```

▲ 圖 4-27

對於「沒有同步更新協力廠商函式庫」的問題，通常需要使用 go mod tidy 模組來管理相依。go mod tidy 模組有以下作用。

- 刪除不需要的相依套件。
- 下載新的相依套件。
- 更新 go.sum（最關鍵的一步）。

執行 go mod tidy 命令查看效果，如圖 4-28 所示。

```
gowork/src/hello via 🐹 v1.16.7
→ go mod tidy
go: downloading golang.org/x/tools v0.0.0-20201211185031-d93e913c1a58
go: downloading github.com/stretchr/testify v1.4.0
go: downloading github.com/elazarl/go-bindata-assetfs v1.0.0
go: downloading github.com/mitchellh/mapstructure v1.3.3
go: downloading golang.org/x/net v0.0.0-20201021035429-f5854403a974
go: downloading gopkg.in/check.v1 v1.0.0-20200227125254-8fa46927fb4f
go: downloading golang.org/x/sys v0.0.0-20200930185726-fdedc70b468f
go: downloading github.com/google/go-cmp v0.5.0
go: downloading github.com/niemeyer/pretty v0.0.0-20200227124842-a10e7caefd8e
go: downloading github.com/davecgh/go-spew v1.1.1
go: downloading github.com/pmezard/go-difflib v1.0.0
go: downloading github.com/kr/text v0.1.0
go: downloading golang.org/x/text v0.3.3
```

▲ 圖 4-28

 Tips

單獨的命令可能容易忽略，因此可以在 build 過程中增加 mod 參數，如「go build-mod= mod」。

當然，異常可能遠不止這些。通常的處理方法是，先找到問題的關鍵字，如 timeout、module 和 not found，然後抽絲剝繭，見招拆招。

4.7 後端容器 3——Python 技術堆疊

Python 是一種直譯型、互動式、物件導向的開放原始碼程式語言。它結合了模組、異常、動態類型，以及非常高級的動態資料型態和類別。

Python 不僅具有強大的功能和非常清晰的語法，還具有許多系統呼叫和函式庫，以及各種視窗系統的介面，並且可以在 C 或 C++ 中進行擴充。它還可以用作需要可程式化介面的應用的擴充語言。

最重要的是，Python 是可移植的，可以在 UNIX 變形、macOS 和 Windows 2000 及更新版本上執行。

4.7.1 Python 常見框架

Python 框架數不勝數。按照前後端的想法，Python 框架大致分為兩類：Web 框架和微服務框架。

1. Web 框架

（1）Django：Python Web 應用程式開發框架。

Django 是一個開放原始碼的 Web 應用程式開發框架，使用 Python 撰寫。它採用 MVC 軟體設計模式，即模型（M）、視圖（V）和控制器（C）。Django 最出名的是其全自動化的管理後台：只需要使用 ORM，並進行簡單的物件定義，就能自動生成資料庫結構，以及功能齊全的管理後台。

（2）Diesel：以 Greenlet 為基礎的事件 I/O 框架。

Diesel 提供的 API 用來撰寫網路使用者端端和伺服器端，支援 TCP 和 UDP 協定。非阻塞 I/O 使 Diesel 執行非常快速，並且容易擴充。

（3）Flask：用 Python 撰寫的輕量級 Web 應用框架。

Flask 也被稱為 Micro Framework。Flask 沒有預設使用的資料庫、表單驗證工具。然而，Flask 保留了擴增的彈性，可以用 flask-extension 加入很多功能，如 ORM、表單驗證工具、檔案上傳、各種開放式身份驗證技術。

（4）Cubes：輕量級 Python OLAP 框架。

Cubes 是一個輕量級 Python 框架，包含 OLAP、多維資料分析和瀏覽聚合資料（Aggregated Data）等工具。它的主要特性之一是邏輯模型──抽象物理資料並提供給終端使用者層。

（5）Kartograph.py：創造向量地圖的輕量級 Python 框架。

Kartograph 是一個 Python 函式庫，用來為 ESRI 生成 SVG 地圖。Kartograph.py 目前仍處於 Beta（測試）階段，開發人員可以在 virtualenv 環境下進行測試。

（6）Tornado：非同步非阻塞 I/O 的 Python Web 框架。

Tornado 的全稱是 Torado Web Server，從名字上看就知道它可以用作 Web 伺服器，同時它是一個 Python Web 開發框架。Tornado 有較出色的抗負載能力，官方用 Nginx 反向代理的方式部署 Tornado，並將其與其他 Python Web 應用框架進行對比，結果最大瀏覽量超過第 2 名近 40%。

此外，它的原始程式也可以作為開發人員學習與研究 Python 的材料。

2. 微服務框架

（1）Nameko。

Nameko 是 Python 的微服務框架，可以讓開發人員專注於應用邏輯。它既支援透過 RabbitMQ 訊息佇列傳遞的遠端程序呼叫（Remote Procedure Call，RPC），也支援 HTTP 呼叫。

（2）Japronto。

Japronto 是一個全新的、為微服務量身打造的微服務框架。該框架的主要特點是執行速度快、可擴充和輕量化。Japronto 的性能甚至比 Node. js 和 Go 語言還要高。

Japronto 配合 Python 3.3 的 asyncio 模組，可以提供撰寫單執行緒並行程式的能力。它使用協作程式和多工 I/O 存取 Sockets 與其他資源，為開發人員同時撰寫同步和非同步程式提供了可能。

雖然 Python 的框架多種多樣，但是我們只需要選擇一個 Web 框架和一個微服務框架就可以建構出一個完整的應用。因此，下面將選取一個 Web 框架（Django）和 個後端微服務框架（Nameko）詳細説明。

4.7.2 Web 框架改造──Django 實戰

使用 Django 可以在幾個小時內實作 Web 應用從概念到啟動。使用 Django 可以處理 Web 開發的大部分問題，因此，開發人員可以專注於撰寫應用，而無須重新發明輪子。

1. Django 框架的特性

Django 框架的特性如下。

- 執行速度非常快。Django 旨在幫助開發人員儘快實作 Web 應用從概念到啟動。

- Web 開發支援。Django 包含許多附加功能，可用於處理常見的 Web 開發任務。Django 提供使用者身份驗證、內容管理、網站地圖管理、RSS 提要等功能，非常便捷，開箱即用。

- 安全保障。Django 非常重視安全性，可以幫助開發人員避免許多常見的安全錯誤，如 SQL 注入、跨網站腳本、跨網站請求偽造和點擊綁架。其使用者身份驗證系統提供了一種安全的方式，用來管理使用者帳戶和密碼。

- 支援大型網站。很多大型網站使用 Django 來滿足需求。

- 廣泛的行業應用範圍。很多公司、組織和政府機構已經使用 Django 建構出了各種各樣的東西 —— 從內容管理系統到社群網站，再到科學計算平臺。

2. Django 專案實戰

（1）下載 Django。

進入 Django 官網進行下載，如圖 4-29 所示。

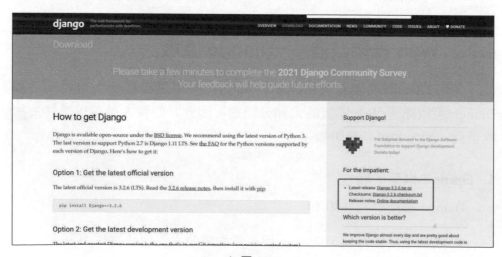

▲ 圖 4-29

（2）解壓縮並安裝 Django。

下載的 Django 檔案套件需要解壓縮，解壓縮後使用 Python 進行安裝。

```
# 解壓縮下載的檔案套件
tar xzvf Django-3.2.6.tar.gz
# 使用 Python 3 安裝 Django，進入下載目錄執行以下命令
Python3 setup.py install
```

等待安裝程式執行完成，輸出的日誌如圖 4-30 所示。

```
Installed /Library/Frameworks/Python.framework/Versions/3.9/lib/python3.9/site-packages/pytz-2021.1-py3.9.egg
Searching for ■■■■■■■■■ >=3.3.2
Reading http■■■■■■■■■simple/asgiref/
Downloading ■■ ■ ■ ■s.pythonhosted.org/packages/fe/66/577f32b54c58dcd8dec38447258e82ed327ecb86820d67ae7b3dea784f13/asgiref-3.4.1-py3-none-any.whl#
8e6f175673e7b1b3b7af4fdb0ecb738fc5c8b88f69f055c2415214
Best match: asgiref 3.4.1
Processing asgiref-3.4.1-py3-none-any.whl
Installing asgiref-3.4.1-py3-none-any.whl to /Library/Frameworks/Python.framework/Versions/3.9/lib/python3.9/site-packages
Adding asgiref 3.4.1 to easy-install.pth file

Installed /Library/Frameworks/Python.framework/Versions/3.9/lib/python3.9/site-packages/asgiref-3.4.1-py3.9.egg
Finished processing dependencies for Django==3.2.6
```

▲ 圖 4-30

（3）檢查 Django 是否安裝成功。

一般透過查看安裝套件版本來確定軟體或程式是否安裝成功。輸入「--version」查看 Django 的版本編號。

```
# 查看 Django 的版本編號
python3 -m django --version
```

如果終端輸出了具體的版本編號（3.2.6），則表示 Django 已經成功安裝，如圖 4-31 所示。

```
~/Documents/dockerWork
[→ python3 -m django --version
 3.2.6
```

▲ 圖 4-31

（4）建立 djangoproject 專案。

使用 django-admin 命令列工具建立 djangoproject 專案，在目前的目錄下會生成新目錄「djangoproject」。

```
django-admin startproject djangoproject
```

為了更清楚地了解專案結構，可以列印出目錄，如圖 4-32 所示。

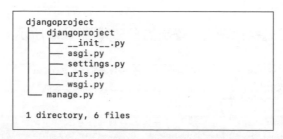

▲ 圖 4-32

專案中的檔案並不是很多，下面分別介紹各個檔案的用途。

- 外部「djangoproject」目錄：根目錄，專案的容器，它的名稱對 Django 來說並不重要（可以重新命名為任何名稱）。
- manage.py：一個命令列應用程式，可以讓開發人員以各種方式與此 Django 專案進行互動。
- 內部「djangoproject」目錄：專案實際的 Python 套件。它的名稱是需要用來匯入其中的任何內容的 Python 套件的名稱（如 djangoproject.urls）。
- __init__.py：一個空檔案，告訴 Python 這個目錄應該被認為是一個 Python 套件。
- settings.py：此 Django 專案的設定。
- urls.py：此 Django 專案的 URL 宣告。
- asgi.py：相容 ASGI 的 Web 伺服器的進入點，可以為專案提供服務。

■ wsgi.py：WSGI 相容的 Web 伺服器的進入點，可以為專案提供服務。

（5）啟動開發伺服器。

驗證 Django 專案是否有效。如果還沒有進入外部「djangoproject」目錄，則需要切換到外部目錄，然後執行以下命令。

```
# 啟動開發伺服器
Python3 manage.py runserver
```

執行過程如圖 4-33 所示。

```
Documents/dockerWork/djangoproject
- python3 manage.py runserver
Watching for file changes with StatReloader
Performing system checks...

System check identified no issues (0 silenced).

You have 18 unapplied migration(s). Your project may not work properly until you apply the migrations for app(s): admin, auth, contenttypes, sessions.
Run 'python manage.py migrate' to apply them.
August 14, 2021 - 09:21:11
Django version 3.2.6, using settings 'djangoproject.settings'
Starting development server at http://127.0.0.1:8000/
Quit the server with CONTROL-C.
```

▲ 圖 4-33

（6）預覽效果。

開啟瀏覽器，存取「http://127.0.0.1:8000/」連結，如圖 4-34 所示。

▲ 圖 4-34

如果看到歡迎介面，則表示服務已經正常執行，可以進行容器化改造。

（7）Django 專案容器化改造。

透過執行 docker search django 命令可以直觀地看到是否有可用的 Django 官方鏡像，如圖 4-35 所示。

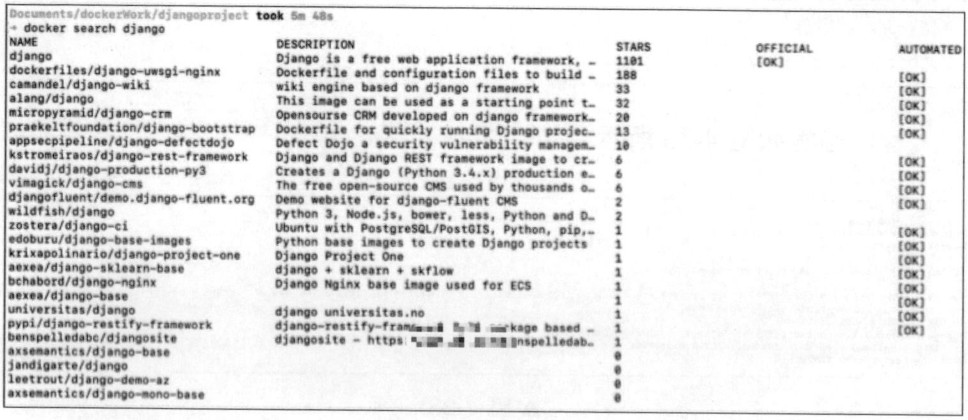

```
Documents/dockerWork/djangoproject took 5m 48s
➜ docker search django
NAME                              DESCRIPTION                                        STARS    OFFICIAL    AUTOMATED
django                            Django is a free web application framework, …      1101     [OK]
dockerfiles/django-uwsgi-nginx    Dockerfile and configuration files to build …      188                  [OK]
camandel/django-wiki              wiki engine based on django framework              33                   [OK]
alang/django                      This image can be used as a starting point t…      32                   [OK]
micropyramid/django-crm           Opensource CRM developed on django framework…      20                   [OK]
praekeltfoundation/django-bootstrap  Dockerfile for quickly running Django projec…   13                   [OK]
appsecpipeline/django-defectdojo  Defect Dojo a security vulnerability managem…      10
kstromeiraos/django-rest-framework  Django and Django REST framework image to cr…    6                    [OK]
davidj/django-production-py3      Creates a Django (Python 3.4.x) production e…      6                    [OK]
vimagick/django-cms               The free open-source CMS used by thousands o…      6                    [OK]
djangofluent/demo.django-fluent.org  Demo website for django-fluent CMS             2                    [OK]
wildfish/django                   Python 3, Node.js, bower, less, Python and D…      2
zostera/django-ci                 Ubuntu with PostgreSQL/PostGIS, Python, pip,…      1
edoburu/django-base-images        Python base images to create Django projects       1                    [OK]
krixapolinario/django-project-one Django Project One                                 1                    [OK]
aexea/django-sklearn-base         django + sklearn + skflow                          1                    [OK]
bchabord/django-nginx             Django Nginx base image used for ECS                1                    [OK]
aexea/django-base                                                                    1                    [OK]
universitas/django                django universitas.no                              1                    [OK]
pypi/django-restify-framework     django-restify-fram… … …kage based …               1                    [OK]
benspelledabc/djangosite          djangosite - https …… … ……nspelledab…              1                    [OK]
axsemantics/django-base                                                              0
jandigarte/django                                                                    0
leetrout/django-demo-az                                                              0
axsemantics/django-mono-base                                                         0
```

▲ 圖 4-35

（8）下載 Django 官方鏡像。

透過執行 docker pull 命令下載 Django 官方鏡像。

```
docker pull django
```

（9）建立 Dockerfile 檔案。

在根目錄下建立 Dockerfile 檔案，具體設定如下。

```
FROM python:3.9
WORKDIR /usr/src/app
COPY requirements.txt ./
RUN pip install -r requirements.txt
COPY . .
```

```
EXPOSE 8000
CMD ["python", "manage.py", "runserver", "0.0.0.0:8000"]
```

（10）建構 Django 鏡像。

```
docker build -t djangoproject .
```

（11）服務驗證。

使用 djangoproject 鏡像啟動容器，並設定外部映射通訊埠編號為 8000。

```
docker run --name my-project -p 8000:8000 -d djangoproject
```

開發人員可以透過瀏覽器存取「http://localhost:8000」連結來驗證服務是否正常，如圖 4-36 所示。

▲ 圖 4-36

至此，Django 專案開發完成。

4.7.3 微服務框架改造──Nameko 實戰

Nameko 是用 Python 建構微服務的框架。它具有開箱即用的特點，可以建構一個服務，該服務可以回應 RPC 訊息、針對某些操作排程事件，以及監聽來自其他服務的事件。它還可以為無法使用 AMQP 的使用者端提供 HTTP 介面，以及用作 JavaScript 使用者端的 WebSocket 介面。

此外，Nameko 也是可擴充的。開發人員可以定義自己的傳輸機制和服務相依項，以根據需要進行混合和比對。

1. Nameko 的使用場景

Nameko 旨在幫助開發人員建立、執行和測試微服務。如果出現以下幾種情況，則可以優先選擇使用 Nameko。

- 後端需要微服務架構。
- 向現有系統增加微服務。
- 以 Python 技術堆疊為基礎。
- Nameko 從單一服務的單一實例擴充到具有許多不同服務的多個實例的叢集。

2. 建立 Nameko 微服務檔案

 Tips

Nameko 不是 Web 框架。它內建了對 HTTP 的支援，但僅限於在微服務領域使用。如果開發人員想建構一個供使用者使用的 Web 應用，那麼應該使用 Django、Flask 這樣的 Web 框架（請參考 4.7.1 節中的 Web 框架部分）。

建立 hello.py 檔案，並寫入以下程式。

```
from nameko.rpc import rpc
class GreetingService:
    name = "micro_service"

    @rpc
    def hello(self, name):
        return "Hello, {}!".format(name)
```

下面對上述程式部分進行簡單的說明。

- 微服務使用 class 類別進行包裝（GreetingService），name 欄位是必需的，因為它主要用來標識微服務。
- 在微服務類別中可以定義各種實例方法，如果需要將某些實例方法暴露出去，則在方法前面增加一個裝飾器 @rpc 即可。

3. 執行微服務

使用 nameko run 命令執行 hello.py 檔案。

```
$nameko run hello
starting services: micro_service
...
```

4. 呼叫微服務

那麼如何呼叫微服務呢？讀者可以建立一個 service.py 檔案，使用 RPC 方式呼叫微服務，如下所示。

```
from nameko.standalone.rpc import ClusterRpcProxy

CONFIG={'AMQP_URI':"amqp://username}:{password}@{host}"}

 with ClusterRpcProxy(CONFIG) as rpc:
        // 使用 remote_data 即可
        remote_data = rpc.micro_service.hello(name="World")
```

真正起關鍵作用的是「rpc.micro_service.hello(name='World')」這一行程式，它表示呼叫方式為 RPC，使用 micro_service 微服務中的 hello() 方法，並且傳入參數 World。執行 service.py 檔案，成功後會傳回「Hello, World!」。

5. 改造微服務框架

改造微服務框架需要建立 docker-compose.yml 檔案，具體設定如下。

```
version: "3"
services:
    rabbitmq:
        image: "rabbitmq"
        networks:
            - nameko_net
    nameko-microservice:
        build: "./helloservice/"
        networks:
            - nameko_net
        environment:
            - nameko_username=guest
            - nameko_password=guest
        depends_on:
            - rabbitmq
        restart: always
    nameko-app:
        build: "./my-app/"
        depends_on:
            - nameko-microservice
        ports:
            - "5000:5000"
        networks:
            - nameko_net
        environment:
            - nameko_username=guest
            - nameko_password=guest
        restart: always
```

```
networks:
    nameko_net:
        driver: bridge
```

上述設定相對簡單，但實際的開發過程會更加複雜。開發人員需要對 RabbitMQ、服務、Web 應用及資料庫等做好容器資料儲存工作（如數據卷冊、日誌資料卷冊、監控、資料庫備份等）。

4.7.4 Python 技術堆疊改造的常見問題

本節將介紹 Python 技術堆疊改造的常見問題，為讀者提供一份參考指南。

1. Python 專案中 requirements.txt 檔案的使用規範

在 Python 專案中必須包含一個 requirements.txt 檔案，用於記錄所有的相依套件及其精確的版本編號。專案在環境部署和擴充實例時，requirements.txt 檔案可以透過 pip 命令自動生成和安裝專案相依套件。

下面演示如何使用 requirements.txt 檔案。

（1）使用 pip freeze 命令匯出 Python 安裝套件環境。

這一步主要是為了生成 requirements.txt 檔案。

```
pip freeze > requirements.txt
```

（2）安裝 requirements.txt 檔案的相依。

安裝相依的操作也很簡單，進入 requirements.txt 檔案所在的目錄，使用 pip install 命令安裝檔案中包含的函式庫即可。

```
pip install -r requirements.txt
```

2. Django 專案中 manage.py 檔案的許可權問題

　　manage.py 檔案牽涉一些許可權問題，通常可以透過執行 chmod 命令（chmod 用於控制使用者對檔案的使用權限）來解決。

　　開發人員需要在 Dockerfile 檔案中增加以下命令（-x 參數表示可執行許可權）。

```
RUN chmod -x /app/manage.py
```

3. RabbitMQ 3.9 版本棄用的變數

　　使用 docker-compose 命令啟動 RabbitMQ 時，可能會顯示以下錯誤。

```
error: RABBITMQ_DEFAULT_PASS is set but deprecated
error: RABBITMQ_DEFAULT_USER is set but deprecated
error: RABBITMQ_DEFAULT_VHOST is set but deprecated
error: deprecated environment variables detected
Please use a configuration file instead; visit https://[rabbitmq官網]/
configure.html to learn more
```

　　這是因為，從 RabbitMQ 3.9 版本開始，下面列出的所有特定於 Docker 的變數都已被棄用，請改用設定檔。

```
# 在 3.9 及更新版本中，以下變數不可用
RABBITMQ_DEFAULT_PASS_FILE
RABBITMQ_DEFAULT_USER_FILE
RABBITMQ_MANAGEMENT_SSL_CACERTFILE
RABBITMQ_MANAGEMENT_SSL_CERTFILE
RABBITMQ_MANAGEMENT_SSL_DEPTH
RABBITMQ_MANAGEMENT_SSL_FAIL_IF_NO_PEER_CERT
RABBITMQ_MANAGEMENT_SSL_KEYFILE
RABBITMQ_MANAGEMENT_SSL_VERIFY
RABBITMQ_SSL_CACERTFILE
RABBITMQ_SSL_CERTFILE
RABBITMQ_SSL_DEPTH
RABBITMQ_SSL_FAIL_IF_NO_PEER_CERT
```

```
RABBITMQ_SSL_KEYFILE
RABBITMQ_SSL_VERIFY
RABBITMQ_VM_MEMORY_HIGH_WATERMARK
```

這種問題可以透過更換 3.9 以下的 RabbitMQ 版本來解決。另外，RabbitMQ 官方也提供了透過設定檔來解決的方案，感興趣的讀者叵以關注官方說明。

4.8 Docker 測試實戰

在實際開發過程中，測試工作主要是由專業的測試人員完成的。對於核心流程，很多公司會做對應的自動化測試。一旦核心流程變動，若更新不即時則很容易引起線上問題。

在複雜的業務中，測試有很多類型，如業務功能測試、黑盒測試、白盒測試、壓力測試、性能測試等。Docker 可以完成部分自動化測試工作，但其也有自身的局限性，不可能做到完全替代人工測試。

本節將提供一套透過 Docker 實作的自動化測試方案，包含 K8s、Jenkins、GitLab、Puppeteer 等技術。

4.8.1 Docker 自動化測試

要做自動化測試，一定離不開 Jenkins 和 GitLab。

- Jenkins：自動化伺服器，可以執行各種自動化建構、測試或部署任務。
- GitLab：程式倉庫，用來管理程式。

　　將這兩者結合起來，開發人員透過 GitLab 提交程式，使用 Jenkins 以一定的頻率自動執行測試、建構和部署的任務，開發團隊由此可以更高效率地整合和發布程式。

1. 安裝 Jenkins

（1）下載 Jenkins 鏡像。

```
docker pull jenkinsci/blueocean
```

（2）啟動 Jenkins 容器。

```
docker run -d
--name jk -u root
-p 9090:8080
-v /var/jenkins_home:/var/jenkins_home
jenkinsci/blueocean
```

　　需要注意的是，要執行容器，需要預先在容器中安裝一些基本軟體，如 APK、Git、JDK、Maven 等。

2. 安裝 GitLab

（1）下載 GitLab 鏡像。

```
# 下載鏡像
docker pull gitlab/gitlab-ce:latest
```

（2）啟動 GitLab 容器。

```
docker run
 -itd
 -p 9980:80
 -p 9922:22
 -v /usr/local/gitlab-test/etc:/etc/gitlab
 -v /usr/local/gitlab-test/log:/var/log/gitlab
```

```
-v /usr/local/gitlab-test/opt:/var/opt/gitlab
--restart always
--privileged=true
--name gitlab-test
gitlab/gitlab-ce
```

命令解釋如下。

- -i：以互動模式執行容器，通常與 -t 參數同時使用。
- -t：為容器重新分配一個偽輸入終端，通常與 -i 參數同時使用。
- -d：在後台執行容器，並傳回容器 ID。
- -p 9980:80：將容器內的 80 通訊埠映射至宿主機的 9980 通訊埠，這是存取 GitLab 的通訊埠。
- -p 9922:22：將容器內的 22 通訊埠映射至宿主機的 9922 通訊埠，這是存取 SSH 的通訊埠。
- -v /usr/local/gitlab-test/etc:/etc/gitlab：將容器的「/etc/gitlab」目錄掛載到宿主機的「/usr/local/gitlab-test/etc」目錄下。若宿主機內不存在此目錄，則會自動建立它，其他兩個掛載同理。
- --restart always：容器自啟動。
- --privileged=true：讓容器獲取宿主機的 Root 許可權。
- --name gitlab-test：將容器名稱設定為 gitlab-test。
- gitlab/gitlab-ce：鏡像名稱，這裡也可以寫鏡像 ID。

（3）在容器內執行命令。

接下來的設定需要在容器內進行修改，不要在掛載到宿主機的檔案上進行修改，否則可能會出現設定更新不到容器內（或不能即時更新到容器內），GitLab 啟動成功，但是無法存取的問題。

```
docker exec -it gitlab-test /bin/bash
```

（4）修改 gitlab.rb 檔案。

gitlab.rb 是 GitLab 的設定檔。透過執行 vi 命令對 GitLab 位址，以及 SSH 主機 IP 位址和連接通訊埠進行修改，具體設定如下。

```
# 開啟檔案
vi /etc/gitlab/gitlab.rb
#GitLab 造訪網址，可以寫域名
external_url 'http://192.168.52.128:9980'
#SSH 主機 IP 位址
gitlab_rails['gitlab_ssh_host'] = '192.168.52.128'
#SSH 連接通訊埠
gitlab_rails['gitlab_shell_ssh_port'] = 9922
```

（5）執行 reconfigure 命令讓修改的設定生效。

```
gitlab-ctl reconfigure
```

（6）重新啟動 GitLab。

```
gitlab-ctl restart
```

（7）執行 UI 自動化腳本，並啟動自動化腳本專案。

主流程自動化測試分為公共邏輯封裝、流程使用案例撰寫、主流程變動即時更新使用案例。在生成環境中，每次上線都會執行一次主流程測試用例。

4.8.2 使用 Docker 測試靜態網站

透過 Docker 可以簡單、快捷地部署靜態網站，因此將其用於測試場景非常合適。

本節將結合 Puppeteer 函式庫來演示如何使用 Docker 測試靜態網站。

1. 初始化專案

執行 npm init 命令可以迅速初始化一個專案，如圖 4-37 所示。

```
my-app-test on ⑰master
└→ npm init
This utility will walk you through creating a package.json file.
It only covers the most common items, and tries to guess sensible defaults.

See `npm help json` for definitive documentation on these fields
and exactly what they do.

Use `npm install <pkg>` afterwards to install a package and
save it as a dependency in the package.json file.

Press ^C at any time to quit.
package name: (my-app-test) my-app-test
version: (1.0.0) 1.0.0
description: test
entry point: (index.js) test
test command: test
git repository:
keywords: test
author: test
license: (ISC)
About to write to /Users/piaoyuzhixia/Documents/workspace/my-app-ng/dist/my-app-test/package.json:

{
  "name": "my-app-test",
  "version": "1.0.0",
  "description": "test",
  "main": "test",
  "scripts": {
    "test": "test"
  },
  "keywords": [
    "test"
  ],
  "author": "test",
  "license": "ISC"
}

Is this OK? (yes) yes
```

▲ 圖 4-37

2. 增加 Puppeteer 函式庫相依

Puppeteer 是一個 Node 函式庫，提供了一個高級 API（透過 DevTools 協定控制 Chromium 或 Chrome）。Puppeteer 函式庫預設以 Headless 模式（記憶體瀏覽器，沒有視覺化介面）執行，也可以透過修改設定檔以正常的瀏覽器模式執行。

（1）Puppeteer 函式庫功能介紹。

Puppeteer 函式庫提供了以下功能。

- 生成介面的螢幕截圖和 PDF。
- 爬取 SPA（單頁應用），並生成預繪製的內容，即 SSR（伺服器端繪製）。
- 自動進行表單提交、UI 測試、鍵盤輸入，以及模擬點擊等使用者操作。
- 建立最新的自動化測試環境。舉例來說，使用最新版本的 JavaScript 和瀏覽器，直接在最新版本的 Chrome 中執行測試等。
- 捕捉網站的時間線追蹤，以幫助診斷性能問題。
- 測試 Chrome 擴充程式。

（2）在專案中使用 Puppeteer 函式庫。

開發人員可以使用 NPM 工具為專案安裝 Puppeteer 函式庫相依，具體操作如下。

```
npm install --save puppeteer
```

3. 準備自動化腳本

Puppeteer 函式庫可以自動執行一些程式，前提是開發人員要準備好需要執行的自動化指令檔。

新建自動化指令檔 index.js，並寫入以下程式。

```
const puppeteer = require('puppeteer');

(async () => {
  // 啟動瀏覽器，新建一個頁面
  const browser = await puppeteer.launch();
  const page = await browser.newPage();

  // 定義 onCustomEvent 事件監聽
  await page.exposeFunction('onCustomEvent', (e) => {
    console.log(`${e.type} fired`, e.detail || '');
  });
```

```
await page.goto('https://[ 測試網址 ]', {
  waitUntil: 'networkidle0',
});

await browser.close();
})();
```

下面簡單介紹關於自動化指令檔中的內容。

- 透過 puppeteer.launch() 啟動一個 Headless 模式的瀏覽器。
- 開啟新的頁面，監聽 onCustomEvent 事件。
- 開啟指定的網站「https://[測試網址]」進行自動化測試。

4. 啟動自動化腳本

為了便於啟動，在根目錄的 package.json 檔案中增加以下設定。

```
"test":"node index.js"
```

之後即可透過執行 npm run test 命令快速啟動自動化腳本。

```
npm run test
```

腳本啟動後，會自動開啟一個瀏覽器並執行測試網站。

5. 進行容器化改造

在確保專案可以正常存取後，下面進行最後一步操作——容器化改造。

（1）建立 Dockerfile 檔案。

自動化測試專案和其他專案一樣，也需要建立 Dockerfile 檔案，寫入以下設定即可。

```
FROM node:alpine
# 設定工作目錄
WORKDIR /usr/app
# 全域安裝
RUN npm install --global pm2
# 複製 package* package-lock.json
COPY ./package*.json ./
# 安裝相依
RUN npm install --production
# 複製檔案
COPY ./ ./
# 建構應用
RUN npm run build
#Expose the listening port
EXPOSE 3000
# 設定使用者
USER node
# 啟動命令
CMD [ "pm2-runtime", "start", "npm", "--", "start" ]
```

（2）使用 Docker build 命令建構鏡像，並利用 docker tag 命令和 docker push 命令將鏡像儲存到遠端倉庫中。

```
Docker build -t TARGET_IMAGE[:TAG]
docker tag SOURCE_IMAGE[:TAG] TARGET_IMAGE[:TAG]
docker push {Harbor 位址 }:{ 通訊埠 }/{ 自訂鏡像名稱 }:{ 自訂 tag}
```

至此，一個完整的自動化測試專案就完成了。

Docker 的優點如下。

- 保證了建構環境的一致性，每個測試版本都是一樣的，降低了因測試版本不同而導致的風險。
- 可攜性較好，便於多名測試人員協調工作。
- 依賴鏡像的重複使用能力，測試人員不用每次都撰寫自動化腳本。

這裡只演示了一個簡單的 Docker 自動化測試案例。在實際工作中，對於測試專案，還要調整目錄結構、撰寫符合業務的自動化腳本，以及完善整個業務核心流程使用案例。

4.8.3 使用 Docker 進行 UI 自動化測試

4.8.2 節演示了如何借助 Docker 實作自動化測試靜態網站。那麼如何將 Docker 應用到 UI 自動化測試中呢？本節將透過一個完整的案例進行講解。

1. 準備專案環境

（1）初始化 React 專案。

透過使用 create-react-app 鷹架工具，可以快速初始化一個 React 專案。

```
yarn create react-app my-app
```

（2）安裝 puppeteer 模組和 jest 模組。

```
npm install --save-dev jest-puppeteer puppeteer jest babel-jest
```

（3）設定 test 命令啟動腳本。

為了快速啟動測試腳本，通常會在 package.json 檔案的 scripts 物件中增加 test 屬性。這樣，開發人員即可透過執行 npm run test 命令快速啟動測試腳本。

```
{
  "scripts": {
    "test": "jest -c jest.config.js --watch",
  }
}
```

（4）建立測試設定檔 jest.config.js。

要進行自動化測試，還需要建立一個測試設定檔。在根目錄下建立 jest.config.js 檔案，並寫入以下設定。

```
module.exports = {
    preset: "jest-puppeteer",
    testRegex: "./*\\.test\\.js$",
    transform: {
        "^.+\\.js": "babel-jest",
    },
};
```

至此，專案環境已準備就緒。

2. 準備測試指令檔

（1）建立測試指令檔 app.test.js。

在根目錄下建立測試指令檔 app.test.js，並寫入以下設定。

```
describe("app", () => {
    beforeEach(async () => {
        await page.goto("https://[ 測試網址 ]");
    });

    it(" 存取百度，是否有百度欄位 ", async () => {
        await expect(page).toMatch(" 百度 ");
    });
    it(" 是否有百度新聞入口 ", async () => {
        await expect(page).toMatch(" 新聞 ");
    });
});
```

（2）專案結構。

在進行下一步操作之前，先來看一下目前的專案結構，如圖 4-38 所示。

▲ 圖 4-38

3. 生成測試報告

測試最重要的是需要一些量化資料，即通常我們所説的測試報告。以目前為基礎的專案檔案進行微小調整，即可自動生成測試報告。

（1）修改測試設定檔 jest.config.js。

在測試設定檔中增加 testResultsProcessor 屬性，目的是提供給結果處理檔案使用。

```
testResultsProcessor: "./resultReport",
```

（2）新建結果處理檔案。

為了處理測試結果資料，開發人員需要建立結果處理檔案 /resultReport/index.js，並寫入以下設定。

```
function test(arguments){
    console.log(arguments)
}
module.exports = test
```

（3）輸出測試結果日誌。

在結果處理檔案中會列印出一個較大的物件，它包含整個測試的結果資料，具體如下。

```
{
  numFailedTestSuites: 3,
  numFailedTests: 6,
  numPassedTestSuites: 0,
  numPassedTests: 0,
  numPendingTestSuites: 0,
  numPendingTests: 0,
  numRuntimeErrorTestSuites: 0,
  numTodoTests: 0,
  numTotalTestSuites: 3,
  numTotalTests: 6,
  openHandles: [],
  startTime: 1629626203729,
  success: false,
  testResults: [
    {
      leaks: false,
      numFailingTests: 2,
      numPassingTests: 0,
      numPendingTests: 0,
      numTodoTests: 0,
      openHandles: [],
      perfStats: [Object],
      skipped: false,
      snapshot: [Object],
      testFilePath: '/Users/**/app.test.js',
      testResults: [Array],
      failureMessage: '\x1B**\x1B[1mapp › 存取百度，是否有百度欄位 \x1B[39m\
x1B[22m\n' +
        '\n' +
        '\x1B**[1mapp › 是否有百度新聞入口 \x1B[39m\x1B[22m\n' +
        '\n' +
        '\x1B[2m\x1B[22m\n' +
      sourceMaps: undefined,
```

```
      coverage: undefined,
      console: undefined
    }
  ],
  wasInterrupted: false
}
```

（4）生成 HTML 格式的報告資料。

雖然透過 JSON 格式的資料也可以看到測試結果，但這種方式並不直觀。因此，下面嘗試生成 HTML 格式的報告資料。

 Tips

Jest 與 jest-html-reporter 外掛程式結合使用即可生成 HTML 格式的檔案。

繼續修改 jest.config.js 檔案。

```
"testResultsProcessor": "./node_modules/jest-html-reporter",
"reporters": [
    "default",
    ["./node_modules/jest-html-reporter", {
        "pageTitle": "Test Report"
    }]
]
```

（5）撰寫 server.js 檔案。

只修改設定不會生成 HTML 格式的檔案，還需要撰寫一個指令檔。因此，在根目錄下建立 server.js 檔案，並寫入以下程式。

```
var http = require("http");

// 引入檔案模組
var fs = require("fs");
var server = http
    .createServer(function (req, res) {
```

```
// 設定標頭資訊
res.setHeader("Content-Type", "text/html;charset='utf-8'");
// 讀取檔案
fs.readFile("./test-report.html", "utf-8", function (err, data) {
    if (err) {
        console.log(err);
    } else {
        // 傳回 test-report.html 頁面
        res.end(data);
    }
});
// 監聽通訊埠
})
.listen(8888);
```

（6）預覽 HTML 格式的測試報告。

呼叫 server.js 檔案後會生成 HTML 檔案，開發人員需要找到專案下新生成的 test-report.html 檔案，並透過瀏覽器開啟，如圖 4-39 所示。

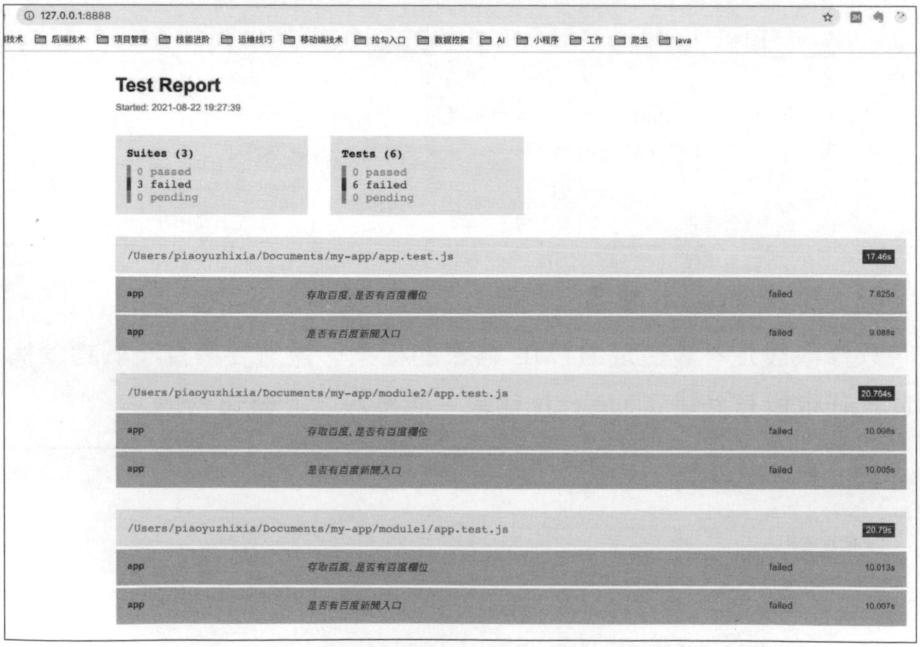

▲ 圖 4-39

測試報告透過視覺化頁面展現在眼前，是不是很清楚呢？

4. 容器化改造

專案成功執行後，即可進行 Docker 容器化改造。

（1）建立 Dockerfile 檔案。

建立 Dockerfile 檔案，並寫入以下設定。

```
FROM node:14-alpine3.14
# 設定工作目錄
WORKDIR /usr/app
# 複製 package* package-lock.json
COPY ./package*.json ./
# 安裝相依
RUN npm install --production
# 複製檔案
COPY ./ ./
# 建構應用
RUN npm run test
#Expose the listening port
EXPOSE 8888
CMD ["node", "server.js"]
```

（2）建構 UI 測試專案的鏡像。

建構鏡像讀者也比較熟悉了，直接使用 docker build 命令即可。

```
docker build -t test-docker-demo .
```

（3）啟動 UI 測試專案容器。

使用上面建構的 test-docker-demo 鏡像來啟動容器。

```
docker run -d -p 8888:8888 test-docker-demo
```

（4）預覽效果。

一切準備就緒後，讀者可以透過瀏覽器存取「http://127.0.0.1:8888」連結來查看 UI 測試專案是否成功執行。

（5）Puppeteer 相容設定。

這裡需要注意的是，Puppeteer 在 macOS 或 Windows 中是可以正常使用的，但是它並不支援在 Linux、CentOS、Ubuntu 等中使用。

> 💡 **Tips**
>
> 針對不相容的系統，解決方案如下：透過相容設定，或者直接使用 Headless 模式來處理。

接下來透過相容設定來處理。需要建立 jest-puppeteer.config.js 檔案，並寫入以下設定。

```
module.exports = {
    launch: {
        launch: ['--no-sandbox', '--disable-setuid-sandbox']
    }
}
```

重新開機後即可相容多個系統。

4.9 本章小結

本章內容主要說明 Docker 專案實戰，因為在第 3 章中對 Docker 的核心原理進行了剖析，所以本章主要透過專案實戰來幫助讀者加強理解。

　　本章的實戰專案是經過精心篩選的,從前端應用到後端應用,再到測試實戰,完全遵守實際開發過程中的開發流程。讀者可以按照本章內容一步步實踐,享受成為全端架構師的樂趣。

　　需要補充的是,在實際工作中,線上穩定是第一要務。無論做多少事情,如果因為一件事情導致線上不穩定,所有的努力就都白費了——這也突出了自動化測試的重要性。而依賴 Docker 則會讓這一切變得高效。

Docker 的持續整合與發布

在雲端原生時代，容器化已經越來越普遍，Docker 容器化方案幾乎已經成為行業的標準。圍繞 Docker 的持續整合與發布而衍生出來的一系列問題，也成為當下面臨並急需解決的困難。

本章將圍繞整個發布過程包含的生態展開，包括整合平臺 Jenkins、鏡像倉庫 IIarbor，並舉出發布過程中常見問題的解決方案等。透過學習本章，讀者可以獨立掌握 Docker 的持續整合與發布。

5.1 準備鏡像倉庫

鏡像倉庫，顧名思義是存放鏡像的倉庫。鏡像作為 Docker 專案突圍 PaaS 行業的利器，在保證環境一致性方面意義非凡。而鏡像倉庫作為鏡像管理的解決方案，也是雲端原生的重要基礎設施。

Docker 官方提供了 Docker Hub（公共倉庫），使用者在註冊之後，即可透過存取公共倉庫來儲存和共用鏡像。但基於對網路不穩定性及安全性等方面的考慮，企業的最佳實踐往往是使用私有倉庫作為鏡像的解決方案。

5.1.1 倉庫選型

常見的鏡像倉庫有 Docker Registry、VMWare Harbor、Sonatype Nexus 等。每個倉庫都有各自的優點和缺點，了解各個倉庫之間的區別對技術選型非常重要。

下面將從系統架構、部署難度、WebUI、整合使用者、許可權控制、鏡像複製、鏡像安全方面對比鏡像倉庫的解決方案，如表 5-1 所示。

表 5-1

解決方案	Registry	Harbor	Nexus
系統架構	簡單	複雜	簡單
部署難度	簡單	複雜	中等
WebUI	無	有	有
整合使用者	無	支援 AD/LDAP	支援 AD/LDAP
許可權控制	較弱	強	弱
鏡像複製	無	支援	支援
鏡像安全	無	整合 Clair	無

5.1.2 原生 Docker 倉庫

提到原生 Docker 倉庫，開發人員第一時間往往會聯想到 Docker 官方推薦的開放原始碼技術方案 Registry。其使用方式非常簡單，可以透過以下步驟來快速部署。

（1）部署服務。

```
$ docker run -d -p 5000:5000 --name registry registry:2
```

（2）從公共倉庫中拉取 Ubuntu 鏡像。

```
$ docker pull ubuntu
```

（3）打上 Tag 鏡像資訊。

```
$ docker image tag ubuntu localhost:5000/myfirstimage
```

（4）將鏡像推送到 Registry 倉庫中。

```
$ docker push localhost:5000/myfirstimage
```

（5）如果要將 localhost 更換為域名，則在其他的機器上拉取鏡像。

```
$ docker pull localhost:5000/myfirstimage
```

 Tips

很多衍生的企業級解決方案都是依賴 Registry 進行延伸開發的。

5.1.3 Harbor 鏡像倉庫

在私有鏡像倉庫解決方案中，由雲端原生計算基金會（Cloud Native Computing Foundation，CNCF）託管的 Harbor 開放原始碼鏡像倉庫長期佔據統治地位。Harbor 用於管理容器鏡像，主要提供以角色為基礎的鏡像存取控制、鏡像複製、鏡像漏洞分析、鏡像驗真和操作稽核等功能。

Harbor 專案紮根、成長和壯大於華人社區,在 CNCF 中是唯一原生支援中文的專案,深受華人地區使用者的推崇和喜愛。

本節將介紹如何架設以 Harbor 為基礎的企業鏡像倉庫服務。

1. 部署架構

在雲端原生領域,將服務部署到 Kubernetes 中已經變得非常普遍。Harbor 官網提供了以 Chart 為基礎的 Helm 部署套件,部署架構如圖 5-1 所示。

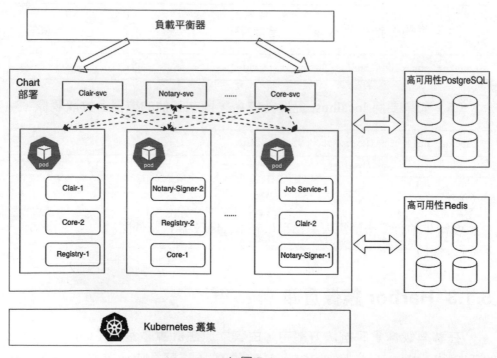

▲ 圖 5-1

「服務暴露」是以雲端廠商為基礎的負載平衡器來實作的,底層儲存使用儲存宣告 SVC,高可用部分則使用 Redis 作為快取,以及使用 PostgreSQL 作為資料庫。

2. 元件介紹

從發布第 1 個版本到現在，Harbor 已經有了非常大的改進和提升。Harbor 2.2 已經棄用了 Clair，但依然可以向下相容。

表 5-2 中列舉了在部署 Harbor 時需要部署的元件。

表 5-2

元件	版本編號	功能
PostgreSQL	9.6.10-1.ph2	儲存
Redis	4.0.10-1.ph2	快取
Beego	1.9.0	應用框架
Chartmuseum	0.9.0	Chart 倉庫
Docker/distribution	2.7.1	Registry
Docker/notary	0.6.1	安全驗證
Helm	2.9.1	部署元件
Swagger-ui	3.22.1	RESTful API

3. 核心服務

在元件之上，Harbor 是如何對外提供服務的呢？下面介紹 Harbor 的核心服務。

（1）Proxy：代理，將來自瀏覽器和 Docker 客戶端設備的請求轉發到各種後端服務，一般是透過 Nginx 來實作的，如登錄檔、UI 和權杖服務都位於反向代理之後。

（2）Registry：負責儲存 Docker 鏡像和處理 Docker 的推 / 拉命令。因為 Harbor 需要對鏡像進行存取權限的控制，所以 Registry 將引導客戶端設備存取權杖服務，以便為每個 Pull 或 Push 請求獲取有效的權杖（Token）。

（3）Core Service：Harbor 的核心功能，主要提供以下服務。

- UI：提供影像化的圖形化使用者介面，幫助使用者管理鏡像和對使用者進行授權。

- Webhook：為了即時獲取 Registry 上 Images 的狀態變化的情況，需要在 Registry 上設定 Webhook，以便把狀態變化傳遞給 UI 模組。

- 權杖服務：負責根據使用者在專案中的角色，為每筆 docker push/pull 命令頒發權杖。如果從 Docker 客戶端設備發送的請求中沒有權杖，則登錄檔將把請求重新導向到權杖服務。

（4）Database：為了給 Core Service 提供資料庫儲存及存取能力，Database 負責儲存使用者許可權、稽核日誌、Docker Image 分組資訊等資料。

（5）Job Service：提供鏡像遠端負責功能，能把本機鏡像同步到其他 Harbor 實例中。

（6）Log Collector：為了幫助開發人員監控 Harbor 的執行情況，Log Collector 負責擷取其他元件的 Log，供開發人員日後分析。

4. 部署服務

（1）準備工作。

如果是部署伺服器，則建議將 CPU、記憶體空間、磁碟空間分別設定為 4GB、8GB、160GB，最低要求是 2GB、4GB、40GB。

Docker 需要使用 17.06.0-ce 及以上版本，Docker Compose 需要使用 1.18.0 及以上版本。如果使用 HTTPS 協定，則 OpenSSL 使用最新版本即可。

Tips

OpenSSL 是一個開放原始程式的軟體套件。應用程式可以使用它來進行安全通訊，避免被竊聽，同時可以確認另一端連接者的身份。這個套件被廣泛應用在網際網路的網頁伺服器上。

網路通訊埠應用如表 5-3 所示。

表 5-3

通訊埠	協定	描述
443	HTTPS	Harbor 介面、Coreapi 透過這個通訊埠接收 HTTP 請求，支援設定修改
4443	HTTPS	連接 Docker 用於驗證服務的通訊埠。只有當 Notary 啟用時才會生效，支援設定修改
80	HTTP	Harbor 介面、Coreapi 透過這個通訊埠接收 HTTP 請求，支援設定修改

（2）獲取安裝套件。

使用 wget 命令進行安裝，如下所示。

```
$ wget https://[github官網]goharbor/harbor/releases/download/v2.2.1/harbor-
offline-installer- v2.2.1.tgz
$ tar -zxvf harbor-offline-installer-v2.2.1.tgz
```

（3）建立憑證（如果使用 HTTPS 協定，則可以跳過這一步）。

```
$ openssl genrsa -out ca.key 4096
$ openssl req -x509 -new -nodes -sha512 -days 3650  -subj "/C=CN/ST=Beijing/
L=Beijing/O=example/ OU=Personal/CN=172.16.220.132"  -key ca.key  -out ca.crt
$ openssl genrsa -out server.key 4096
$ openssl req -sha512 -new     -subj "/C=CN/ST=Beijing/L=Beijing/O=example/
OU=Personal/CN= 172.16.220.132"    -key server.key    -out server.csr
```

```
$ cat > v3.ext <<-EOF
authorityKeyIdentifier=keyid,issuer
basicConstraints=CA:FALSE
keyUsage = digitalSignature, nonRepudiation, keyEncipherment,
dataEncipherment
extendedKeyUsage = serverAuth
subjectAltName = @alt_names

[alt_names]
DNS.1=172.16.220.132    # 替換為自己的 IP 位址
DNS.3=a1-bj-web-container
EOF
$ openssl x509 -req -sha512 -days 3650    -extfile v3.ext    -CA ca.crt
-CAkey ca.key -CAcreateserial    -in server.csr    -out server.crt
$ cp /root/myfolder/harbor/harbor/certs/server.* /data/secret/cert/
```

（4）修改 harbor.yml 檔案。

```
$ cp harbor.yml.tmpl harbor.yml
$ vim harbor.yml
hostname: 172.16.220.132
# 註釋起來與 HTTPS 協定相關的設定
#https:
  #https port for harbor, default is 443
  #port: 443
  #The path of cert and key files for nginx
  #certificate: /your/certificate/path
  #private_key: /your/private/key/path
```

（5）執行部署。

```
$ ./install.sh
```

5. 存取 Harbor 介面

存取「http://172.16.220.132」連結，開啟如圖 5-2 所示的介面。

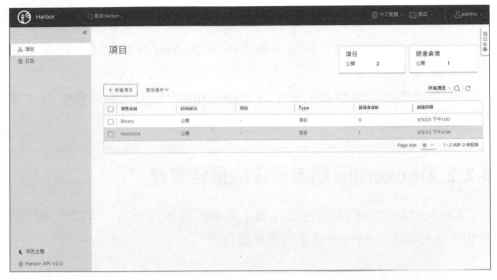

▲ 圖 5-2

接下來使用本節架設的 Harbor 服務操作。

5.2 初始化容器設定檔

在實際工作中應該如何建構符合特定需求的鏡像呢？在「一切基礎設施皆程式」的雲端運算背景下，Dockerfile 檔案成了容器的基礎編碼。

一個 Dockerfile 就是一個包含組建鏡像所需要呼叫的、可以在命令列中執行命令的檔案。開發人員使用 docker build 命令可以建構所需要的個性化鏡像。

5.2.1 生成 Dockerfile 檔案

上面提及，Docker 可以透過從 Dockerfile 檔案中讀取指令建構鏡像，以實作鏡像自訂功能。

Dockerfile 檔案的使用規範如下。

- 如果在本機目錄下只有一個名稱為 Dockerfile 的檔案,則不需要指定。
- 如果需要使用檔案名稱不為 Dockerfile 的檔案,則需要使用 -f 參數指定該檔案。

5.2.2 Dockerfile 檔案設定的最佳實踐

Dockerfile 檔案的基本語法在第 1 章中已經做過介紹,本節不再詳細介紹。本節重點介紹一些設定的最佳實踐。

1. 上下文最小原則

當開發人員發出一個 docker build 命令時,當前的工作目錄被稱為建構上下文。在預設情況下,Dockerfile 檔案位於該路徑下,當然開發人員也可以使用 -f 參數來指定不同的位置。

 Tips

無論 Dockerfile 檔案在什麼地方,目前的目錄中的所有檔案內容都將作為建構上下文被發送到 Docker 守護處理程序中。

下面是一個建構上下文的範例——為建構上下文建立一個目錄,並利用 cd 命令進入其中;將 hello 寫入一個文字檔 hello 中,然後建立一個 Dockerfile 檔案並執行 cat 命令。

(1)從建構上下文(目前的目錄)中建構鏡像。

```
$ mkdir project
$ cd project/
$ echo hello > hello
```

```
$ echo -e "FROM busybox\n COPY /hello /\nRUN cat /hello" > Dockerfile
$ docker build -t helloapp:0.0.1 .
Sending build context to Docker daemon  3.072kB
Step 1/3 : FROM busybox
 ---> 59788edf1f3e
Step 2/3 : COPY /hello /
 ---> c1dcf51bdb8e
Step 3/3 : RUN cat /hello
 ---> Running in 2499b4cfd2d0
hello
Removing intermediate container 2499b4cfd2d0
 ---> 7af03d2d745c
Successfully built 7af03d2d745c
Successfully tagged helloapp:0.0.1
```

（2）將 Dockerfile 檔案和 hello 檔案移動到不同的目錄中，並建立鏡像的第 2 個版本（不依賴快取中的最後一個版本）。

```
$ mkdir dockerfiles context
$ mv project/Dockerfile dockerfiles/
$ mv project/hello context/
$ cd project/
$ docker build --no-cache -t helloapp:0.0.2 -f ../dockerfiles/Dockerfile ../
context/
Sending build context to Docker daemon  2.607kB
Step 1/3 : FROM busybox
 ---> 59788edf1f3e
Step 2/3 : COPY /hello /
 ---> 79661b02b1d7
Step 3/3 : RUN cat /hello
 ---> Running in d64cb5275077
hello
Removing intermediate container d64cb5275077
 ---> 37139779a9e1
Successfully built 37139779a9e1
Successfully tagged helloapp:0.0.2
```

需要注意的是兩次建構過程中 Sending build context to Docker Daemon 後面的檔案大小（第 1 次是 3.072KB，第 2 次是 2.607KB）。

 Tips

如果在建構時包含不需要的檔案，則會導致建構上下文和鏡像變大。這會增加建構時間、拉取／推送鏡像的時間，以及容器的執行時間。

2. 使用 Docker Ignore 檔案

在使用 Dockerfile 檔案建構鏡像時，最好先將 Dockerfile 檔案放置在一個新建的空目錄中，然後將建構鏡像所需要的檔案增加到該目錄中。

為了提高建構鏡像的效率，開發人員可以在目錄中新建一個 .dockerignore 檔案來指定要忽略的檔案和目錄。

Tips

.dockerignore 檔案的排除模式語法和 Git 的 .gitignore 檔案的排除模式語法相似，這裡不再贅述。

3. 避免安裝不必要的軟體

為了降低複雜性、依賴性，減小檔案大小和節省建構時間，避免僅由於它們「很容易安裝」而安裝多餘或不必要的軟體。舉例來說，不需要在資料庫鏡像中包括文字編輯器。

4. 避免出現多處理程序

每個容器應該只有一個處理程序。將應用程式解耦到多個容器中，可以更輕鬆地水平縮放和重複使用容器。舉例來說，1 個 Web 應用程式堆疊可能由 3 個單獨的容器組成，每個容器都有自己唯一的鏡像，以分離的方式管理 Web 應用程式、資料庫和記憶體中的快取。

5. 最少層原則

在較舊的 Docker 版本中，有一項重要的工作──最小化鏡像中的層數，以確保其性能。因此，開發人員經常使用「&&」來連接多筆命令，同時新版本支援多階段建構。

6. 長指令分行

盡可能透過字首排序和多行顯示來簡化長指令，這對避免軟體套件重複出現很有幫助，並能使列表更易於更新。

為了避免概念過於生澀，讀者可參考以下範例。

```
RUN apt-gel update && apt-get install -y \
  bzr \
  cvs \
  git \
  mercurial \
  subversion \
  && rm -rf /var/lib/apt/lists/*
```

7. 啟用快取

在建構鏡像時，Docker 將執行 Dockerfile 檔案中的命令，並按指定的循序執行這些命令。在檢查每筆命令時，Docker 會在其快取中尋找一個可以重用的現有鏡像，而非建立一個新的（重複的）鏡像。

 Tips

有時開發人員需要避免使用快取，可以透過增加參數 --no-cache 來實現。

8. 其他

（1）From 指令：應盡可能引用官方鏡像，推薦使用 Alpine 鏡像，因為它受到嚴格控制且尺寸較小（當前小於 5 MB），同時是完整的 Linux 發行版本。

（2）USER 指令：如果服務不需要使用 Root 許可權，則建議使用非 Root 使用者執行 USER 指令，避免使用 Sudo（可能出現問題）。不要頻繁地變更 USER 指令，否則會帶來更多的層級。

5.3 透過 Jenkins 持續整合 Docker

Docker Image 的出現使統一製品（容器鏡像）更容易實作，不需要再依賴語言、部署環境等。本節將利用發布整合平臺 Jenkins 來展示 Docker 的持續發布流程。

5.3.1 部署 Jenkins

官方推薦的基礎鏡像為 jenkinsci/Jenkins，但有時其中的部分外掛程式無法下載，所以本節使用 BlueOcean 版本的 jenkinsci/blueocean 進行演示。

（1）部署 BlueOcean 版本

使用以下命令進行部署。

```
$ mkdir -p /data/jenkins
$ docker run --name jenkins-blueocean -u root --rm  -d -p 8080:8080 -p
50000:50000 -v /data/jenkins:/var/jenkins_home -v /var/run/docker.sock:/var/
run/docker.sock jenkinsci/blueocean
```

（2）存取 WebUI。

待服務啟動後，使用「https://ipaddr:8080」連結進行存取。在出現的介面中輸入管理員密碼，然後點擊「繼續」按鈕，如圖 5-3 所示，可以透過以下命令獲取密碼。

```
$ cat /data/jenkins/secrets/initialAdminPassword
ec7f1bcd51c8450c887fe2a59a6a6b4f
```

▲ 圖 5-3

（3）安裝外掛程式。

進入如圖 5-4 所示的介面，選擇「安裝推薦的外掛程式」選項。

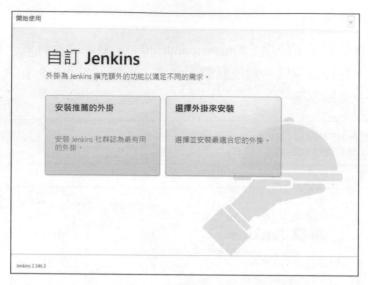

▲ 圖 5-4

（4）儲存當前設定。

進入如圖 5-5 所示的介面，輸入相關內容後，點擊「儲存並完成」按鈕。

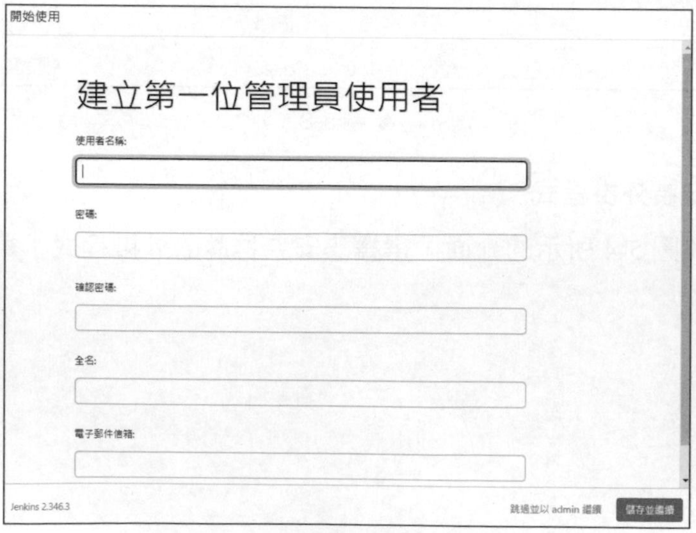

▲ 圖 5-5

（5）完成實例設定。

輸入「http://[IP 位址]:8080/」，點擊「儲存並完成」按鈕。

（6）重新啟動服務。

進入如圖 5-6 所示的介面，點擊「重新啟動」按鈕。

▲ 圖 5-6

重新啟動後輸入管理員使用者名稱和密碼即可正常使用 Jenkins。

至此，完成 Jenkins 部署。

5.3.2 建立 Jenkins 管線

Jenkins 管線是 Jenkins 2.0 的新特性，是雲端運算特性（基礎設施即程式式）的實踐實踐，透過 groovy 編碼來實作，是又一次開發人員導向的升級。

（1）新建 Jenkins 任務。

登入後進入 Jenkins 首頁，選擇左側的「新增作業」選項，如圖 5-7 所示。

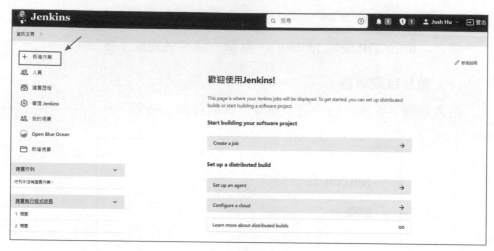

▲ 圖 5-7

（2）選擇任務類型。

選擇「新增作業」選項後，Jenkins 會自動進入如圖 5-8 所示的操作介面。

▲ 圖 5-8

進入設定介面，點擊「增加建置步驟」下拉按鈕，如圖 5-9 所示，在彈出的下拉式功能表中選擇「執行 shell」命令，然後輸入如圖 5-10 所示的內容後點擊「應用」按鈕和「儲存」按鈕。

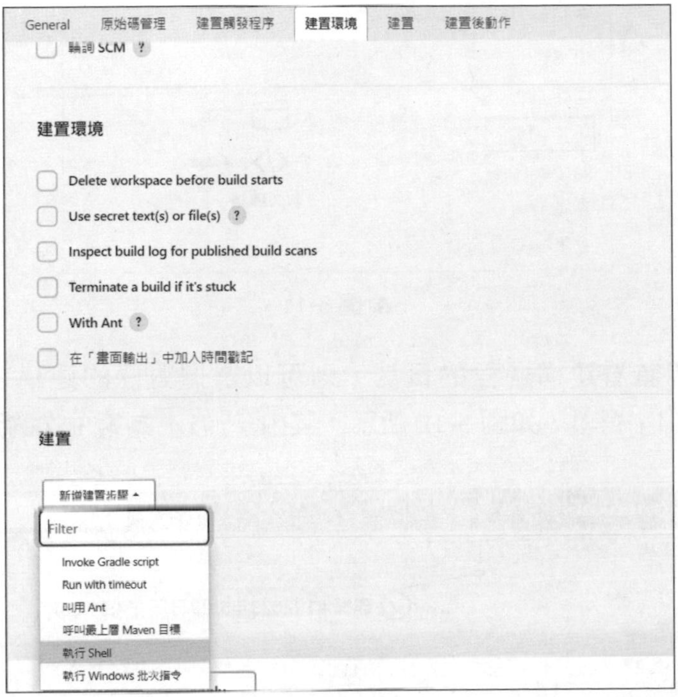

▲ 圖 5-9

▲ 圖 5-10

儲存後回到首頁，選擇「馬上建置」選項，如圖 5-11 所示。

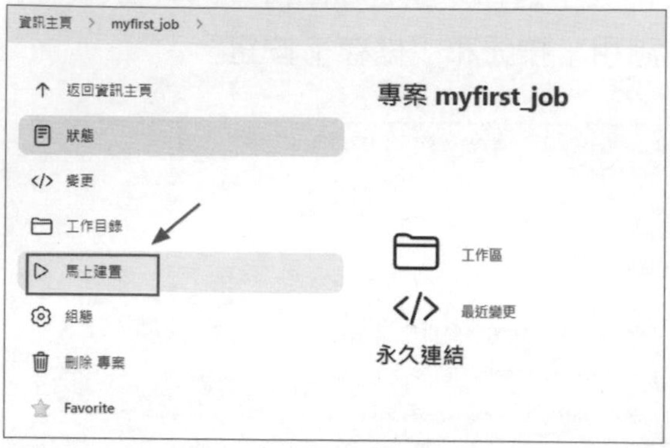

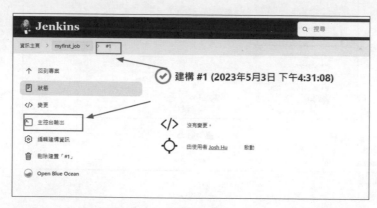

▲ 圖 5-11

如果想查看建構過程的日誌，則可以選擇對應的建構記錄，選擇「主控台輸出」選項，如圖 5-12 所示，其中，「#1」為第 1 次的建構記錄。

▲ 圖 5-12

5.3.3 持續整合 Docker

網際網路軟體的開發和發布已經形成了一套標準流程，其中最重要的就是持續整合（Continuous Integration，CI）。持續整合的目的是讓產品可以快速迭代，並保持高品質。

持續整合過程其實就是專案部署過程。部署專案的方式有很多種，本節使用管線（Pipeline）方式來實作。

1. 建立管線

進入 Jenkins 首頁，選擇「新增作業」選項，然後在開啟的介面中選擇「Pipeline」類型，如圖 5-13 所示。

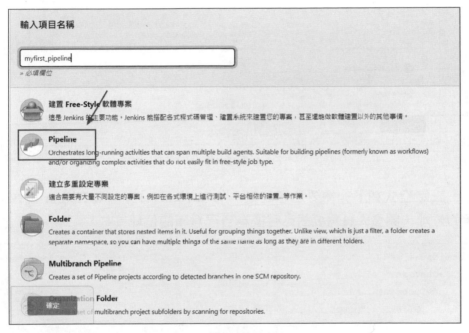

▲ 圖 5-13

2. 編輯管線

在「管線」介面中進行相關的設定，選擇「Pipeline script」選項，如圖 5-14 所示。

▲ 圖 5-14

　　設定程式如下。需要注意的是，「172.16.220.132」為 Harbor 鏡像倉庫的位址，開發人員需要對應替換為自己倉庫的位址。

```
pipeline {
    agent any
    environment {
        GITURL = "https://[gitee官網]/e7book/go-app.git"
    }
    stages {
        stage('CheckOut') {
            steps {
                script {
                    try {
                        git branch: 'master', url: env.GITURL
                    }
                    catch (exc) {
                        echo "CheckOut 失敗 "
                        sh 'exit 1'
                    }
```

```
                }
            }
        }
        stage('build') {
            steps {
                script {
                    try {
                        sh 'docker login 172.16.220.132 -u admin -p
Harbor12345'
                        sh 'docker build -t 172.16.220.132/go/app:latest -f
Dockerfile .'
                        sh 'docker push 172.16.220.132/go/app:latest'
                    }
                    catch(exc) {
                        echo exc;
                        echo "build 失敗"
                    }
                }
            }
        }
    }
}
```

設定程式比較長，下面對其進行拆解。

宣告式 pipeline 是 Jenkins 的新特性，它在 pipeline 子系統之上提出了一種更簡化和更有意義的語法。所有有效的宣告式 pipeline 必須包含在一個 pipeline 區塊內，具體如下。

```
pipeline {
    /* 此處插入宣告式 pipeline */
}
```

在宣告式 pipeline 中，有效的基本語句和運算式遵循與 Groovy 語法相同的規則，大致分為 3 層，下面進行簡單介紹，讀者先有一個初步的印象，詳細的語法可以參考 jenkins.io 的官方文件。

- agent any：指定整個 pipeline 或特定 stage 在 Jenkins 環境中執行的位置。該部分必須在 pipeline 區塊內的頂層定義，stage 區塊內的 agent 是可選的。any 表示在任何可用的代理上執行 pipeline 或 stage，還可以使用 none/label/docker 等來標識。
- environment：宣告在 pipeline 中所要使用的環境變數，在之後 stage 中可以使用變數名稱 env. 來引用。
- stages：一個程式區塊。一個 stage 一般包含一個業務場景的自動化，第 1 個 stage 是獲取程式，第 2 個 stage 是建構 Docker 鏡像。

在設定完成後，點擊「應用」按鈕和「儲存」按鈕，傳回首頁，然後選擇「立即建構」選項。

3. 建構專案

因為我們選擇的是使用管線方式部署專案，所以在建構過程中會出現如圖 5-15 所示的介面。

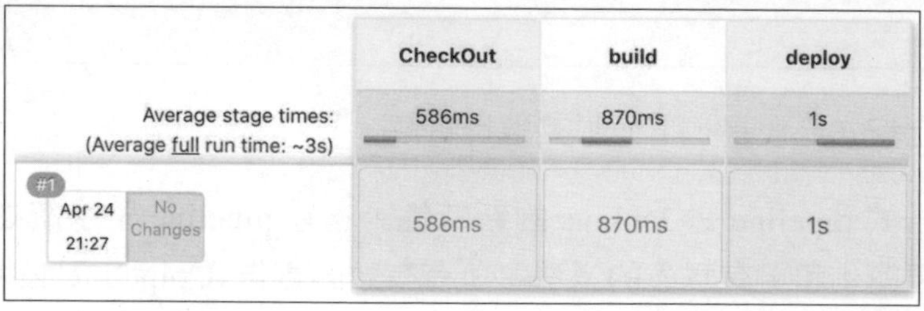

	CheckOut	build	deploy
Average stage times: (Average full run time: ~3s)	586ms	870ms	1s
#1 Apr 24 21:27　No Changes	586ms	870ms	1s

▲ 圖 5-15

5.3.4 前端快取最佳化

在 5.3.3 節中使用 Go 語言進行專案部署。而在實際開發中，超過 40% 的專案使用的是 Node.js。在以 Node.js 進行編譯為基礎的過程中，如果每次都需要重新下載 Packages 中定義的套件，則建構效率會大打折扣。

那麼如何將之前下載的套件快取起來呢？在使用 Jenkins 打包的過程中，往往是啟用不同的 Slave 機器來進行建構的，而 Slave 可以透過虛擬機器、Docker 或 Kubernetes 的 Pods 來實作。

另一個問題又來了，共用儲存問題應該如何解決呢？這時就需要透過以 Kubernetes 為基礎的 PVC 來實作。PVC 可以使用任意的底層儲存來實作，如阿里雲或亞馬遜的物件儲存、Google 的 GlusterFS 和 Ceph 等。

關於前端快取，下面列舉一個例子來說明。在 pipeline 的 agent 中增加編譯環境的快取設定，範例程式如下。

```
pipeline {
        agent {
    kubernetes {
        cloud 'e7book-kubernetes'
        label 'jenkins-slave'
        defaultContainer 'jnlp'
        yaml """
            apiVersion: v1
            kind: Pod
            metadata:
                labels:
                    app: jenkins-slave
                    app: slave
            spec:
                containers:
                - name: jnlp
                  image: cicd_slave:v1.10-ansible
                  imagePullPolicy: Always
                  args: ['\$(JENKINS_SECRET)', '\$(JENKINS_NAME)']
                - name: nodejs
                  image::1.0
                  imagePullPolicy: Always
                  command:
                  - cat
                  tty: true
```

```
                          volumeMounts:
                          - mountPath: /root/.npm/
                            name: npm-cache
                          - mountPath: /var/run/docker.sock
                            name: docker-socket-volume
                      - name: docker
                        image: docker:19.03.7
                        command:
                        - cat
                        tty: true
                        volumeMounts:
                        - mountPath: /var/run/docker.sock
                          name: docker-socket-volume
                        securityContext:
                          privileged: true
                      - name: kubectl
                        image: kubeclient:1.17.3
                        command:
                        - cat
                        tty: true
                      restartPolicy: Never
                      volumes:
                      - name: npm-cache
                        persistentVolumeClaim:
                          claimName: npm-cache
                      - name: docker-socket-volume
                        hostPath:
                          path: /var/run/docker.sock
                          type: File
              """
          }
      }
      ...
  }
```

　　每次專案建構都會先讀取預設的快取路徑，如果已經下載，則不會再次下載。如果開發人員的 Slave 機器只有 1 台或直接在 Master 上建構，則可以直接將 Docker 目錄掛載到本機。

5.4 透過 Jenkins 發布 Docker

Jenkins 還有一個很大的亮點——整合了 CI/CD 兩個流程。在 5.3 節中介紹了 CI 流程,本節介紹 CD 流程。

5.4.1 使用 Jenkins 管線部署容器

與 5.3.3 節中的管線類似,下面新建一個用於部署容器的管線。

1. 建立管線

在 Jenkins 首頁中選擇「新增作業」選項,然後在開啟的介面中選擇「管線」類型,如圖 5-16 所示。

▲ 圖 5-16

2. 編輯管線

在「管線」介面中進行相關的設定，選擇「Pipeline script」選項，如圖 5-17 所示。

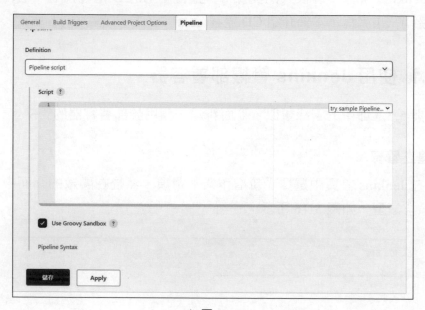

▲ 圖 5-17

設定程式如下。需要注意的是，「172.16.220.132」為 Harbor 鏡像倉庫的位址，開發人員需要對應替換為自己倉庫的位址。

```
pipeline {
    agent any
    environment {
        GITURL = "https://[gitee官網]/e7book/go-app.git"
    }
    stages {
        stage('deploy') {
            steps {
                script {
                    try {
                        sh 'docker login 172.16.220.132 -u admin -p
```

```
Harbor12345'
                    sh 'docker pull 172.16.220.132/go/app:latest'
                    sh 'docker rm -f app'
                    sh 'docker run -dit --name app 172.16.220.132/go/
app:latest'
                }
                catch(exc) {
                    echo exc;
                    echo "deploy 失敗 "
                }
            }
        }
    }
}
```

在 pipeline 中只需要宣告一個 stage 用來部署專案,因為並不是所有的製品(Docker 鏡像)都需要部署到生產環境中,這樣也實現了 CI 和 CD 流程的解耦。

在設定完成後,點擊「應用」按鈕和「儲存」按鈕,傳回首頁,然後選擇「立即建構」選項。

3. 建構專案

因為我們選擇的是使用管線部署專案,所以在建構過程中會出現如圖 5-18 所示的介面。

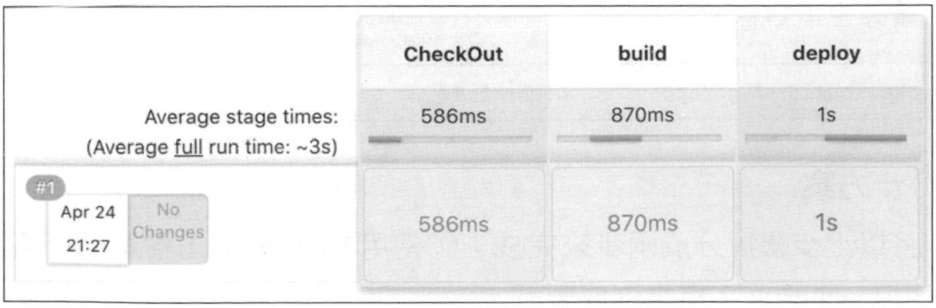

	CheckOut	build	deploy
Average stage times: (Average full run time: ~3s)	586ms	870ms	1s
#1 Apr 24 21:27 No Changes	586ms	870ms	1s

▲ 圖 5-18

5.4.2 以 Jenkins Job 為基礎的多步建構

在大部分的情況下，開發人員在建構製品的過程中習慣將所有的步驟（如程式的獲取、編譯、測試等）放到一個 Dockerfile 檔案中。但是這樣做會使鏡像的體積變得很大，並且會造成程式洩露等。

 Tips

如果副本數較少，則鏡像的體積造成的負面影響還比較小。但如果副本數是 1000 個，則 20MB 和 200MB 所產生的影響差距巨大，尤其是考慮到多地域部署的情況，頻寬非常容易被占滿，導致網路癱瘓。

1. 常規方案

先準備 Dockerfile 檔案，內容如下。

```
FROM golang:alpine
RUN apk --no-cache add git ca-certificates
WORKDIR /go/src/github.com/go/e7book/
COPY app.go .
RUN export GOPROXY=https://[goproxy官網] \
  && CGO_ENABLED=0 GOOS=linux GOARCH=amd64 go build  -o app app.go \
  && cp /go/src/github.com/go/e7book/app /root
WORKDIR /root/
CMD ["./app"]
```

編譯生成鏡像。

```
$ docker build -t go/app:v1 -f Dockerfile .
```

2. 分步方案

將以上步驟拆分成兩步來完成：①使用 Dockerfile.1 檔案執行編譯；②使用 Dockerfile.2 檔案生成製品。

```
$ cat Dockerfile.1
FROM golang:alpine
RUN apk --no-cache add git ca-certificates
WORKDIR /go/src/github.com/go/e7book/
COPY app.go .
RUN export GOPROXY=https://[goproxy 官網] \
  && CGO_ENABLED=0 GOOS=linux GOARCH=amd64 go build  -o app app.go
$ cat Dockerfile.2
FROM alpine:latest
RUN apk --no-cache add ca-certificates
WORKDIR /root/
COPY app .
CMD ["./app"]
```

編譯 Dockerfile.1 檔案。

```
$ docker build -t go/app:v2 -f Dockerfile.1 .
```

建立一個容器，並從中複製出編譯產物。

```
$ docker create --name base go/app:v2
$ docker cp base:/go/src/github.com/go/e7book/app ./app
```

3. 對比檔案大小

編譯生成最終鏡像後，查看對比結果。

```
$ docker build --no-cache -t go/app:v3 . -f Dockerfile.2
$ docker images | grep app
go/app    v3    2afdad33c81d    23 minutes ago    8.07MB
go/app    v2    4198e8db29e9    40 minutes ago    316MB
go/app    v1    610520ad17a5    2 hours ago       318MB
```

可以看到，v3 實際上非常小。在 Docker 的 17.05 及之後版本中實現了多步建構的特性。

4. 最佳實踐

依然使用一個 Dockerfile 檔案來實現多步建構，具體設定如下。

```
FROM golang:alpine as builder
RUN apk --no-cache add git
WORKDIR /go/src/github.com/go/e7book/
RUN export GOPROXY=https://[goproxy官網] \
    && go get -d -v github.com/go-sql-driver/mysql
COPY app.go .
RUN CGO_ENABLED=0 GOOS=linux go build -a -installsuffix cgo -o app app.go
FROM alpine:latest as prod
RUN apk --no-cache add ca-certificates
WORKDIR /root/
COPY --from=builder /go/src/github.com/go/e7book/app .
CMD ["./app"]
```

編譯生成鏡像。

```
$docker build -t go/app:v4 -f  Dockerfile.step .
```

由結果可知，一個 Dockerfile 檔案實現了與多個 Dockerfile 檔案相同的功能，新的設定既保留了使用者習慣，又實現了鏡像體積大小的最佳化。

這說明，在使用 Dockerfile 檔案的過程中，減少層數也是減小鏡像體積非常有效的手段之一。

5.5 部署 Docker 容器監控

在服務實現容器化部署後，容器監控配套的重要性就凸顯出來了。傳統的物理機或虛擬機器已經有非常成熟的方案。容器因為動態排程、銷毀建立的頻次更高，所以帶來了諸多新的挑戰。

本節將從容器監控的原理展開，進一步探索 Docker 容器監控的部署方案。

5.5.1 容器監控的原理

監控主要分為兩個層面：①基礎資料獲取；②監控資料維護。

Tips

容器的本質仍然是一個處理程序，那麼處理程序的監控資料從哪裡擷取呢？

毫無疑問，底層資料來自 Cgroups。在第 3 章中已經介紹過 Cgroups 的原理，開發人員可以在「/sys/fs/cgroup」目錄中看到容器處理程序所使用的資源資訊。

另外，Docker 生態自身也包含監控資訊。使用 docker stats 命令即可看到，如圖 5-19 所示。

```
CONTAINER ID   NAME                CPU %    MEM USAGE / LIMIT     MEM %    NET I/O           BLOCK I/O         PIDS
9669719e57d4   jenkins-blueocean   0.06%    752.5MiB / 3.561GiB   20.64%   39.6MB / 4.41MB   13.4MB / 29.4MB   42
afd8d52e7a3d   harbor-jobservice   0.04%    14.2MiB / 3.561GiB    0.39%    1.04GB / 15.5GB   2.76MB / 0B       9
454dac975fa6   nginx               0.00%    3.254MiB / 3.561GiB   0.09%    6.08MB / 6.64MB   1.46MB / 0B       3
340a396d3197   harbor-core         0.00%    33.88MiB / 3.561GiB   0.93%    355MB / 277MB     10.3MB / 557kB    10
e707e7954cd6   harbor-portal       0.00%    4.148MiB / 3.561GiB   0.11%    55.6MB / 164MB    6.05MB / 0B       3
af54f8bfccc8   registry            0.00%    8.715MiB / 3.561GiB   0.24%    25.3MB / 18.6MB   4.58MB / 0B       6
cf213e77786f   harbor-db           0.00%    55.61MiB / 3.561GiB   1.53%    41.2MB / 34.3MB   1.89MB / 1.43GB   11
31424ed37f3d   registryctl         0.00%    7.023MiB / 3.561GiB   0.19%    57.3MB / 44.5MB   2.04MB / 0B       9
4db4a53dbd64   redis               0.09%    2.48MiB / 3.561GiB    0.07%    15.4GB / 1GB      590kB / 45.7MB    4
02cf40d9d001   harbor-log          0.00%    54.86MiB / 3.561GiB   1.50%    95MB / 34.2MB     2.41MB / 1.28MB   11
```

▲ 圖 5-19

以 Nginx 為例，監控 CPU 和記憶體資訊的程式如下。

```
$docker ps | grep nginx
e399d50e0043 nginx    "/docker-entrypoint.…"   3 weeks ago   Up 3 weeks
0.0.0.0:16000->80/tcp    nginx-with-limit-memory
$ cat /sys/fs/cgroup/cpu/docker/e399***db45/cpuacct.usage
70858283
$ cat /sys/fs/cgroup/memory/docker/e399***db45/memory.usage_in_bytes
1527808
```

5.5.2 cAdvisor 的部署與應用

為了解決執行 docker stats 命令引起的問題（儲存、展示），Google 開放原始碼了 cAdvisor。cAdvisor 不僅可以搜集一台機器上所有執行的容器資訊，還提供基礎查詢介面和 HTTP 介面，方便其他元件（如 Prometheus）進行資料抓取。cAdvisor、InfluxDB、Grafna 可以搭配使用。

 Tips

cAdvisor 可以對節點機器上的資源及容器進行實地監控和性能資料獲取，包括 CPU 使用情況、記憶體使用情況、網路輸送量及檔案系統使用情況。

cAdvisor 使用 Go 語言開發，利用 Linux 的 Cgroups 獲取容器的資源使用資訊。在 K8s 中，cAdvisor 整合在 Kubelet 中作為預設啟動項，這是官方標準配備。

本節使用 cAdvisor 0.37.0 版本進行演示。

（1）使用命令啟動 cAdvisor。

直接執行 docker run 命令來啟動 cAdvisor。

```
docker run \
  --volume=/:/rootfs:ro \
  --volume=/var/run:/var/run:ro \
  --volume=/sys:/sys:ro \
  --volume=/var/lib/docker/:/var/lib/docker:ro \
  --volume=/dev/disk/:/dev/disk:ro \
  --publish=8081:8080 \
  --detach=true \
  --name=cadvisor \
  --privileged \
  --device=/dev/kmsg \
registry.cn-hangzhou.aliyuncs.com/e7book/cadvisor:v0.37.0
```

（2）存取 cAdvisor。

啟動 cAdvisor，在瀏覽器的網址列中輸入「http://172.16.220.132:8081」連結即可存取 cAdvisor，如圖 5-20 所示。

▲ 圖 5-20

（3）查看主機資訊，如圖 5-21 所示。

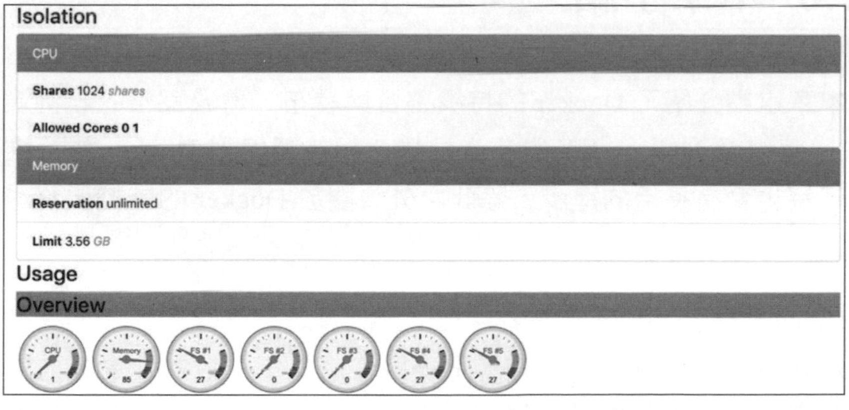

▲ 圖 5-21

（4）查看 Docker 監控資訊，如圖 5-22 所示。

cAdvisor 已經整合在 Kubernetes 的 Kubelet 中。當然，無論是裸 Docker 執行還是放到 Kubernetes 中執行，底層的原理都是一樣的。

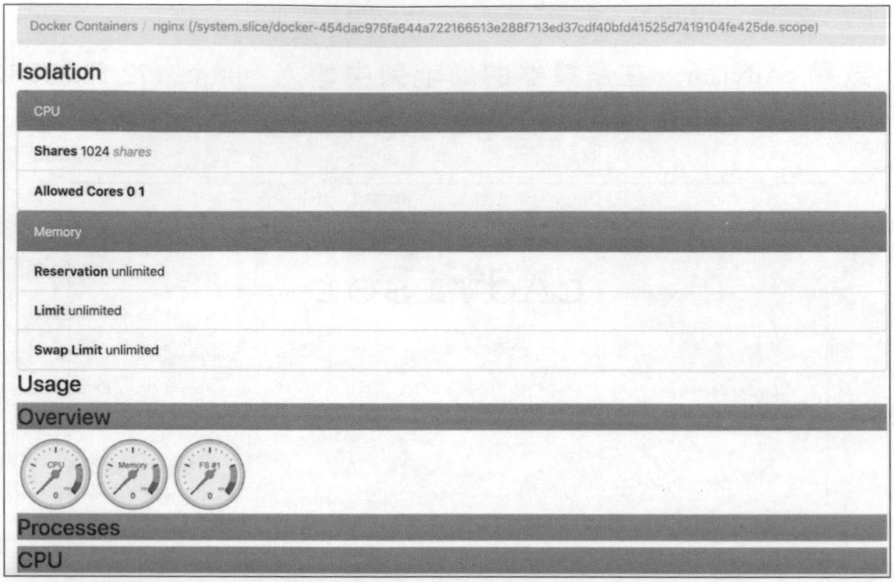

▲ 圖 5-22

5.6 本章小結

本章重點介紹了 Docker 的持續整合與發布，透過完整的範例演示了 Jenkins 管線及 Jenkins Job 的多步建構，相信讀者對 Docker 運行維護方面的了解也會有長足的進步。除此之外，關於 Docker 的監控服務也是重中之重。

Docker 的監控服務是企業容器化實踐實踐的基礎配套，如果線上服務無法得到全面、準確的監控，那麼服務將是不可控的。企業人員如果無法在業務出現問題後第一時間發現和跟進，可能會導致更大的災難。因此，大多數企業預設會有這樣的規定──專案上線必須有配套監控才可以透過審核，否則運行維護人員有權駁回上線申請。

在實際開發過程中，讀者一定要遵守要求，規範操作。

Docker 的高級應用

前面章節從 Docker 基礎到底層原理，再到專案實戰，最終實現持續整合與發布。讀者在掌握 Docker 的過程中，也體驗到了專案的完整流程。但掌握這些還不夠，Docker 還有很多高級操作。本章將從容器、儲存、網路、最佳化、安全及叢集六大方向詳細說明。

6.1 Docker 的容器與處理程序

當開發人員沉浸在容器帶來的便利的同時，它的一切優點隨之被放大。很多開發人員對它的一致性、輕量和快速等特性愛不釋手，恨不得將其應用在所有專案中。這像極了「鐵錘人」，拿著錘子時，滿世界看起來都像釘子。

那麼，如何合理地使用容器就成為不可避免的話題。

6.1.1 容器是臨時的

首先需要明確的是，容器是臨時的，這就表示開發人員在操作時需要慎重。

1. 儲存在容器中的資料

容器可能會被停止、銷毀或替換。一個執行在容器中的程式版本 1.0，很容易被 1.1 版本替換，因此，資料可能會受到影響或損失。有鑑於此，如果開發人員需要儲存資料，可將其儲存在卷冊中。

 Tips

如果兩個容器在同一個卷冊上寫資料，要確保應用被設計成在共用資料卷冊上寫入。

2. 注意超大鏡像

超大的鏡像不但會增加 CI/CD 流程的時長，而且不利於分發。因此，需要對鏡像進行最佳化，移除不需要的套件和不必要依賴的檔案。鏡像最佳化部分的具體內容會在 6.4 節中重點介紹。

3. 單層鏡像表示浪費

要對階層式檔案系統進行更合理的使用，就需要始終為作業系統建立基礎鏡像層，將會易於重建和管理一個鏡像，也易於分發。

4. 單一容器執行單一處理程序

容器能完美地執行單一處理程序，如 HTTP 守護處理程序、應用伺服器、資料庫等。但是，如果不止有一個處理程序，那麼容器的管理、日誌的獲取、獨立更新都會遇到麻煩。

5. 不要在鏡像中儲存隱私資料

不要在鏡像中儲存隱私資料。舉例來說，不要將鏡像中的任何帳號 / 密碼「寫死」，可以使用環境變數從容器外部獲取此類資訊。

6. 使用非 Root 使用者執行處理程序

值得注意的是，Docker 預設使用 Root 使用者執行，將會引發災難。因為依賴 Root 使用者執行對於其他使用者是危險的，Root 使用者無法在所有環境中可用。應該使用 USER 指令來指定容器的非 Root 使用者來執行鏡像。

7. 不要依賴 IP 位址

每個容器都有自己的內部 IP 位址，如果啟動並停止它，則位址可能會發生變化。如果應用或微服務需要與其他容器通訊，則使用命令或環境變數來實現從一個容器傳遞資訊到另一個應用或微服務。

6.1.2 處理程序的概念

處理程序是一個具有一定獨立功能的程式關於某個資料集合的一次執行活動，它是作業系統動態執行的基本單元。在傳統的作業系統中，處理程序既是基本的分配單元，也是基本的執行單元。

上述概念有些生硬，難以理解。為了讓讀者更容易理解處理程序的概念，下面使用廠房和工人說明。

1. 電腦就是工廠

電腦的核心是 CPU，它承擔了所有的計算任務。電腦就像一座工廠，時刻在執行。假設工廠的電力有限，一次只能供給一個廠房使用，即一個廠房開工時，其他廠房都必須停工。背後的含義就是，單一 CPU 一次只能執行一個任務。

2. 處理程序是工廠中的廠房

處理程序就好比工廠中的廠房，代表 CPU 所能處理的單一任務。任一時刻，CPU 總是執行一個處理程序，其他處理程序處於非執行狀態。

3. 執行緒是廠房中的工人

一個處理程序可以包括多個執行緒。執行緒就好比廠房中的工人。在一個廠房中可以有很多工人，他們協作完成一個任務。

4. 處理程序共用記憶體空間

廠房的空間是工人們共用的，如廠房是每個工人都可以進出的。這象徵著一個處理程序的記憶體空間是共用的，每個執行緒都可以使用這些共用的記憶體空間。

5. 記憶體空間限制

每個廠房的大小不同，有些廠房最多只能容納一個工人。當裡面有人時，其他工人就不能進去。這代表在一個執行緒使用共用記憶體空間時，其他執行緒必須等它結束後才能使用該記憶體空間。

6. 鎖機制避免同時讀 / 寫同一塊記憶體區域

防止他人進入的簡單方法就是在門口加一把鎖。先到的人鎖上門，後到的人看到門被鎖上了，就在門口排隊，等門被開啟再進去，這就叫互斥鎖（Mutual Exclusion，簡稱 Mutex）。Mutex 用於防止多個執行緒同時讀 / 寫某一塊記憶體區域。

7. 限制固定數量的執行緒使用記憶體空間

有一些房間可以同時容納 n 個人，但如果排隊人數大於 n，則多出來的人只能在外面等著。這好比某些記憶體空間只能供給固定數量的執行緒使用。

8. 如何避免多執行緒衝突

多執行緒衝突的解決方法是，在門口掛 n 把鑰匙，進去的人就取一把鑰匙，出來時再把鑰匙掛回原處，後到的人發現鑰匙架空了，就知道必須在門口排隊等待。這種方式叫作訊號量（Semaphore），用來保證多個執行緒不會互相衝突。

不難看出，Mutex 是 Semaphore 的一種特殊情況（$n=1$）。完全可以用後者替代前者。因為 Mutex 較為簡單，且效率高，所以在必須保證資源獨佔的情況下往往採用這種方式。

透過工廠、廠房及工人的例子，相信讀者對處理程序有了更深刻的認識。下面將進一步講解容器與處理程序的關係。

6.1.3 容器與處理程序

在 Docker 中，處理程序管理的基礎是 Linux 核心中的 PID 命名空間技術。其中每個容器都是 Docker Daemon 的子處理程序。透過 PID 命名空間技術，Docker 可以實現容器間的處理程序隔離。另外，Docker Daemon 也會利用 PID 命名空間技術的樹狀結構，實現對容器處理程序的互動、監控和回收。

在 Docker 中，PID1 處理程序是啟動處理程序，同時負責容器內部處理程序管理的工作，而這也會導致處理程序管理在 Docker 內部和完整作業系統上的不同。

1.「一個容器執行一個處理程序」的經驗法則

使用 docker ps 命令查看當前執行的處理程序，可以看到，每個容器執行了一個 Web 應用，雖然它們使用的是共同的鏡像 jartto-test3:latest，但通訊埠是不相同的（8889 和 8888）。

```
CONTAINER ID    IMAGE                         COMMAND                CREATED
STATUS          PORTS                         NAMES
e909be784829    jartto-test3:latest           "/docker-entrypoint.…"   24 seconds
ago    Up 20 seconds    0.0.0.0:8889->80/tcp   second-docker-project
b0beab801302    jartto-test3:latest           "/docker-entrypoint.…"   24 seconds
ago    Up 11 seconds    0.0.0.0:8888->80/tcp   first-docker-project
```

　　儘管在單一容器中可以執行多個應用程式，但出於實際原因，開發人員需要遵循「一個容器執行一個處理程序」的經驗法則。這樣做具有以下幾個優點。

　　（1）有利於靈活擴充 / 縮小。

　　假如促銷當天網站存取流量急劇增加，這時傳統的物理擴充就會顯得落後，而彈性擴充可以檢測到伺服器的警戒狀態，使用提前準備好的服務鏡像快速地建立出一個臨時容器，以完成橫向擴充。反之，流量減少，釋放多餘的容器即可。

　　（2）可以提高重複使用性。

　　每個容器中只執行一個應用程式，從而可以輕鬆地將容器重新用於其他專案，極大地提高了重複使用性。

　　（3）能夠快速修復故障。

　　當容器出現故障時，開發人員能方便地對其進行問題排除，而不必對整個系統的各個部分進行排除，這也使容器更具有可攜性和可預測性。

　　（4）減少無關干擾。

　　在升級服務時，能夠將影響範圍控制在更小的細微性，極大地增加應用程式生命週期管理的靈活性，避免在升級服務時中斷相同容器中的其他服務。

（5）更好的隔離性。

提供更安全的服務和應用程式間的隔離，以保持強大的安全狀態或遵守 PCI 之類的規定。

2.「一個容器執行多個處理程序」的管理

在 Docker 中，「一個容器執行一個處理程序」並非絕對化的要求，還可能出現「一個容器執行多個處理程序」的情況。此時必須考慮更多的細節，如子處理程序管理、處理程序監控等。所以，常見的需求（如日誌擷取、性能監控、偵錯工具）可以採用「一個容器執行多個處理程序」的方式來實現。

下面將透過 ELK 專案來說明一個容器執行 3 個處理程序的情況。

ELK 是 3 個開放原始碼軟體的縮寫，分別表示 ElasticSearch、Logstash、Kibana。

（1）ELK 簡介。

- ElasticSearch 是一個開放原始碼的分散式搜尋引擎，提供搜集、分析、儲存資料三大功能。它的特點有分散式、零設定、自動發現、索引自動分片、索引副本機制、RESTful 風格介面、多資料來源、自動搜尋負載等。

- Logstash 是用於日誌搜集、分析和過濾的工具，支援大量的資料獲取方式。其一般採用 C/S 架構，使用者端安裝在需要擷取日誌的主機上，伺服器端負責將收到的各節點日誌進行過濾、修改等，再一並行往 ElasticSearch 中。

- Kibana 是一個免費且開放的使用者介面，能夠對 ElasticSearch 資料進行視覺化，並讓使用者在 Elastic Stack 中進行導航。使用者可以使用 Kibana 進行各種操作，從追蹤查詢負載，到理解請求如何流經使用者的整個應用，都能輕鬆完成。在 ELK 中，Kibana 為 Logstash 和 ElasticSearch 提供視覺化介面，整理、分析和搜尋重要資料日誌。

另外，日誌傳輸使用 Filebeat。Filebeat 是一個輕量級的日誌擷取處理工具（Agent），佔用資源少，適用於在各台伺服器上搜集日誌後傳輸給 Logstash，官方也推薦使用此工具。

Filebeat 隸屬於 Beats。Beats 目前包含以下 4 個工具。

- Packetbeat：用於搜集網路流量資料。
- Topbeat：用於搜集系統、處理程序，以及檔案系統等級的 CPU 和記憶體使用情況等資料。
- Filebeat：用於搜集檔案資料。
- Winlogbeat：用於搜集 Windows 事件日誌資料。

鑑於此，開發人員可以根據 ELK 的實際應用場景，選擇合適的 Beats 工具。

（2）下載 ELK 鏡像。

開發人員透過執行 sudo docker pull sebp/elk 命令可以從 Docker 官方倉庫中下載最新的 ELK 鏡像，如圖 6-1 所示，等待下載完畢後即可啟動。

```
→ book git:(master) ✗ sudo docker pull sebp/elk
Password:
Using default tag: latest
latest: Pulling from sebp/elk
23884877105a: Pulling fs layer
bc38caa0f5b9: Pulling fs layer
2910811b6c42: Pulling fs layer
36505266dcc6: Waiting
07a923053093: Waiting
776b7eaf0a03: Waiting
bc700a6f34b5: Waiting
1721c1c9b1b6: Pulling fs layer
75ed9469d3fd: Waiting
9eeac3eb556e: Waiting
d5c98f8f8a68: Waiting
9eeac3eb556e: Downloading [===============>                    ]  114.5MB/363.5MB
e9d661321600: Download complete
94ba48293027: Download complete
ece5be981762: Download complete
```

▲ 圖 6-1

（3）啟動容器。

啟動命令非常簡單，直接執行 docker run 命令即可。由於 ELK 本身包含 3 個處理程序，因此命令後包含 3 個通訊埠。

```
sudo docker run -p 5601:5601 -p 9200:9200 -p 5044:5044 -it --name elk sebp/
elk
```

具體的通訊埠的含義如下。

- 5601：Kibana 的 Web 介面。
- 9200：ElasticSearch 的 JSON 介面。
- 5044：Logstash 的 Beats 介面，可以從 Beats 或 Filebeat 中接收日誌。

（4）ELK 各部分是執行原理的？

容器執行成功後，開發人員可以透過「http://localhost:5601」連結存取 Kibana 的主介面，如圖 6-2 所示。

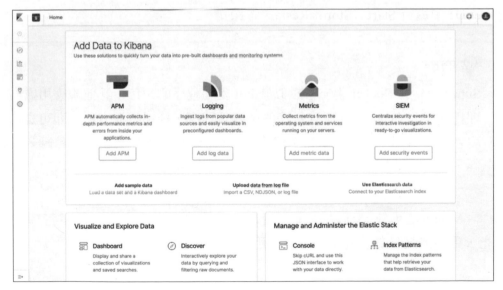

▲ 圖 6-2

既然一個容器可以執行多個處理程序，那麼 ELK 的 3 個處理程序又是執行原理的呢？答案很簡單，通常的流程如下：部署在其他容器中的 Filebeat 服務擷取資料後呼叫 ELK 容器的收集資料介面，然後透過 Logstash 設定的入庫規則，呼叫 ElasticSearch 的儲存介面，進入 Kibana 的主介面，這樣就可以進行日誌分析。

（5）一個容器管理多個應用。

Docker 並不推薦在一個容器中執行多個處理程序，但在很多實際的場景中可能需要在一個容器中同時執行多個程式。

在非容器的環境下，系統在初始化時會啟動一個 init 處理程序，其餘的處理程序都由 init 處理程序來管理。在容器環境下這種管理多個處理程序的工具不可用。但是有類似的工具可以完成這個工作，一個是 Supervisor，另一個是 Monit。

Supervisor 是一個 C/S 架構的處理程序管理工具，透過它可以監控和控制其他的處理程序。Supervisor 還提供了一個 WebUI，開發人員可以在 WebUI 中進行 Start、Stop、Restart 等操作。

> 💡 **Tips**
>
> Supervisor 在 Docker 中充當類似於 init 處理程序的角色，其他的應用處理程序都是 Supervisor 處理程序的子處理程序。透過這種方法，即可實現在一個容器中啟動並執行多個應用。Supervisor 不作為本書的重點內容，讀者可以在官方文件中查看對應的設定文件。

Monit 是另外一種處理程序管理方案。Monit 提供處理程序管理功能，更多的是作為系統監控方案使用。

Tips

Monit 是開箱即用、可以利用系統上現有的基礎設施,以及實現對系統
管理和監控的工具。Monit 整合了 init、upstart 和 systemd 等功能,可以
使用執行等級的腳本管理服務處理程序。

6.2 Docker 的檔案儲存與備份

6.1.1 節中提到,如果兩個容器在同一個卷冊上寫入資料,要確保應
用被設計成在共用資料卷冊上寫入。那麼如何設計共用資料卷冊呢?如
何對 Docker 中的資料進行儲存和備份呢?

6.2.1 資料檔案的儲存

寫入容器的寫入層需要透過儲存驅動程式來管理檔案系統。容器的
寫入層與執行容器的主機緊密耦合,會導致使用者無法輕鬆地將資料移
動到其他地方。透過儲存驅動程式來管理檔案系統的方式與直接寫入主
機檔案系統的資料卷冊的方式相比,這種額外的抽象會降低性能。

Docker 提供了兩個選項(Volumes 和 Bind Mounts)讓容器在主機
中儲存檔案,以便即使在容器停止後檔案也能持久化。在 Linux 上使用
tmpfs mount 命令,或在 Windows 上使用具名管線,可以儲存資料。

對容器內部來說,資料檔案(檔案或資料夾)無論使用 Volumes 方
式還是 Bind Mounts 方式,都是讀取寫入的。資料檔案作為目錄或容器
檔案系統中的單一檔案公開。在實際的應用場景中,資料檔案儲存在

Docker 主機上的位置是視覺化卷冊、綁定掛載和 tmpfs 掛載之間最大的差異。3 種資料儲存方案在宿主機中的位置如圖 6-3 所示。

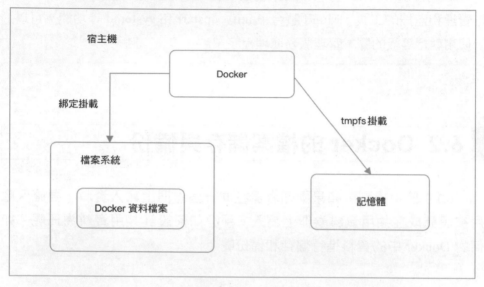

▲ 圖 6-3

6.2.2 卷冊儲存

6.2.1 節提到了 3 種資料儲存方案（卷冊儲存、綁定掛載及 tmpfs 掛載），接下來介紹最常用的一種方案：卷冊儲存。

1. 基本概念

卷冊儲存（通常在 Linux 的「/var/lib/docker/volumes/」目錄中）是由 Docker 管理的主機檔案系統的一部分，非 Docker 處理程序不能修改檔案系統的這一部分。卷冊是在 Docker 中持久化資料的最佳方式。開發人員可以先使用 docker volume create 命令顯性建立卷冊，然後使用 Volume 建立容器，也可以在容器或服務建立或執行期間建立卷冊。

建立卷冊後，該卷冊儲存在 Docker 主機上的目錄中。當將卷冊掛載到容器中時，此目錄就是掛載到容器中的目錄。

Tips

卷冊掛載的工作方式與綁定掛載的工作方式類似，二者的不同之處在於，卷冊由 Docker 管理並且與主機的核心功能隔離。

一個給定的卷冊可以同時被安裝到多個容器中。當沒有正在執行的容器使用卷冊時，該卷冊仍然可供 Docker 使用，並且不會自動刪除。開發人員可以使用 docker volume prune 命令移除本機未使用的卷冊。

當掛載卷冊時，該卷冊可能是命名卷冊（named）或匿名卷冊（anonymous）。匿名卷冊在第一次掛載到容器中時沒有明確的名稱，因此 Docker 為它們提供了一個隨機名稱，該名稱保證在替定的 Docker 主機中是唯一的。除名稱外，命名卷冊和匿名卷冊的行為方式相同。

卷冊還支援使用卷冊驅動程式，它允許開發人員將資料儲存在遠端主機或雲端提供商，以及其他位置。更多操作，讀者可以使用 docker volume help 命令進行查看。

```
Usage:  docker volume help

Manage volumes

Commands:
  create    Create a volume
  inspect   Display detailed information on one or more volumes
  ls        List volumes
  prune     Remove all unused local volumes
  rm        Remove one or more volumes

Run 'docker volume COMMAND --help' for more information on a command.
```

2. 卷冊的使用案例

卷冊是在 Docker 和服務中持久儲存資料的首選方式。卷冊的一些使用案例如下。

（1）在多個正在執行的容器之間共用資料。

如果開發人員沒有明確建立卷冊，則在第一次將其載入容器時會建立一個卷冊。當該容器停止或被移除時，該卷冊仍然存在。多個容器可以同時掛載同一個卷冊，該卷冊可以是讀取 / 寫的也可以是唯讀的。僅當開發人員明確刪除卷冊時才會刪除卷冊。

（2）當 Docker 主機不能保證具有給定的目錄或檔案結構時。

卷冊可以幫助開發人員將 Docker 主機的設定與「容器執行時期」分離，以便於使用者進行一些狀態操作。

（3）遠端共用。

當開發人員想將容器的資料儲存在遠端主機或雲端提供商，而非本機時，就可以使用遠端共用。

（4）便於備份、還原和遷移。

當開發人員需要將資料從一台 Docker 主機備份、還原或遷移到另一台主機時，卷冊是更好的選擇。

開發人員可以停止使用該卷冊的容器，然後備份該卷冊的目錄，如「/var/lib/docker/volumes/ <volume-name>」。

（5）當應用程式需要 Docker 桌面上的高性能 I/O 時。

卷冊儲存在 Linux VM 中而非主機中，這表示讀取和寫入具有更低的延遲及更高的輸送量。

（6）當應用程式需要 Docker 桌面上的本機檔案系統操作時。

舉例來說，資料庫引擎需要對磁碟刷新進行精確控制以保證事務的持久性。卷冊儲存在 Linux VM 中可以做出這些保證,而綁定掛載到遠端 macOS 或 Windows 時,其中檔案系統的行為略有不同。

6.2.3 綁定掛載

綁定掛載從 Docker 早期就可用。與卷冊相比,綁定掛載的功能有限,下面進行具體說明。

1. 基本概念

在使用綁定掛載時,主機上的檔案或目錄會掛載到容器中。檔案或目錄由其在主機上的完整路徑引用。該檔案或目錄不需要已經存在於 Docker 主機上。如果它尚不存在,則隨選建立。

綁定掛載非常高效,但它們依賴於主機的具有特定目錄結構的檔案系統。如果正在開發新的 Docker 應用程式,則可以考慮改用命名卷冊。值得注意的是,不能使用 Docker CLI 命令直接管理綁定掛載。

2. 副作用

使用綁定掛載可以透過容器中執行的處理程序更改主機檔案系統,包括建立、修改或刪除重要的系統檔案或目錄。這是一種強大的能力,可能會產生安全隱憂,包括影響主機系統上的非 Docker 處理程序。一般來說開發人員應該盡可能使用卷冊。

3. 綁定掛載的使用案例

從主機到容器共用設定檔,這就是 Docker 預設為容器提供 DNS 解析的方式,具體的方法是「/etc/resolv.conf」從主機掛載到每個容器中。

在 Docker 主機和容器的開發環境之間共用原始程式或建構工件。舉例來說,開發人員可以將「Maventarget/」目錄掛載到容器中,並且每次在 Docker 主機上建構 Maven 專案時,容器都可以存取重建的工件。

如果以這種方式使用 Docker 進行開發，生產 Dockerfile 檔案會將生產就緒的工件直接複製到鏡像中，而非依賴綁定安裝。

6.2.4 tmpfs 掛載

tmpfs 掛載僅儲存在主機系統的記憶體中，永遠不會寫入主機系統的檔案系統中。tmpfs 掛載不會持久儲存在磁碟上，無論是在 Docker 主機上還是在容器內。

在容器的生命週期內，容器可以使用 tmpfs 掛載來儲存非持久狀態或敏感資訊。舉例來說，在內部，Swarm 服務使用 tmpfs 掛載將機密資料掛載到服務的容器中。

tmpfs 掛載最適用於不希望資料在主機上或容器內持久化的情況，這可能是出於安全原因或在應用程式需要寫入大量非持久狀態資料時保護容器的性能。

6.2.5 資料檔案的備份

卷冊可用於備份、恢復和遷移。使用 --volumes-from 命令可以建立一個安裝卷冊的新容器。

1. 備份一個容器

建立一個名為 dbstore 的新容器，如下所示。

```
docker run -v /dbdata --name dbstore ubuntu /bin/bash
```

然後在下一筆命令中，啟動一個新容器並從 dbstore 容器掛載卷冊。將本機主機目錄掛載為「/backup」，傳遞一行將 dbdata 卷冊內容 backup. tar 壓縮到「/backup」目錄下的檔案中的命令。

```
docker run --rm --volumes-from dbstore -v $(pwd):/backup ubuntu tar cvf
/backup/backup.tar /dbdata
```

當命令執行完畢且容器停止時,將保留 dbdata 卷冊的備份。

2. 從備份中恢復容器

可以將剛剛建立的備份恢復到同一個容器或在其他地方建立的另一個容器中。舉例來説,先建立一個名為 dbstore2 的新容器。

```
docker run -v /dbdata --name dbstore2 ubuntu /bin/bash
```

然後在新容器的資料卷冊中解壓縮備份檔案。

```
docker run --rm --volumes-from dbstore2 -v $(pwd):/backup ubuntu bash -c "cd
/dbdata && tar xvf /backup/backup.tar --strip 1"
```

開發人員可以使用喜歡的工具進行備份、遷移和恢復測試。

3. 刪除卷冊

當刪除容器後,Docker 卷冊仍然存在。有兩種類型的卷冊需要開發人員考慮。

- 命名卷冊具有特定的來源(來自容器外部),如「awesome:/bar」。
- 匿名卷冊沒有特定的來源,所以當容器被刪除時,指定 Docker 引擎守護處理程序將它們刪除。

4. 刪除匿名卷冊

要自動刪除匿名卷冊,可以使用 --rm 參數。舉例來説,透過命令建立一個匿名卷冊「/foo」。當容器被刪除時,Docker Engine 會刪除「/foo」而非「awesome」。

```
docker run --rm -v /foo -v awesome:/bar busybox top
```

5. 刪除所有卷冊

透過執行 docker volume prune 命令可以刪除所有未使用的卷冊並釋放空間。

```
docker volume prune
```

6.3 Docker 的網路設定

Docker 有幾個驅動程式，它們提供核心聯網功能。

- Bridge：預設的網路驅動程式。如果未指定驅動程式，則這是正在建立的網路類型。當應用程式在需要通訊的獨立容器中執行時期，通常會使用橋接器網路。

- Overlay：覆蓋網路，將多個 Docker 守護處理程序連接在一起，並使叢集服務能夠相互通訊。還可以使用覆蓋網路來促進叢集服務和獨立容器之間或不同 Docker 守護處理程序上的兩個獨立容器之間的通訊。這種策略消除了在這些容器之間進行作業系統級路由的需要。

- Host：對於獨立容器，可以刪除容器與 Docker 主機之間的網路隔離，然後直接使用主機的網路。

- Macvlan：Macvlan 網路允許開發人員為容器分配 MAC 位址，使其在網路上顯示為物理裝置。Docker 守護處理程序透過其 MAC 位址將流量路由到容器。Macvlan 在處理希望直接連接到物理網路而非透過 Docker 主機的網路堆疊進行路由的舊應用程式時，使用驅動程式有時是最佳的選擇。

- None：對於當前容器，要禁用所有聯網。該驅動程式通常與自訂網路驅動程式一起使用。None 不適用於叢集服務。

- 網路外掛程式：可以在 Docker 中安裝和使用協力廠商網路外掛程式，這些外掛程式可以從 Docker Hub 或協力廠商供應商處獲得。

以 Docker 為基礎的網路驅動，很多應用最開始使用的是 Docker 提供的 Libnetwork 進行多個容器、多台主機的部署，但是隨著更多的公司使用 Docker，只依靠 Libnetwork 無法滿足複雜的業務框架，於是衍生出了很多優秀的工具用於使用者跨主機通訊，如 Flannel、Weave、Open vSwitch（虛擬交換機）、Calico 等。下面分別介紹這 4 種網路。

6.3.1 Flannel 網路

Flannel 是一種專門為 Kubernetes 設計的第 3 層網路結構的簡單實現方案。

Flannel 在每台主機上執行一個小的、單一的二進位代理，負責從預設定位址空間中為每台主機分配子網。Flannel 直接使用 Kubernetes API 或 Etcd 來儲存網路設定、分配的子網和輔助資料（如主機的公共 IP 位址）。

一般來説 Kubernetes 會假設每個容器（Pod）在叢集內都有一個唯一的、可路由的 IP 位址。這樣假設的優勢在於，它消除了共用單一主機 IP 位址所帶來的通訊埠映射複雜性。

Flannel 負責在叢集中的多個節點之間提供第 3 層 IPv4 網路。Flannel 不控制容器如何與主機聯網，只控制如何在主機之間傳輸流量。但是，Flannel 為 Kubernetes 提供了 CNI 外掛程式和與 Docker 整合的指南。

Flannel 專注於網路。對於網路策略，可以使用 Calico 等工具。Flannel 具有以下特點。

（1）使叢集中的不同 Node 主機建立的 Docker 都具有全叢集唯一的虛擬 IP 位址。

（2）Flannel 會建立一個覆蓋網路（建立在另一個網路之上並由其基礎設施支持的虛擬網路）。透過這個覆蓋網路，將資料封包原封不動地傳遞到目標容器。覆蓋網路透過將一個分組封裝在另一個分組內將網路服務與底層基礎設施分離。在將封裝的資料封包轉發到端點後，將其解封裝。

（3）建立一個新的虛擬網路卡 Flannel0 用於接收 Docker 橋接器的資料，透過維護路由表，對接收的資料進行封裝和轉發。

（4）Etcd 保證了所有 Node 上的 Flannel 所看到的設定是一致的。同時，每個 Node 上的 Flannel 監聽 Etcd 上的資料變化，即時感知叢集中 Node 的變化。

6.3.2 Weave 網路

Weave 網路會建立一個連接多台 Docker 主機的虛擬網路，類似於乙太網交換機，所有的容器都連接到這上面，互相通訊，如圖 6-4 所示。

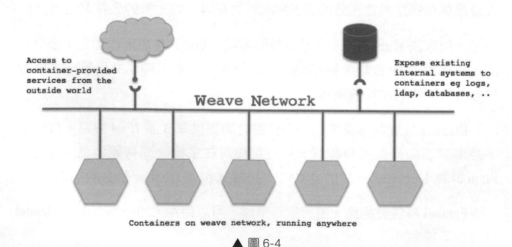

▲ 圖 6-4

應用程式使用 Weave 網路，就好像它們是插在同一台網路交換機上的，無須任何設定和通訊埠映射。容器內的服務可以直接被容器外的應用存取，而不需要關心容器執行在什麼地方，如圖 6-5 所示。

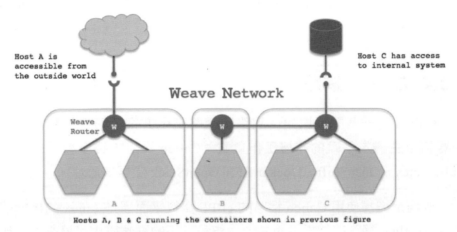

▲ 圖 6-5

Weave 網路可以穿越防火牆並在部分已連接的網路中操作，既可以是加密的，也可以透過非信任網路連接。使用 Weave 網路可以輕鬆地建構執行於任何地方的多個容器。在大部分的情況下，Weave 網路使用 Docker 單機已有的網路功能。

6.3.3 Open vSwitch

Open vSwitch 是獲得開放原始碼 Apache 2 許可的多層軟體交換機。目標是實現一個生產品質交換機平臺，該平臺支援標準管理介面並開放轉發功能，以進行程式化擴充和控制。

Open vSwitch 非常適合用作虛擬環境中的虛擬交換機。除了向虛擬網路層公開標準控制和可見性介面，它還支援跨多台物理伺服器的分散式部署。Open vSwitch 支援多種以 Linux 為基礎的虛擬化技術，包括 Xen/XenServer、KVM 和 Virtual Box。

Open vSwitch 也可以完全在使用者空間中執行，而無須核心模組的幫助。這種使用者空間應該比以核心為基礎的交換機更容易移植。使用者空間中的 OVS 可以存取 Linux 或 DPDK 裝置。需要注意的是，附帶使用者空間資料路徑和非 DPDK 裝置的 Open vSwitch 被認為是實驗性的，並且會降低性能。

6.3.4 Calico 網路

Calico 是一個開放原始碼網路和網路安全方案，適用於容器、虛擬機器和以主機為基礎的本機工作負載。Calico 網路支援多種平臺，包括 Kubernetes、OpenShift、Docker EE、OpenStack 和裸機服務。

無論是選擇使用 Calico 網路的 eBPF 資料平面還是 Linux 的標準網路管道，Calico 網路都能提供極快的性能和真正的雲端原生可擴充性。無論是在公共雲中還是在本機執行、在單一節點上還是在數千個節點的叢集中執行，Calico 網路都能為開發人員和叢集營運商提供一致的體驗與功能集。

無論採取哪種選擇，開發人員都將獲得相同的且易用的基本網路、網路策略和 IP 位址管理功能，這些功能使 Calico 成為任務關鍵型雲端原生應用程式最值得信賴的網路和網路策略解決方案。

6.4 Docker 的鏡像最佳化

雖然儲存資源較為廉價，但網路 I/O 是有限的，在頻寬有限的情況下，部署一個 1GB 的鏡像和 10MB 的鏡像可能就是分鐘級和秒級的時間差距。特別是在出現故障，服務被排程到其他節點時，這個時間尤為寶貴。

鏡像越小表示無用的程式越少，既可以減小體積又可以節省部署時間。因此，這就對開發人員提出了更高的要求，如何對鏡像進行最佳化是一個值得深思的問題。

6.4.1 常規最佳化手段

1. 查看鏡像大小

最佳化的前提條件一定是清楚地知道目前的鏡像的大小及可最佳化的空間，所以鏡像分析過程必不可少。先來查看鏡像的大小，如圖 6-6 所示。

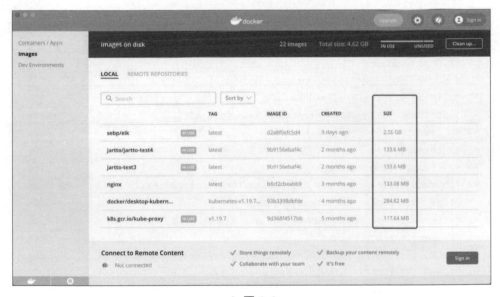

▲ 圖 6-6

開發人員可以從 Docker 桌面端中清楚地看到各個鏡像的大小。當然，也可以透過執行 docker images 命令來查看，如圖 6-7 所示。

```
→ ~ docker images
REPOSITORY                              TAG                                              IMAGE ID       CREATED        SIZE
jartto-test3                            latest                                           36c5a81d3035   3 months ago   134MB
nginx                                   latest                                           87a94228f133   4 months ago   133MB
docker/desktop-kubernetes               kubernetes-v1.21.5-cni-v0.8.5-critools-v1.17.0-debian  967a1c03eb00   4 months ago   290MB
k8s.gcr.io/kube-apiserver               v1.21.5                                          7b2ac941d4c3   5 months ago   126MB
k8s.gcr.io/kube-scheduler               v1.21.5                                          8e60ea3644d6   5 months ago   50.8MB
k8s.gcr.io/kube-proxy                   v1.21.5                                          e08abd2be730   5 months ago   104MB
k8s.gcr.io/kube-controller-manager      v1.21.5                                          184ef4d127b4   5 months ago   120MB
docker/desktop-vpnkit-controller        v2.0                                             8c2c38aa676e   9 months ago   21MB
docker/desktop-storage-provisioner      v2.0                                             99f89471f470   9 months ago   41.9MB
k8s.gcr.io/pause                        3.4.1                                            0f8457a4c2ec   13 months ago  683kB
k8s.gcr.io/coredns/coredns              v1.8.0                                           296a6d5035e2   15 months ago  42.5MB
k8s.gcr.io/etcd                         3.4.13-0                                         0369cf4303ff   17 months ago  253MB
```

▲ 圖 6-7

2. 設定參數

在大部分的情況下，執行 docker build 命令就會執行建構鏡像的操作。

```
docker build -t test-image-1 -f Dockerfile .
```

終端會輸出以下日誌。

```
[+] Building 0.7s (8/8) FINISHED
 => [internal] load build definition from Dockerfile               0.1s
 => => transferring dockerfile: 137B                               0.0s
 => [internal] load .dockerignore                                  0.0s
 => => transferring context: 2B                                    0.0s
 => [internal] load metadata for docker.io/library/nginx:latest    0.0s
 => [1/3] FROM docker.io/library/nginx                             0.0s
 => [internal] load build context                                  0.1s
 => => transferring context: 1.19kB                                0.1s
 => CACHED [2/3] COPY build/ /usr/share/nginx/html/                0.0s
 => CACHED [3/3] COPY default.conf /etc/nginx/conf.d/default.conf  0.0s
 => exporting to image                                             0.1s
 => => exporting layers                                            0.0s
 => => writing image sha256:9b91***4a29                            0.0s
 => => naming to docker.io/library/test-image-1                    0.0s
```

接下來需要開啟實驗屬性 DOCKER_BUILDKIT。

```
export DOCKER_BUILDKIT=1
```

在建構參數中增加 --progress plain 參數獲得更加直觀的輸出結果，如下所示。

```
docker build -t test-image-1 -f Dockerfile --progress plain .
```

這時的日誌發生了明顯的變化。

```
#1 [internal] load build definition from Dockerfile
#1 sha256:a6ff***f640
#1 transferring dockerfile: 36B 0.0s done
#1 DONE 0.0s

#2 [internal] load .dockerignore
#2 sha256:dd37***2f7c
#2 transferring context: 2B done
#2 DONE 0.0s

#3 [internal] load metadata for docker.io/library/nginx:latest
#3 sha256:06c4***e6bc
#3 DONE 0.0s

#4 [1/3] FROM docker.io/library/nginx
#4 sha256:6254***518b
#4 DONE 0.0s

#5 [internal] load build context
#5 sha256:292b***e418
#5 transferring context: 1.19kB done
#5 DONE 0.1s

#6 [2/3] COPY build/ /usr/share/nginx/html/
#6 sha256:c9d0***3fd9
#6 CACHED

#7 [3/3] COPY default.conf /etc/nginx/conf.d/default.conf
```

```
#7 sha256:2948***fb18
#7 CACHED

#8 exporting to image
#8 sha256:e8c6***ab00
#8 exporting layers done
#8 writing image sha256:9b91***4a29 0.0s done
#8 naming to docker.io/library/test-image-1 done
#8 DONE 0.0s
```

　　每一步的耗時都會清楚地列印出來，是不是很直觀？這時針對具體的耗時步驟進行最佳化即可「藥到病除」。

3. 使用 .dockerignore 檔案

　　開發人員在執行 docker build 命令的過程中，系統首先將指定的上下文目錄打包傳遞給 Docker 引擎，並不是這個上下文目錄中所有的檔案或資料夾都會在 Dockerfile 檔案中使用到，這時就可以在 .dockerignore 檔案中指定需要忽略的檔案或資料夾。下面是一份需要忽略的檔案設定，讀者可以作為參考進行設定。

```
node_modules
npm-debug.log
.nuxt
.vscode
.git
.DS_Store
.sentryclirc
```

4. 鏡像分層

　　（1）如何分層？

　　Docker 鏡像是分層建構的，Dockerfile 檔案中的每行指令都會新建一層。具體範例如下。

```
FROM ubuntu:18.04
COPY . /app
RUN make /app
CMD python /app/app.py
```

以上 4 行指令會建立 4 層，分別對應基礎鏡像、複製檔案、編譯檔案及入口檔案，每層只記錄本層所做的更改，而這些層都是唯讀層。

當啟動一個容器後，Docker 會在頂部增加讀 / 寫層，開發人員在容器內做的所有更改，如寫入日誌、修改、刪除檔案等，都會被儲存到讀 / 寫層，一般將該層稱為容器層。

Docker 支援透過擴充現有鏡像建立新的鏡像。實際上，Docker Hub 中的絕大多數鏡像是透過在 Base 鏡像中安裝和設定需要的軟體建構出來的。下面建構一個新的鏡像，Dockerfile 檔案的設定如下所示。

```
#Version: 0.0.1
FROM debian
RUN apt-get install -y emacs
RUN apt-get install -y apache2
CMD ["/bin/bash"]
```

這裡需要注意以下幾點。

- 新的鏡像不再從 Scratch 開始，而是直接在 Debian Base 鏡像上建構。
- 安裝 Emacs 編輯器。
- 安裝 Apache 2。
- 容器啟動時執行 Bash。

建構過程如圖 6-8 所示。

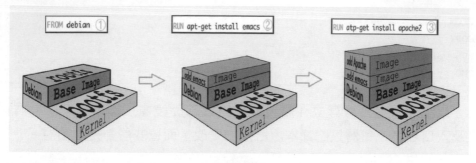

▲ 圖 6-8

從圖 6-8 中可以看出，新的鏡像是從 Base 鏡像一層一層疊加生成的。每安裝一個軟體，就在現有鏡像的基礎上增加一層。

（2）鏡像分層的意義

鏡像分層最大的好處就是共用資源。有多個鏡像是從相同的 Base 鏡像建構而來的，Docker Host 只需在磁碟上儲存一份 Base 鏡像就可以。同時，記憶體中只需載入一份 Base 鏡像，就可以為所有容器服務，而且鏡像的每層都可以被共用。更多關於鏡像分層的原理，讀者可以關注博主 wzlinux 專欄，裡面有很多相關文章。

5. 清理鏡像建構過程中的中間產物

在執行 docker build 命令時，經常會產生一些中間產物，執行 docker images -a 命令可以輸出這些中間鏡像，如下所示。

```
REPOSITORY    TAG        IMAGE ID       CREATED            VIRTUAL SIZE
<none>        <none>     8684a0a8943f   20 minutes ago     188 MB
<none>        <none>     286290c56fd0   20 minutes ago     188 MB
<none>        <none>     3772db9ecb08   22 minutes ago     188 MB
<none>        <none>     c36c7f0c261c   22 minutes ago     188 MB
```

這時需要執行 docker rmi 命令刪除本機一個或多個鏡像。

```
docker rmi $(sudo docker images --filter dangling=true -q)
```

需要注意的是，如果終端顯示出錯，則需要先停止並刪除容器，依次執行以下命令即可。

```
sudo docker ps -a | grep "Exited" | awk '{print $1 }'|xargs sudo docker stop
sudo docker ps -a | grep "Exited" | awk '{print $1 }'|xargs sudo docker rm
sudo docker images|grep none|awk '{print $3 }'|xargs sudo docker rmi
```

這樣即可輕鬆清理鏡像建構過程中的中間產物。

6. 使用 Alpine 版本的基礎鏡像

Alpine 是一個高度精簡又包含基本工具的輕量級 Linux 發行版本，本身的 Docker 鏡像只有 4M ～ 5MB。各種開發語言和框架都有以 Alpine 製作為基礎的基礎鏡像，開發人員在開發自己應用的鏡像時，選擇這些鏡像作為基礎鏡像可以大大減小鏡像的體積。

7. 多階段建構

在撰寫 Dockerfile 檔案建構 Docker 鏡像時，經常會遇到以下問題。

- RUN 命令會讓鏡像新增層，導致鏡像的體積變大，雖然透過「&&」連接多筆命令能解決此問題，但如果命令之間用到 Docker 指令（如 COPY、WORKDIR 等），則依然會新增多個層。

- 有些工具在建構過程中會用到，但最終的鏡像是不需要這些工具的，這就要求 Dockerfile 的撰寫者花費更多的精力來清理這些工具，清理的過程又可能會產生新的層。

為了解決上述問題，從 17.05 版本開始 Docker 在建構鏡像時增加了新特性，即多階段建構，它將建構過程分為多個階段，每個階段都可以指定一個基礎鏡像，這樣在一個 Dockerfile 檔案中就能同時用到多個鏡像的特性，達到共用的目的。

要想大幅度減小鏡像的體積，多階段建構是必不可少的。多階段建構的想法很簡單：「我不想在最終的鏡像中包含一堆 C 語言或 Go 語言編譯器和整個編譯工具鏈，我只要一個編譯好的可執行檔！」

Dockerfile 檔案中的多階段建構雖然只是一些語法糖，但它確實帶來了很多便利，尤其是減輕了 Dockerfile 檔案維護者的負擔。

6.4.2 案例實戰

6.4.1 節中介紹了一些常用的鏡像最佳化手段，本節將透過實際的案例進行演示。

1. 鏡像分析

為了演示鏡像最佳化的效果，下面選取一個現有的 Docker 專案進行分析。首先執行 docker build 命令進行打包。

```
docker build -t mweb-img -f ./docker/node.Dockerfile .
```

查看輸出日誌。

```
Sending build context to Docker daemon  564.3MB
Step 1/7 : FROM harbor.jartto.com/sre/pm2:4.4.0 as pm2
---> df65fe397c4b
Step 2/7 : RUN mkdir -p /usr/share/nginx/ssr
---> Using cache
---> b02d2c9cd862
Step 3/7 : COPY . /usr/share/nginx/ssr/
---> 7ac8d1c0aa6c
Step 4/7 : WORKDIR /usr/share/nginx/ssr/
---> Running in ff9e7f4fbc50
Removing intermediate container ff9e7f4fbc50
---> 7e0a7ab30f93
Step 5/7 : ENV NODE_ENV test
---> Running in 9d39d243976e
```

```
Removing intermediate container 9d39d243976e
---> d27038f4f30f
Step 6/7 : CMD npm run start
---> Running in 65820c6caba3
Removing intermediate container 65820c6caba3
---> 23adea36cfea
Step 7/7 : EXPOSE 19888
---> Running in 66f8c3bb6d17
Removing intermediate container 66f8c3bb6d17
---> c96d6c691633
Successfully built c96d6c691633
Successfully tagged mweb-img:latest
```

開啟分析設定。

```
export DOCKER_BUILDKIT=1
docker build -t mweb-img -f ./docker/node.Dockerfile --progress plain .
```

查看分析結果。

```
#1 [internal] load .dockerignore
#1 transferring context: 2B 0.0s done
#1 DONE 0.1s


#2 [internal] load build definition from node.Dockerfile
#2 transferring dockerfile: 522B 0.0s done
#2 DONE 0.1s


#3 [internal] load metadata for harbor.baijiahulian.com/sre/pm2:4.4.0
#3 DONE 0.0s


#4 [1/4] FROM harbor.baijiahulian.com/sre/pm2:4.4.0
#4 resolve harbor.baijiahulian.com/sre/pm2:4.4.0 done
#4 DONE 0.0s
```

```
#6 [internal] load build context
#6 transferring context: 7.55MB 5.0s
#6 ...


#5 [2/4] RUN mkdir -p /usr/share/nginx/ssr
#5 DONE 6.3s


#6 [internal] load build context
#6 transferring context: 67.36MB 10.1s
#6 transferring context: 136.42MB 15.2s
#6 transferring context: 166.84MB 20.2s
#6 transferring context: 224.61MB 25.3s
#6 transferring context: 280.34MB 30.3s
#6 transferring context: 325.58MB 35.3s
#6 transferring context: 385.17MB 40.4s
#6 transferring context: 450.84MB 45.5s
#6 transferring context: 503.23MB 48.9s done
#6 DONE 49.3s


#7 [3/4] COPY . /usr/share/nginx/ssr/
#7 DONE 52.0s


#8 [4/4] WORKDIR /usr/share/nginx/ssr/
#8 DONE 0.0s


#9 exporting to image
#9 exporting layers
#9 exporting layers 47.0s done
#9 writing image sha256:f734***80df done
#9 naming to docker.io/library/mweb-img done
#9 DONE 47.1s
```

為了便於分析,將資料進行整理,如表 6-1 所示。

表 6-1

過程	描述	時間
#1	load .dockerignore	0.1s
#2	load build definition from node.Dockerfile	0.1s
#3	load metadata for harbor.baijiahulian.com/sre/pm2:4.4.0	0.0s
#4	FROM harbor.baijiahulian.com/sre/pm2:4.4.0	0.0s
#5	RUN mkdir -p /usr/share/nginx/ssr	6.3s
#6	load build context	49.3s
#7	COPY . /usr/share/nginx/ssr/	52.0s
#8	WORKDIR /usr/share/nginx/ssr/	0.0s
#9	exporting to image	47.1s

透過建構時間不難看出，#6、#7、#9 是整個階段耗時較長的 3 個步驟。

2. 定位問題

（1）#6 load build context。

很明顯，上下文資訊被打包到鏡像內，導致鏡像體積過大且耗時較長。

（2）#7 COPY . /usr/share/nginx/ssr/。

Node SSR 專案如果複製速度過慢，基本可以判定是由 node_modules 複製引起的，這裡不妨透過 .dockerignore 檔案進行忽略。

（3）#9 exporting to image。

匯出鏡像過程的速度受檔案大小的影響，間接是由上述兩個問題引起的，因此可以優先解決 #6 和 #7，後面再對比最佳化 #9。

3. 前後對照

（1）最佳化前 Dockerfile 檔案的設定如下。

```
FROM acr.jartto.com/sre/pm2:4.4.0 as pm2

RUN mkdir -p /usr/share/nginx/ssr
RUN npm install -g pm2

COPY . /usr/share/nginx/ssr/
WORKDIR /usr/share/nginx/ssr/
ENV NODE_ENV test

CMD npm run start
EXPOSE 19888
```

（2）最佳化後 Dockerfile 檔案的設定如下。

```
FROM harbor.jartto.com/library/node:10.22.0-alpine3.11

RUN mkdir -p /usr/share/nginx/ssr
WORKDIR /usr/share/nginx/ssr/

COPY package.json package-lock.json /usr/share/nginx/ssr/
RUN npm i --registry=http://[倉庫位址] --production --unsafe-perm=true
--allow-root && \
    npm run build:test && \
    npm cache clean --force

FROM scratch
COPY --from=0 . /usr/share/nginx/ssr/

CMD [ "npm", "run", "start" ]
EXPOSE 19888
```

（3）對比最佳化前後的差異。

透過對比最佳化前後兩個 Dockerfile 檔案的設定，不難發現以下差異。

- 最佳化後的 Dockerfile 檔案使用了 Alpine 版本。
- 最佳化後進行了多階段建構。
- 最佳化後設定了 .dockerignore 檔案,以減小上下文資訊的影響。
- 最佳化前是複製檔案「COPY . /usr/share/nginx/ssr/」,最佳化後則是單行安裝與建構「RUN npm i --registry=http://[倉庫位址] --production --unsafe-perm=true --allow-root && \ npm run build: test && \ npm cache clean --force」。
- 最佳化後鏡像從 870MB 減小到 261MB,提升較為明顯。

6.5 Docker 的安全性原則與加固

　　Docker 作為 PaaS 平臺技術變革的引領者,給研發帶來了全新的體驗,企業容器化的比例也越來越高,但在享受 Docker 為我們帶來便利的同時,容器的安全問題已經變得越來越不可忽視。

　　Docker 執行在宿主機上,與傳統的虛擬機器相比,容器鏡像、容器網路、鏡像倉庫、編排工具等容器生態的新風險因素也在不斷引入。容器的本質是執行在宿主機上的特殊的處理程序,所以作為處理程序的執行環境,宿主機的安全必須引起高度重視。

 Tips

安全方面需要考慮的問題有主機上的安全設定及主機的安全性漏洞是否影響容器的執行,容器內的處理程序是否可以利用主機上的安全性漏洞。在部署前需要對作業系統進行安全加固,如安裝軟體更新、移除不必要的軟體、關閉非必需的服務、設定強式密碼等。

容器與宿主機共用核心，因此一旦容器被攻擊導致核心當機，宿主機就必然受到影響。在 3.2 節和 3.3 節中闡述了 Docker 的隔離機制，當前 Namespace 支援隔離的機制還不是很完善，某些目錄在沒有特殊設定的情況下是共用的。開發人員可以透過 Cgroup 實現隔離，限制 CPU、記憶體、區塊裝置 I/O 等使用的權重或大小，使單一或多組容器不會完全突破宿主機的資源限制，從而保證安全。

6.5.1 Docker 的安全性原則

在絕大多數場景下，Docker 預設以 Root 使用者執行處理程序。當容器被攻擊時，可能會導致 Root 許可權被獲取。此時不用過分擔心，Docker 採用以核心為基礎的 Capability 機制來實現使用者在以 Root 身份執行容器的同時限制部分 Root 的操作。

但是如果主機執行了特權容器（有 Host 主機中 Root 許可權的容器，帶有 --Privileged 標識執行的容器），那麼將非常危險，特權容器的 Root 使用者幾乎可以做任何想做的事情，這也被稱為「容器逃逸」。

 Tips

Docker 使用 Namespace 隔離機制導致了容器內的處理程序無法看到外面的處理程序，但外面的處理程序可以看到容器內的處理程序，所以如果一個容器可以存取外面的資源，甚至是獲得了宿主機的許可權，就會產生安全隱憂，簡稱「逃逸」。

通常來説，容器不需要真正的 Root 許可權。因此，Docker 可以執行一個 Capability 較低的集合，這表示容器中的 Root 許可權比真正的 Root 許可權要少得多，這也間接保證了安全性。

- 否認所有掛載操作。
- 拒絕存取原始通訊端（防止資料封包欺騙）。
- 拒絕存取某些檔案系統操作，如建立新的裝置節點、更改檔案的所有者或修改屬性（包括不可變標識）。
- 拒絕模組載入。

這表示，即使入侵者在容器內獲取 Root 許可權，進行進一步攻擊也會遇到很多困難。在預設情況下，Docker 使用白名單而非黑名單，這就去除了所有非必要的功能。

6.5.2 鏡像安全

容器以容器鏡像檔案為基礎啟動，鏡像的安全將影響整個容器的安全。

如果執行的鏡像被植入了有風險的程式或鏡像中包含的元件有明顯的漏洞，那麼無異於自我毀滅。從公網上下載沒有官網驗證的鏡像檔案時一定要慎重。

漏洞表現在包含明顯漏洞的軟體、存在後門病毒、鏡像倉庫不安全、Dockerfile 檔案被篡改等方面，現在很多倉庫附帶一部分鏡像漏洞掃描工具，之前提到的 Harbor 就會透過 Clair 模組來實現。

> **Tips**
>
> 在容器發展早期，超過 1GB 的容器數不勝數。但隨著 Alphine 鏡像族的出現，其最小化安裝的特性使下載速度得到極大提升的同時，安全性也得到極大提高，因為其中幾乎沒有任何額外的軟體和處理程序，所以駭客攻無可攻。

在下載鏡像時，需要進行漏洞掃描，同時覆蓋作業系統層面和應用層面。提供了公開 Dockerfile 檔案的鏡像會優先自行建構，避免鏡像後門植入。

綜上可知，在建構容器的過程中可能會出現的風險點主要有 3 種。

- 鏡像非官方驗證。
- Dockerfile 檔案中存在敏感性資料。
- 部署額外的軟體擴大攻擊面。

因此，開發人員需要從本質上理解常見的攻擊手段，這樣才能做到防患於未然。

6.5.3 容器網路的安全性

Docker 在預設情況下是採用橋接模式進行連接的，Docker0 作為二層交換機進行轉發，越來越多的容器使用 Docker0 轉發，其穩定性和安全性就顯得格外重要。

為了提高網路轉發的效率，通常預設容器是不會對經過它的資料封包做任何過濾的，因此非常容易被 MAC 泛洪攻擊（攻擊者利用這種學習機制不斷給交換機發送不同的 MAC 位址，以至充滿整個 MAC 表，此時交換機只能進行資料廣播，攻擊者憑此獲得資訊）或 ARP 欺騙（針對乙太網位址解析通訊協定的一種攻擊技術，透過欺騙區域網內存取者個人電腦的閘道的 MAC 位址，使存取者個人電腦錯以為攻擊者更改後的 MAC 位址是閘道的 MAC 位址，導致網路不通）。

另外，容器的 IP 位址是隨用隨取、隨刪隨消的，因此可能會導致被攻擊的 IP 位址被分配給新的容器使攻擊擴大。在跨主機的通訊中，很多方案使用的是覆蓋網路模式，使用 VXLAN（Virtual eXtensible LAN，虛擬可擴充區域網）在不同主機間的 Underlay 網路之上再組成新的虛擬網路，問題就被引入，VXLAN 上的流量是沒有加密的，傳輸內容非常容易被攻擊者盜取和篡改。

6.5.4 網路攻擊與防範

在容器中，網路攻擊與防範依賴容器自身生命週期的管理。這是非常容易理解的，也是研發人員和運行維護人員最直接的安全加固想法。

在生產環境的實踐中，鏡像作為持續整合的成果進入製品函式庫，不同的程式語言、不同的業務線，以及不同的架構層基礎鏡像的選擇規範、Dockerfile 檔案的程式 Review（敏感資訊和程式規範）等需要加入鏡像的生成規範中。

鏡像倉庫中的鏡像需要進行持續的深度掃描、簽名驗證等，以防止惡意鏡像流入生產環境的鏡像倉庫中。此外，需要對鏡像倉庫的介面進行加固，以及對鏡像操作日誌進行稽核，以防止鏡像倉庫系統被入侵攻擊和惡意修改。在發布過程中，容器鏡像的傳輸非常重要，嚴格要求使用 HTTPS 協定進行加密傳輸，以防止中間人攻擊（Man-in-the-MiddleAttack，MITM 攻擊）篡改鏡像。

> 💡 **Tips**
>
> 中間人攻擊是一種間接的入侵攻擊模式，這種攻擊模式透過各種技術手段將受入侵者控制的一台電腦虛擬放置在網路連接中的兩台通訊電腦之間，這台電腦就稱為「中間人」。

在 Kubernetes 叢集或宿主機上執行容器時，主機層的鏡像稽核和回掃非常有必要，同時需要對鏡像進行深度分析並對鏡像的符合規範基準線進行掃描來檢測在主機側是否有惡意鏡像。

總之，Docker 的安全風險無處不在，需要從最開始就嚴格按照規範來執行，安全無小事，開發人員務必重視。

6.6 Docker 的叢集管理 1──Swarm

在服務容器化之後不得不面臨的問題就是 Docker 編排，包括單台宿主機上的不同容器、不同宿主機上的不同容器，以及服務單元之間的啟動順序（相依關係）、生命週期的管理等。

Docker 在成為 PaaS 方案的事實標準後，容器編排工具成為各大廠商競逐的新市場。本節將對 Docker 官方提供的 Swarm 方案和 Google 開放原始碼的 Kubernetes 方案進行逐一講解。

6.6.1 Swarm 叢集管理 1──Docker 原生管理

1. Swarm 簡介

Swarm 最開始是一個單獨的專案，在 1.12 版本被合併到 Docker 中，也正是因為這個原因，Docker Swarm 成為 Docker 官方唯一原生支援的編排工具。與 Docker Compose 相比，Docker Swarm 更容易實現容器間跨主機的網路通訊，從而形成真正的 Docker 叢集。

Docker Swarm 是容器編排導向的強有力的工具，集中式的設計使其不再依賴每台主機上的 Docker Engine（即 Docker API），而是透過統一的設計和架構，與管理節點通訊即可實現資源的調配，充分利用底層宿主機的資源，並保證了容器的高可靠執行。

Docker Swarm 官方框架如圖 6-9 所示，分為 Swarm Manager 和 Swarm Node 兩部分。Swarm Manager 負責排程和服務發現，而 Swarm Node 則實際承擔工作負載。

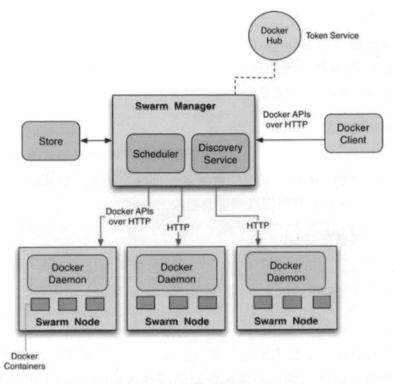

▲ 圖 6-9

　　在 Swarm 的官方測試資料中，Swarm 可擴充性的極限是在 1000 個節點上執行 50 000 個部署容器，每個容器的啟動時間為微秒級，同時性能無減損，其擴充性是非常強的。同時，以 Label、Affinity 等為基礎可以靈活排程。此外，Swarm Manager 的高可用架構將實現叢集的高可用，對服務的穩定性提供了重要保證。

2. Swarm 特性

　　（1）與 Docker 原生整合的叢集管理。

　　使用 Docker Engine CLI 建立一組 Docker Engine，可以在叢集中部署應用程式服務，而不需要額外的編排軟體來建立或管理叢集，與 Kubernetes 相比，Swarm 更加輕量。

（2）去中心化設計。

Swarm 叢集中 Manager 和 Node 不同的角色不是在部署時進行區分的，而是在依賴執行時期進行區分，Manager 和 Node 依賴的是相同的 Docker 引擎，因此給叢集擴充 / 縮小帶來了極大的便利性。

（3）宣告式服務模型。

Docker Engine 使用宣告式方法來定義應用程式堆疊中各種服務的狀態。舉例來説，開發人員可能會宣告一個應用程式，該程式由 Web 前端、訊息佇列服務和資料庫後端服務組成。

（4）服務擴充 / 縮小。

對於任意服務可以宣告要執行的任務數量。當需要擴大或縮小規模時，叢集管理器會透過增加或刪除任務來自動適應以保持所需的狀態。

（5）狀態協調。

Swarm 管理器節點不斷監控叢集狀態，並協調實際狀態和期望狀態之間的差異。舉例來説，如果宣告一個服務來執行容器的 10 個副本，當託管其中 2 個副本的 Node 節點當機時，管理器會建立 2 個新副本來替換當機的副本。Swarm Manager 將新的副本分配給正在執行且可用的 Worker。

（6）跨主機網路。

為服務指定一個覆蓋網路。群管理器在初始化或更新應用程式時自動為覆蓋網路上的容器分配位址。

（7）服務發現。

Swarm 管理器節點為 Swarm 中的每個服務分配一個唯一的 DNS 名稱並平衡執行容器的負載。開發人員可以透過嵌入在 Swarm 中的 DNS 伺服器查詢在 Swarm 中執行的每個容器。

（8）負載平衡。

可以將服務的通訊埠暴露給外部負載平衡器。在內部，Swarm 允許開發人員指定如何在節點之間分發服務容器。

（9）安全機制。

Swarm 中的每個節點都強制執行 TLS 相互身份驗證和加密，以保護自身與所有其他節點之間的通訊。開發人員可以選擇使用自簽名根憑證或自訂根 CA 的憑證進行身份驗證。

（10）捲動更新。

叢集可以增量地將服務更新應用到節點。Swarm 管理器允許開發人員自行控制服務部署到不同節點集之間的延遲。如果出現任何問題，開發人員可以導回到該服務的先前版本。

6.6.2 Swarm 叢集管理 2——Swarm 叢集架設

1. 環境準備

在大部分的情況下，開發人員需要提前準備 3 台四核心 CPU 8GB 記憶體的伺服器，系統選用 CentOS 7.8，如下所示。

```
10.255.3.71  manager
10.255.3.69  node
10.255.3.70  node
```

在進行下一步操作之前，開發人員需要在每台機器上部署 Docker 服務。

2. 初始化 Master 伺服器

透過 Swarm 初始化 Master 伺服器。

```
#docker swarm init --advertise-addr  10.255.3.71
```

此時，伺服器的輸出結果如下。

```
Swarm initialized: current node (oknq***fy4t) is now a manager.
To add a worker to this swarm, run the following command:

docker swarm join --token SWMTKN-1-3yyq***kqw6 10.255.3.71:2377

To add a manager to this swarm, run 'docker swarm join-token manager' and
follow the instructions.
```

從提示中可以看出，透過 docker swarm join 命令可以將 Worker 角色增加到當前 Swarm 中。

3. 加入 Node

```
#docker swarm join --token SWMTKN-1-3yyq***kqw6 10.255.3.71:2377
```

主控台的輸出結果如下。

```
This node joined a swarm as a worker.
```

加入時的角色並不會影響節點後續升級 / 降級為 Node 或 Manager。

```
#docker node demote node02
#docker node promote node02
#docker node ls
```

查看 Node 列表資訊。

```
ID                        HOSTNAME            STATUS
AVAILABILITY    MANAGER STATUS    ENGINE    VERSION
Ok**4t *  docker-swarm-test01    Ready    Active    Leader    20.10.6
n0**m0    docker-swarm-test02    Ready    Active              20.10.6
```

```
do**rw      docker-swarm-test03   Ready      Active                   20.10.6
#docker node promote docker-swarm-test02
Node docker-swarm-test02 promoted to a manager in the swarm.
#docker node ls
ID                          HOSTNAME           STATUS
AVAILABILITY    MANAGER STATUS    ENGINE    VERSION
Ok**4t *    docker-swarm-test01   Ready      Active     Leader      20.10.6
n0**m0      docker-swarm-test02   Ready      Active     Reachable   20.10.6
do**rw      docker-swarm-test03   Ready      Active                   20.10.6
#docker node demote docker-swarm-test02
Manager docker-swarm-test02 demoted in the swarm.
#docker node ls
ID                          HOSTNAME           STATUS
AVAILABILITY    MANAGER STATUS    ENGINE VERSION
Ok**4t *    docker-swarm-test01   Ready      Active     Leader      20.10.6
n0**m0      docker-swarm-test02   Ready      Active                   20.10.6
do**rw      docker-swarm-test03   Ready      Active                   20.10.6
```

4. 執行服務

在 Manager 上查看叢集節點。

```
#docker node ls
```

輸出結果如下。

```
ID    HOSTNAME      STATUS    AVAILABILITY    MANAGER STATUS    ENGINE VERSION
Ok**4t *  docker-swarm-test01   Ready   Active       Leader         20.10.6
n0**m0    docker-swarm-test02   Ready   Active                      20.10.6
do**rw    docker-swarm-test03   Ready   Active                      20.10.6
```

下面開始建立 Nginx 的 Service 服務。

```
#docker service create --replicas 6  --name swarm-nginx  -p 80:80 nginx
```

輸出結果如下。

```
9444mjj0y17m91vm1qf3huxp1
overall progress: 6 out of 6 tasks
1/6: running    [==================================================>]
2/6: running    [==================================================>]
3/6: running    [==================================================>]
4/6: running    [==================================================>]
5/6: running    [==================================================>]
6/6: running    [==================================================>]
verify: Service converged
```

查看服務清單。

```
#docker service ls
```

如果終端出現以下資訊，則說明服務正常執行。

```
ID        NAME          MODE        REPLICAS  IMAGE           PORTS
94**7m    swarm-nginx   replicated  6/6       nginx:latest    *:80->80/tcp
```

5. 服務擴充 / 縮小

先查看目前 swarm-nginx 處理程序的狀態。

```
#docker service ps swarm-nginx
```

透過輸出日誌可以看到，目前有 6 個 swarm-nginx 處理程序正在正常執行。

```
ID        NAME            IMAGE           NODE              
DESIRED STATE   CURRENT STATE             ERROR     PORTS
xq**ei    swarm-nginx.1   nginx:latest    docker-swarm-test02   Running
Running about a minute ago
f0**fu    swarm-nginx.2   nginx:latest    docker-swarm-test03   Running
Running about a minute ago
0w**og    swarm-nginx.3   nginx:latest    docker-swarm-test01   Running
Running about a minute ago
i6**nr    swarm-nginx.4   nginx:latest    docker-swarm-test02   Running
```

```
Running about a minute ago
sw**aa    swarm-nginx.5    nginx:latest    docker-swarm-test03    Running
Running about a minute ago
co**zs    swarm-nginx.6    nginx:latest    docker-swarm-test01    Running
Running about a minute ago
```

那麼如何進行縮小呢？可以透過調整 scale 參數來實現。

```
#docker service scale swarm-nginx=2
```

進行縮小操作後，終端的輸出結果如下。

```
swarm-nginx scaled to 2
overall progress: 2 out of 2 tasks
1/2: running    [===============================================>]
2/2: running    [===============================================>]
verify: Service converged
```

這時再來看看處理程序數量是否有變化。

```
#docker service ps swarm-nginx
```

從輸出日誌中不難發現，只有 swarm-nginx.1 處理程序和 swarm-nginx.2 處理程序正在執行。

```
ID          NAME            IMAGE           NODE
DESIRED STATE   CURRENT STATE           ERROR      PORTS
xq**ei    swarm-nginx.1    nginx:latest    docker-swarm-test02    Running
Running 2 minutes ago
f0**fu    swarm-nginx.2    nginx:latest    docker-swarm-test03    Running
Running 2 minutes ago
```

擴充操作也非常簡單，執行以下命令可以將處理程序數量調整為 4。

```
#docker service scale swarm-nginx=4
```

執行命令，等待終端執行完畢。

```
swarm-nginx scaled to 4
overall progress: 4 out of 4 tasks
1/4: running   [==================================================>]
2/4: running   [==================================================>]
3/4: running   [==================================================>]
4/4: running   [==================================================>]
verify: Service converged
```

查看處理程序。

```
#docker service ps swarm-nginx
```

繼續列印當前處理程序。

```
ID              NAME              IMAGE           NODE
DESIRED STATE   CURRENT STATE                     ERROR      PORTS
xq**ei     swarm-nginx.1    nginx:latest    docker-swarm-test02    Running
Running 3 minutes ago
f0**fu     swarm-nginx.2    nginx:latest    docker-swarm-test03    Running
Running 3 minutes ago
g6**wi     swarm-nginx.3    nginx:latest    docker-swarm-test01    Running
Running 34 seconds ago
ou**1e     swarm-nginx.4    nginx:latest    docker-swarm-test01    Running
Running 34 seconds ago
```

實例數從 2 變成 4，擴充完成。其實 Docker Swarm 還提供了 RESTful 的 Dashboard，使開發人員可以即時看到叢集的情況。

```
#docker run -d -p 8080:8080 -e HOST=172.16.xxx.xxx -e PORT=8080 -v /var/run/
docker.sock:/var/ run/docker.sock --name visualizer dockersamples/visualizer
```

整個操作過程非常流暢，難度也並不是很大。但是要完全掌握 Swarm，還需要進行進一步實踐。6.6.3 節將透過一個實際案例來進行進一步說明。

6.6.3 Swarm 叢集管理 3──Swarm WordPress 部署

WordPress 是一個免費的開放原始碼專案，在 GNU 通用公共許可證下授權發布。WordPress 為內容管理系統軟體，提供了很多協力廠商開發的免費範本，安裝方式非常簡單。

本節將透過一個實際案例來演示如何透過 Swarm 管理和部署 WordPress 專案。

1. 建立一個覆蓋網路

```
#docker network create -d overlay wordpress-net
```

終端的輸出結果如下。

```
z01vws07pxtljz9rt7i025rsg
```

2. 建立 MySQL 資料庫

```
#docker service create --name mysql --env MYSQL_ROOT_PASSWORD=root
--env MYSQLDATABASE=wordpress --network=wordpress-net --mount
type=volume,source=mysql-data,destination=/var/lib/mysql mysql:5.7
```

如果終端輸出以下結果，則表示建立成功。

```
w1q9yyjdfgfi6yn8d7yyk0bva
overall progress: 1 out of 1 tasks
1/1: running   [=================================================>]
verify: Service converged
```

查看 MySQL 處理程序。

```
#docker service ps mysql
ID              NAME      IMAGE      NODE                DESIRED
```

```
STATE    CURRENT STATE              ERROR      PORTS
xt**n1   mysql.1   mysql:5.7   docker-swarm-test02   Running           Running
43 seconds ago
```

3. 建立 WordPress 實例

```
#docker service create --name wordpress -p 80:80 --network=wordpress-net
--env
WORDPRESS_DB_PASSWORD=root --env WORDPRESS_DB_HOST=mysql wordpress
```

在正常情況下，終端會輸出以下日誌。

```
w9bbkfiwwev25rd26d8u3sui5
overall progress: 1 out of 1 tasks
1/1: running    [===================================================>]
verify: Service converged
```

查看處理程序是否正常。

```
#docker service ps wordpress
```

透過終端輸出的處理程序日誌可以確定 wordpress.1 已經正常執行。

```
ID              NAME          IMAGE              NODE
DESIRED STATE   CURRENT STATE              ERROR      PORTS
sg**5l   wordpress.1   wordpress:latest   docker-swarm-test01   Running
Running 15 seconds ago
```

至此，整個服務就部署完成並且可以存取。是不是很簡單？趕快上手試試吧！

6.7 Docker 的叢集管理 2——Kubernetes

在 6.6 節中介紹了 Swarm 的叢集管理，但在企業級的專案中很少使用 Docker Swarm 方案。因為企業級的專案比單獨的專案更加複雜，對網路或儲存的要求更高，並且在服務的監控方面 Stats 還是相對較弱的。

除此之外，在雲端運算的背景下，Swarm 並不具備彈性擴充 / 縮小（根據某一性能指標進行擴充 / 縮小）的特性，因此與 Docker Swarm 相比，Kubernetes 在企業級容器解決方案中更佔優勢。截至目前，Kubernetes 已經成為容器編排的新舵手，容器進入 Kubernetes 時代！

6.7.1 Kubernetes 容器編排 1——簡介

如果將 Docker 應用於龐大的業務，則一定會存在編排、管理和排程等問題。於是，開發人員迫切需要一套管理系統，從而對 Docker 及容器進行更高級、更靈活的管理。

Kubernetes 應運而生！

1. Kubernetes 簡介

Kubernetes 源於希臘語，意為舵手或飛行員。Google 在 2014 年開放原始碼了 Kubernetes 專案，其建立在 Google 在大規模執行生產工作負載方面擁有十幾年的經驗的基礎上，並且結合了社區中最好的想法和實踐。Kubernetes 一經推出就受到開放原始碼社區的極力熱捧，而開發人員導向的宣告式程式設計體驗，更是為其發展提供了大量的忠實粉絲。

> **Tips**
>
> K8s 是 Kubernetes 的簡稱，用 8 替代了「ubernete」，下面將使用其簡稱。

當前 K8s 已經成為容器編排領域的事實標準，容器編排幾乎可以和 K8s 畫等號。K8s 支援公有雲、私有雲、混合雲、多重雲，可以被移植到絕大多數雲端平台上。同時，K8s 所具備的模組化、外掛程式化、可掛載、可組合的特點也極大地增強了其擴充性。此外，運行維護側導向的自動部署、自動重新啟動、自動複製、自動伸縮 / 擴充的特點使運行維護人員成為 K8s 的支持者。

2. K8s 的作用與特點

K8s 的作用包括以下幾點。

- 快速部署應用。
- 快速擴充應用。
- 無縫對接新的應用功能。
- 節省資源，最佳化硬體資源的使用。

K8s 有以下幾個特點。

- 可移植：支援公有雲、私有雲、混合雲、多重雲。
- 可擴充：模組化、外掛程式化、可掛載、可組合。
- 自動化：自動部署、自動重新啟動、自動複製、自動伸縮 / 擴充。

6.7.2 Kubernetes 容器編排 2——架構

K8s 由兩部分組成：Master 節點和 Worker 節點。Master 節點負責管理，Worker 節點負責提供負載及執行容器。Master 節點主要由四大元件組成，如圖 6-10 所示。

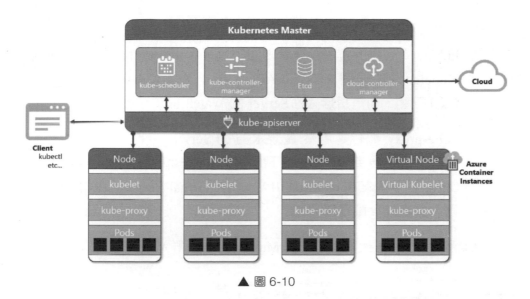

▲ 圖 6-10

下面將逐一介紹 K8s 架構中的各個組成部分。

1. Master 節點

- kube-scheduler：監聽 Etcd 中 Pods 目錄下的變化，然後透過排程演算法分配 Node。

- kube-controller-manager：控制器管理服務，作為 K8s 控制器模式的實際承擔者，透過監聽 Etcd 中的 /registry/events 事件，管理 Node、Service、Pods、Namespace 等。

- Etcd：作為 K8s 的儲存服務和設定中心，負責儲存所有元件的定義和狀態，不同元件之間的互動也是依賴 Etcd 來完成的。

- kube-apiserver：核心服務，負責內部和外部，提供安全機制，大部分介面可以直接讀 / 寫 Etcd。

2. Worker（Node）節點

- kubelet：容器的實際管理者，同時負責 Volume、Images 的管理。
  Kubelet 也是一個 RESTful API 介面，但是 Kubelet 並不直接與
  Etcd 互動，而是透過 API Server 的 Watch 機制來實現通訊。

- kube-proxy：主要用於實現 K8s 的 Service，提供內部的負載
  平衡。K8s 為每個 Service 建立 Clusterip 和通訊埠，提供代理
  （Proxy），依賴 Iptables 或 IPVS（IP Virtual Server，IP 虛擬伺服
  器）來實現負載平衡。

概括來説，K8s 架構就是一個 Master 對應一群 Worker 節點。

6.7.3 Kubernetes 容器編排 3──安裝

在實際工作中，公司都會考慮降低運行維護成本。因此，通常公司
需要自行架設或直接使用雲端廠商的託管 K8s。為了讓讀者更快地熟悉
K8s，下面將演示如何自行架設一套單 Master 的 K8s 架構。

1. 設定基礎環境

首先，準備兩台安裝 CentOS 7 的機器，完成初始化。在每台機器上
執行以下命令。

```
#swapoff -a && sed -i '/ swap / s/^\(.*\)$/#\1/g' /etc/fstab
#setenforce 0 && sed -i 's/^SELINUX=.*/SELINUX=disabled/' /etc/selinux/config
#echo "10.253.1.55 k8s-master" >> /etc/hosts
#echo "10.253.1.56 k8s-worker01" >> /etc/hosts
```

然後，在 Master 機器上執行 hostnamectl set-hostname 命令，設定
k8s-master。

```
#hostnamectl set-hostname k8s-master
```

最後，在 Worker 機器上執行 hostnamectl set-hostname 命令，設定 k8s-worker01。

```
#hostnamectl set-hostname k8s-worker01
```

2. 安裝 Docker

使用 yum 命令安裝 Docker，並且啟動服務。

```
#yum install -y yum-utils device-mapper-persistent-data lvm2
#yum-config-manager --add-repo http://[來源位址]/docker-ce/linux/centos/
docker-ce.repo
#yum -y install docker-ce
#yum makecache fast
#service docker start
```

3. 指定本機倉庫

這裡使用 cat 命令，開啟 daemon.json 檔案並增加以下內容。

```
#cat > /etc/docker/daemon.json << EOF
{
    "insecure-registries":["harbor."],
    "registry-mirrors": ["https://[docker-cn位址]", "https://[aliyuncs位址
]", "https://[ustc.edu位址"]
}
EOF
```

4. 安裝並啟動 K8s

在所有節點中執行以下命令，並安裝 kubelet、kubeadm 及 kubectl。

```
cat > /etc/yum.repos.d/kubernetes.repo << EOF
[kubernetes]
name=Kubernetes
baseurl=https://[就近來源位址]/kubernetes/yum/repos/kubernetes-el7-x86_64/
enabled=1
```

```
gpgcheck=1
repo_gpgcheck=1
gpgkey=https://［就近來源位址］/kubernetes/yum/doc/yum-key.gpg https://［就近來源
位址］/kubernetes/yum/ doc/rpm-package-key.gpg
EOF
yum install kubelet-1.16.9-0 kubeadm-1.16.9-0 kubectl-1.16.9-0 -y
systemctl enable kubelet.service
```

5. 預先拉取鏡像

kubeadm 是一個工具，提供的 kubeadm init 命令和 kubeadm join 命令用來快速建立 K8s 叢集。

```
#kubeadm config images list
```

輸出鏡像列表。

```
k8s.gcr.io/kube-apiserver:v1.16.15
k8s.gcr.io/kube-controller-manager:v1.16.15
k8s.gcr.io/kube-scheduler:v1.16.15
k8s.gcr.io/kube-proxy:v1.16.15
k8s.gcr.io/pause:3.1
k8s.gcr.io/etcd:3.3.15-0
k8s.gcr.io/coredns:1.6.2
```

接下來需要修改檔案，使用 vim 命令開啟 kubeadm.sh 檔案。

```
#vim kubeadm.sh
```

在 kubeadm.sh 檔案中寫入以下內容。

```
#!/bin/bash
set -e

KUBE_VERSION=v1.16.9
KUBE_PAUSE_VERSION=3.1
ETCD_VERSION=3.3.15-0
```

```
CORE_DNS_VERSION=1.6.2

GCR_URL=k8s.gcr.io
ALIYUN_URL=registry.cn-hangzhou.aliyuncs.com/google_containers

images=(kube-proxy:${KUBE_VERSION}
kube-scheduler:${KUBE_VERSION}
kube-controller-manager:${KUBE_VERSION}
kube-apiserver:${KUBE_VERSION}
pause:${KUBE_PAUSE_VERSION}
etcd:${ETCD_VERSION}
coredns:${CORE_DNS_VERSION})

for imageName in ${images[@]} ; do
  docker pull $ALIYUN_URL/$imageName
  docker tag  $ALIYUN_URL/$imageName $GCR_URL/$imageName
  docker rmi $ALIYUN_URL/$imageName
done
```

　　執行 kubeadm.sh 檔案。需要注意的是，Master 節點和 Worker 節點機器都需要執行。

```
#sh kubeadm.sh
```

6. 初始化叢集

```
#kubeadm init --apiserver-advertise-address $(hostname -I | cut -d ' ' -f 1)
--pod-network-cidr 10.244.0.0/16 --kubernetes-version v1.16.9
#mkdir -p $HOME/.kube
#cp -i /etc/kubernetes/admin.conf $HOME/.kube/config
#chown $(id -u):$(id -g) $HOME/.kube/config
```

7. kubectl 命令列自動補全

　　通常使用 kubectl 命令列工具管理 K8s 叢集，其設定參數比較多，如果沒有命令列自動補全功能，則效果會大打折扣。在 Linux 中，透過執行 yum install bash-completion 命令安裝 bash-completion，生效後重新啟動，這樣就可以實現按 Tab 鍵自動補全命令。

```
#yum install bash-completion* -y
#echo "source <(kubectl completion bash)" >> ~/.bashrc
#source /etc/profile && source ~/.bashrc
```

修改 flannel.sh 檔案。

```
#vi flannel.sh
#!/bin/bash

set -e

FLANNEL_VERSION=v0.11.0

QUAY_URL=quay.io/coreos
QINIU_URL=quay.mirrors.ustc.edu.cn/coreos

images=(flannel:${FLANNEL_VERSION}-amd64
flannel:${FLANNEL_VERSION}-arm64
flannel:${FLANNEL_VERSION}-arm
flannel:${FLANNEL_VERSION}-ppc64le
flannel:${FLANNEL_VERSION}-s390x)

for imageName in ${images[@]} ; do
  docker pull $QINIU_URL/$imageName
  docker tag  $QINIU_URL/$imageName $QUAY_URL/$imageName
  docker rmi $QINIU_URL/$imageName
done
```

執行 flannel.sh 檔案，並下載 kube-flannel.yml 檔案。如果下載不下來，可以嘗試在 /etc/hosts 檔案中增加一筆「199.232.68.133 raw.githubusercontent.com」。

```
#sh flannel.sh
#wget https://〔githubusercontent 位址〕/coreos/flannel/master/Documentation/
kube-flannel.yml
```

完成上述操作後，就可以將 kube-flannel.yml 檔案應用到設定中。

```
#kubectl apply -f kube-flannel.yml
```

8. 加入叢集

kubeadm join 命令用來初始化 K8s 的 Worker 節點並將其加入叢集。

```
#kubeadm join --token  tjxj26.7y2jgq3y3if2xavt --discovery-token-ca-cert-
hash sha256: 6bf68977dc54b68259ecf4ed3e65daa300b8452b05b5d13dcfb89cd64ebe482b
10.253.1.55:6443
```

9. 查看叢集狀態

透過執行 kubectl 命令查看叢集狀態。

```
#kubectl get node
```

終端的輸出結果如下。

```
NAME            STATUS    ROLES     AGE    VERSION
k8s-master      Ready     master    22h    v1.16.9
k8s-worker01    Ready     <none>    21h    v1.16.9
```

一切準備就緒後即可開始使用。

6.7.4 Kubernetes 容器編排 4——基本使用

使用當前的 K8s 叢集即可編排 Docker，本節將以 Nginx 服務為例演示如何編排容器。K8s 中包含了非常多的概念，讀者如果不熟悉，可以翻看 6.7.1 節～ 6.7.3 節。

另外，K8s 官網提供了實驗環境，讀者可以進行基本命令的試用。

1. 透過 YAML 檔案建立一個 Deployment 檔案

透過執行 vim 命令新建 **nginx-deployment.yaml** 檔案，並寫入以下設定。

```
#vim nginx-deployment.yaml
apiVersion: apps/v1
kind: Deployment
metadata:
  name: nginx-deployment
spec:
  selector:
    matchLabels:
      app: nginx
  replicas: 2
  template:
    metadata:
      labels:
        app: nginx
    spec:
      containers:
      - name: nginx
        image: nginx:1.14.2
        ports:
        - containerPort: 80
```

應用設定。

```
#kubectl apply -f nginx-deployment.yaml
```

輸出 Deployment 檔案的資訊。

```
#kubectl describe deployment nginx-deployment
```

終端的輸出結果如下。

```
Name:                   nginx-deployment
Namespace:              default
CreationTimestamp:      Fri, 04 Jun 2021 22:08:51 +0800
Labels:                 <none>
Annotations:            deployment.kubernetes.io/revision: 1
                        kubectl.kubernetes.io/last-applied-configuration:
                          {"apiVersion":"apps/v1","kind":"Deployment","metada
ta": {"annotations":{},"name":"nginx-deployment","namespace":"default"},"spec
":{"replica...
Selector:               app=nginx
Replicas:               2 desired | 2 updated | 2 total | 1 available | 1
unavailable
StrategyType:           RollingUpdate
MinReadySeconds:        0
RollingUpdateStrategy:  25% max unavailable, 25% max surge
Pod Template:
  Labels:  app=nginx
  Containers:
   nginx:
    Image:        nginx:1.14.2
    Port:         80/TCP
    Host Port:    0/TCP
    Environment:  <none>
    Mounts:       <none>
  Volumes:        <none>
Conditions:
  Type           Status   Reason
  ----           ------   ------
  Available      False    MinimumReplicasUnavailable
  Progressing    True     ReplicaSetUpdated
OldReplicaSets:  <none>
NewReplicaSet:   nginx-deployment-574b87c764 (2/2 replicas created)
Events:
  Type    Reason            Age    From                    Message
  ----    ------            ----   ----                    -------
  Normal  ScalingReplicaSet 15s    deployment-controller   Scaled up replica
set nginx-deployment-574b87c764 to 2
```

查看建立的 Pods 的資訊。

```
#kubectl get pods -l app=nginx
```

從終端輸出的兩筆日誌中，開發人員可以清晰地看到 Pods 的執行狀態、重新啟動次數及執行時間等資訊。

```
NAME                                    READY    STATUS    RESTARTS    AGE
nginx-deployment-574b87c764-t8nhw       1/1      Running   0           88s
nginx-deployment-574b87c764-vqj7q       1/1      Running   0           88s
```

2. 更新 Deployment 檔案

更新 Deployment 檔案可以實現容器設定的即時修改，這為專案實現自動化及智慧化增加了更多的可能性。

（1）透過修改 YAML 檔案來實現擴充 / 縮小。

```
#vim nginx-deployment.yaml
apiVersion: apps/v1
kind: Deployment
metadata:
  name: nginx-deployment
spec:
  selector:
    matchLabels:
      app: nginx
  replicas: 4
  template:
    metadata:
      labels:
        app: nginx
    spec:
      containers:
      - name: nginx
        image: nginx:1.14.2
```

```
        ports:
        - containerPort: 80
```

應用設定檔。

```
#kubectl apply -f  nginx-deployment.yaml
```

獲取 Pods 的資訊。

```
#kubectl get pods -l app=nginx
```

終端的輸出結果如下。

```
NAME                                  READY    STATUS     RESTARTS    AGE
nginx-deployment-574b87c764-b5nm6     1/1      Running    0           19s
nginx-deployment-574b87c764-t8nhw     1/1      Running    0           5m2s
nginx-deployment-574b87c764-vqj7q     1/1      Running    0           5m2s
nginx-deployment-574b87c764-w7nm5     1/1      Running    0           19s
```

（2）透過命令列來進行擴充 / 縮小。

將 --replicas 參數的值改為 3，去掉一個實例。

```
#kubectl scale deployment/nginx-deployment --replicas=3
#kubectl get pods -l app=nginx
```

再次輸出結果，可以看到實例已經變為 3 個。

```
NAME                                  READY    STATUS     RESTARTS    AGE
nginx-deployment-574b87c764-b5nm6     1/1      Running    0           109s
nginx-deployment-574b87c764-t8nhw     1/1      Running    0           6m32s
nginx-deployment-574b87c764-vqj7q     1/1      Running    0           6m32s
```

如果要升級 Nginx 的鏡像版本呢？直接修改 YAML 檔案的 image 欄位重新應用（apply）即可，是不是十分便捷？下面不妨來試試。

```
#vi nginx-deployment.yaml
apiVersion: apps/v1
kind: Deployment
metadata:
  name: nginx-deployment
spec:
  selector:
    matchLabels:
      app: nginx
  replicas: 4
  template:
    metadata:
      labels:
        app: nginx
    spec:
      containers:
      - name: nginx
        image: nginx:1.16.1
        ports:
        - containerPort: 80
```

從設定檔中可以清晰地看到，Nginx 的版本編號從 1.14.1 改為 1.16.1。現在來看看 Pods 的狀態。

```
#kubectl get pods -l app=nginx
```

Pods 正常執行，沒有受到任何影響。

```
NAME                                 READY   STATUS    RESTARTS   AGE
nginx-deployment-5d66cc795f-497m6    1/1     Running   0          20s
nginx-deployment-5d66cc795f-67pmj    1/1     Running   0          66s
nginx-deployment-5d66cc795f-6drwk    1/1     Running   0          19s
nginx-deployment-5d66cc795f-p2qdj    1/1     Running   0          66s
```

透過執行 grep 命令查看設定檔中的鏡像是否都是 1.16.1。

```
#kubectl get pods -o yaml | grep '\- image'
```

終端的輸出結果印證了上述操作的假想。

```
- image: nginx:1.16.1
- image: nginx:1.16.1
- image: nginx:1.16.1
- image: nginx:1.16.1
```

讀者是否覺得意猶未盡？ K8s 支援的功能非常多，如服務暴露、儲存、網路策略等，讀者不妨多動手試試。

6.7.5 Kubernetes 應用實踐 1——Kafka 容器編排

訊息系統作為系統架構中非常核心的中介軟體，對服務解耦、訊息緩衝（削峰填穀）等架構的實現功不可沒。

業內最先成熟的訊息中介軟體是由 IBM 推出的 WebSphere MQ，隨著網際網路業務場景的快速發展，從 ActiveMQ、RabbitMQ 到 Kafka，訊息佇列的處理能力有了大幅提升。

本節重點介紹 Kafka 容器編排技術。

1. 認識 Kafka

Kafka 是由 Linked 開放原始碼的以 ZooKeeper 協調為基礎的分散式訊息系統，程式語言為 Scala，具有非常高的吞吐量和水平擴充能力。

Kafka 是訊息中介軟體，生產者（Producer）生產訊息後丟給 Kafka（Brokers），消費者（Consumer）從 Kafka 獲取消費資料，兩者都不需要關心資料是如何儲存的，從而實現資料流程解耦，如圖 6-11 所示。

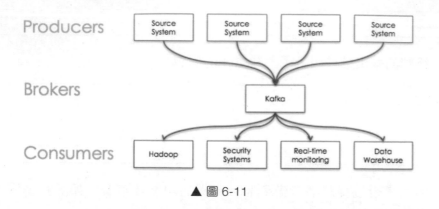

▲ 圖 6-11

2. Kafka 的適用場景

雖然 Kafka 具有高輸送量、低延遲、可擴充性、持久性、可靠性、容錯性、高並行等眾多優點，但並不是適用於任何場景。

下面具體介紹 Kafka 的適用場景。

- 訊息系統：Kafka 可以極佳地替代更傳統的訊息代理。訊息代理的使用有多種原因（將處理者與資料生產者分離、緩衝未處理的訊息等）。與大多數訊息系統相比，Kafka 不僅具有更高的輸送量，還具有內建分區、複製和容錯功能，這使其成為大規模訊息處理應用程式的良好的解決方案。

- 網頁 trace：Kafka 的原始使用案例能夠將使用者活動追蹤重建為一組即時發布訂閱來源，這表示，網站活動（頁面查看、搜尋或使用者可能採取的其他操作）被發布到中心主題，每個活動類型有一個主題。這些提要可以用於訂閱一系列使用案例，包括即時處理、即時監控，以及載入到 Hadoop 或離線資料倉儲系統，以進行離線處理和報告。

- 日誌擷取：Kafka 抽象了檔案的細節，並將日誌或事件資料作為訊息流進行了更清晰的抽象，這允許處理過程延遲更低，以及支援多個資料來源和分散式資料消費更容易,在通用的日誌收集方案 ELK 系統中,Kafka 幾乎是無法被替代的。

■ 流式處理:Kafka 的許多使用者在由多個階段組成的處理管道中處理資料,其中,先從 Kafka 主題中消費原始輸入資料,然後聚合、豐富或以其他方式將其轉為新主題,以進行進一步消費或後續處理,如 spark streaming 和 storm。

3. 準備工作

由以上資訊可知,Kafka 是需要儲存訊息的,這表示它是有狀態的。在 K8s 中必須有儲存媒體來存放這些訊息,如透過 PV、PVC、StorageClass 等技術來實現儲存功能。

(1)安裝 NFS 服務。

為了便於演示,下面將使用網路檔案系統(Network File System,NFS)為 ZooKeeper 和 Kafka 建立儲存。

讀者需要在節點一(IP 位址為「10.253.1.55」的伺服器)上安裝 NFS 服務,資料目錄位址為「/data/nfsdata/」,執行的命令如下。

```
$sudo yum -y install nfs-utils rpcbind
$sudo chmod 755 /data/nfsdata/
$sudo vi /etc/exports
/data/nfsdata*(rw,sync,no_root_squash)
```

啟動 rpcbind 服務(該工具可以使 RPC 程式號碼和通用位址互相轉換)。

```
$systemctl start rpcbind.service
$systemctl enable rpcbind
$systemctl status rpcbind
```

Tips

要想讓某台主機能向遠端主機的服務發起 RPC 呼叫，則該主機上的
rpcbind 服務必須處於已執行狀態。

準備就緒，啟動 NFS 服務。

```
$ systemctl start nfs.service
$ systemctl enable nfs
$ systemctl status nfs
```

在節點二（IP 位址為「10.253.1.56」的伺服器）上安裝 NFS 使用者
端。

```
yum -y install nfs-utils rpcbind
$ systemctl start rpcbind.service
$ systemctl enable rpcbind
$ systemctl start nfs.service
$ systemctl enable nfs
```

待安裝完成，執行掛載操作（使用 mount 命令）。

```
$ mount -t nfs 10.253.1.55:/data/nfsdata /root/tmpdata
```

當然，不要忘記驗證在使用者端建立的檔案是否掛載成功。

```
$ touch /root/tmpdata/nfs.txt
```

除此之外，也可以在伺服器端查看對應的日誌。

```
$ ls -ls /data/nfsdata /
total 44 -rw-r--r--. 1 root root 4 Aug 13 20:50 nfs.txt
```

如果出現 nfs.txt，則表示 NFS 服務安裝成功。

（2）建立 StorageClass

持久化儲存卷冊（Persistent Volume，PV）是運行維護人員建立的，開發人員通常操作持久化儲存宣告（Persistent Volume Claim，PVC）檔案。

但是在大規模叢集中可能會有很多 PV，如果這些 PV 都需要運行維護人員手動來處理，則會導致一場災難，在這種場景下就衍生出了動態供給（Dynamic Provisioning）的概念。

通常預設建立的 PV 採用靜態供給（Static Provisioning）方式。而動態供給的關鍵是 StorageClass，其作用是建立 PV 範本。

如果使用 StorageClass，則需要部署對應的自動設定程式。下面依然使用 NFS 服務來演示。

首先，設定 nfs-client 的 deployment--nfs-client-provisioner.yaml 檔案。

```yaml
kind: Deployment
apiVersion: extensions/v1beta1
metadata:
  name: nfs-client-provisioner
spec:
  replicas: 1
  strategy:
    type: Recreate
  template:
    metadata:
      labels:
        app: nfs-provisioner
    spec:
      serviceAccountName: nfs-client-provisioner
      containers:
        - name: nfs-client-provisioner
          image: quay.io/external_storage/nfs-client-provisioner:latest
          volumeMounts:
```

```
        - name: nfs-client-root
          mountPath: /nfstvolumes
      env:
        - name: PROVISIONER_NAME
          value: fuseim.pri/ifs
        - name: NFS_SERVER
          value: 10.253.1.55
        - name: NFS_PATH
          value: /data/nfsdata
    volumes:
      - name: nfs-client-root
        nfs:
          server: 10.253.1.55
          path: /data/nfsdata
```

其次，因為 K8s 使用以角色為基礎的存取控制（Role Based Access Control，RBAC）來控制許可權，所以需要建立一個 sa 角色並指定 --nfs-client-provisioner-sa.yaml 檔案。

```
apiVersion: v1
kind: ServiceAccount
metadata:
  name: nfs-client-provisioner

---
kind: ClusterRole
apiVersion: rbac.authorization.k8s.io/v1
metadata:
  name: nfs-client-provisioner-runner
rules:
  - apiGroups: [""]
    resources: ["persistentvolumes"]
    verbs: ["get", "list", "watch", "create", "delete"]
  - apiGroups: [""]
    resources: ["persistentvolumeclaims"]
    verbs: ["get", "list", "watch", "update"]
  - apiGroups: ["storage.k8s.io"]
    resources: ["storageclasses"]
```

```
    verbs: ["get", "list", "watch"]
  - apiGroups: [""]
    resources: ["events"]
    verbs: ["list", "watch", "create", "update", "patch"]
  - apiGroups: [""]
    resources: ["endpoints"]
    verbs: ["create", "delete", "get", "list", "watch", "patch", "update"]

---
kind: ClusterRoleBinding
apiVersion: rbac.authorization.k8s.io/v1
metadata:
  name: run-nfs-client-provisioner
subjects:
  - kind: ServiceAccount
    name: nfs-client-provisioner
    namespace: default
roleRef:
  kind: ClusterRole
  name: nfs-client-provisioner-runner
  apiGroup: rbac.authorization.k8s.io
```

接下來，建立 storageclass--nfs-storageclass.yaml 檔案。

```
apiVersion: storage.k8s.io/v1
kind: StorageClass
metadata:
  name: nfs-sc
provisioner: fuseim.pri/ifs
```

最後，應用設定檔。

```
$ kubectl apply -f deployment--nfs-client-provisioner.yaml
$ kubectl apply -f deployment--nfs-client-provisioner-sa.yaml
$ kubectl apply -f storageclass--nfs-storageclass.yaml
```

確認狀態正常即可，接下來進行部署操作。

4. 執行部署

部署過程包含多個檔案，下面逐步操作。

（1）部署 zookeeper.yaml 檔案。

```
# 部署 Service Headless，用於 ZooKeeper 之間的相互通訊
apiVersion: v1
kind: Service
metadata:
  name: zookeeper-headless
  labels:
    app: zookeeper
spec:
  type: ClusterIP
  clusterIP: None
  publishNotReadyAddresses: true
  ports:
  - name: client
    port: 2181
    targetPort: client
  - name: follower
    port: 2888
    targetPort: follower
  - name: election
    port: 3888
    targetPort: election
  selector:
    app: zookeeper
---
# 部署 Service，用於在外部存取 ZooKeeper
apiVersion: v1
kind: Service
metadata:
  name: zookeeper
  labels:
    app: zookeeper
spec:
  type: ClusterIP
```

```
  ports:
  - name: client
    port: 2181
    targetPort: client
  - name: follower
    port: 2888
    targetPort: follower
  - name: election
    port: 3888
    targetPort: election
  selector:
    app: zookeeper
---
apiVersion: apps/v1
kind: StatefulSet
metadata:
  name: zookeeper
  labels:
    app: zookeeper
spec:
  serviceName: zookeeper-headless
  replicas: 3
  podManagementPolicy: Parallel
  updateStrategy:
    type: RollingUpdate
  selector:
    matchLabels:
      app: zookeeper
  template:
    metadata:
      name: zookeeper
      labels:
        app: zookeeper
    spec:
      securityContext:
        fsGroup: 1001
      containers:
      - name: zookeeper
        image: docker.io/bitnami/zookeeper:3.4.14-debian-9-r25
```

```
        imagePullPolicy: IfNotPresent
        securityContext:
          runAsUser: 1001
        command:
         - bash
         - -ec
         - |
            HOSTNAME=`hostname -s`
            if [[ $HOSTNAME =~ (.*)-([0-9]+)$]]; then
              ORD=${BASH_REMATCH[2]}
              export ZOO_SERVER_ID=$((ORD+1))
            else
              echo "Failed to get index from hostname $HOST"
              exit 1
            fi
            . /opt/bitnami/base/functions
            . /opt/bitnami/base/helpers
            print_welcome_page
            . /init.sh
            nami_initialize zookeeper
            exec tini -- /run.sh
        resources:
          limits:
            cpu: 500m
            memory: 512Mi
          requests:
            cpu: 250m
            memory: 256Mi
        env:
        - name: ZOO_PORT_NUMBER
          value: "2181"
        - name: ZOO_TICK_TIME
          value: "2000"
        - name: ZOO_INIT_LIMIT
          value: "10"
        - name: ZOO_SYNC_LIMIT
          value: "5"
        - name: ZOO_MAX_CLIENT_CNXNS
          value: "60"
```

```
              - name: ZOO_SERVERS
                value: "
                        zookeeper-0.zookeeper-headless:2888:3888,
                        zookeeper-1.zookeeper-headless:2888:3888,
                        zookeeper-2.zookeeper-headless:2888:3888
                        "
              - name: ZOO_ENABLE_AUTH
                value: "no"
              - name: ZOO_HEAP_SIZE
                value: "1024"
              - name: ZOO_LOG_LEVEL
                value: "ERROR"
              - name: ALLOW_ANONYMOUS_LOGIN
                value: "yes"
            ports:
            - name: client
              containerPort: 2181
            - name: follower
              containerPort: 2888
            - name: election
              containerPort: 3888
            livenessProbe:
              tcpSocket:
                port: client
              initialDelaySeconds: 30
              periodSeconds: 10
              timeoutSeconds: 5
              successThreshold: 1
              failureThreshold: 6
            readinessProbe:
              tcpSocket:
                port: client
              initialDelaySeconds: 5
              periodSeconds: 10
              timeoutSeconds: 5
              successThreshold: 1
              failureThreshold: 6
            volumeMounts:
            - name: data
```

```
          mountPath: /bitnami/zookeeper
  volumeClaimTemplates:
    - metadata:
        name: data
        annotations:
      spec:
        storageClassName: nfs-sc# 指定為上面建立的 storageclass--nfs-
storageclass.yaml 檔案
        accessModes:
          - ReadWriteOnce
        resources:
          requests:
            storage: 5Gi
```

應用設定檔。

```
# kubectl apply -f zookeeper.yaml
```

（2）部署 kafka.yaml 檔案。

```
# 部署 Service Headless，用於 Kafka 之間的相互通訊
apiVersion: v1
kind: Service
metadata:
  name: kafka-headless
  labels:
    app: kafka
spec:
  type: ClusterIP
  clusterIP: None
  ports:
  - name: kafka
    port: 9092
    targetPort: kafka
  selector:
    app: kafka
---
# 部署 Service，用於在外部存取 Kafka
```

```
apiVersion: v1
kind: Service
metadata:
  name: kafka
  labels:
    app: kafka
spec:
  type: ClusterIP
  ports:
  - name: kafka
    port: 9092
    targetPort: kafka
  selector:
    app: kafka
---
apiVersion: apps/v1
kind: StatefulSet
metadata:
  name: "kafka"
  labels:
    app: kafka
spec:
  selector:
    matchLabels:
      app: kafka
  serviceName: kafka-headless
  podManagementPolicy: "Parallel"
  replicas: 3
  updateStrategy:
    type: "RollingUpdate"
  template:
    metadata:
      name: "kafka"
      labels:
        app: kafka
    spec:
      securityContext:
        fsGroup: 1001
        runAsUser: 1001
```

```
        containers:
      - name: kafka
        image: "docker.io/bitnami/kafka:2.3.0-debian-9-r4"
        imagePullPolicy: "IfNotPresent"
        resources:
          limits:
            cpu: 500m
            memory: 512Mi
          requests:
            cpu: 250m
            memory: 256Mi
        env:
        - name: MY_POD_IP
          valueFrom:
            fieldRef:
              fieldPath: status.podIP
        - name: MY_POD_NAME
          valueFrom:
            fieldRef:
              fieldPath: metadata.name
        - name: KAFKA_CFG_ZOOKEEPER_CONNECT
          value: "zookeeper"                 #ZooKeeper Service 的名稱
        - name: KAFKA_PORT_NUMBER
          value: "9092"
        - name: KAFKA_CFG_LISTENERS
          value: "PLAINTEXT://:$(KAFKA_PORT_NUMBER)"
        - name: KAFKA_CFG_ADVERTISED_LISTENERS
          value: 'PLAINTEXT://$(MY_POD_NAME).kafka-headless:$(KAFKA_PORT_
NUMBER)'
        - name: ALLOW_PLAINTEXT_LISTENER
          value: "yes"
        - name: KAFKA_HEAP_OPTS
          value: "-Xmx512m -Xms512m"
        - name: KAFKA_CFG_LOGS_DIRS
          value: /opt/bitnami/kafka/data
        - name: JMX_PORT
          value: "9988"
        ports:
        - name: kafka
```

```
              containerPort: 9092
          livenessProbe:
            tcpSocket:
              port: kafka
            initialDelaySeconds: 10
            periodSeconds: 10
            timeoutSeconds: 5
            successThreshold: 1
            failureThreshold: 2
          readinessProbe:
            tcpSocket:
              port: kafka
            initialDelaySeconds: 5
            periodSeconds: 10
            timeoutSeconds: 5
            successThreshold: 1
            failureThreshold: 6
          volumeMounts:
          - name: data
            mountPath: /bitnami/kafka
  volumeClaimTemplates:
    - metadata:
        name: data
      spec:
        storageClassName: nfs-sc# 指定為上面建立的 storageclass--nfs-
storageclass.yaml 檔案
        accessModes:
          - "ReadWriteOnce"
        resources:
          requests:
            storage: 5Gi
# 執行部署
# kubectl apply -f kafka.yaml
```

應用設定檔。

```
kubectl apply -f kafka.yaml
```

5. 部署 Kafka Manager

為了簡化開發人員和運行維護人員維護 Kafka 叢集的工作，Yahoo 建構了一個叫作 Kafka 管理器的 Web 工具——Kafka Manager。

部署 Kafka Manager，只需要部署 kafka-manager.yaml 檔案就可以。

```yaml
apiVersion: v1
kind: Service
metadata:
  name: kafka-manager
  labels:
    app: kafka-manager
spec:
  type: NodePort
  ports:
  - name: kafka
    port: 9000
    targetPort: 9000
    nodePort: 30900
  selector:
    app: kafka-manager
---
apiVersion: apps/v1
kind: Deployment
metadata:
  name: kafka-manager
  labels:
    app: kafka-manager
spec:
  replicas: 1
  selector:
    matchLabels:
      app: kafka-manager
  template:
    metadata:
      labels:
        app: kafka-manager
    spec:
```

```
    containers:
    - name: kafka-manager
      image: zenko/kafka-manager:1.3.3.22
      imagePullPolicy: IfNotPresent
      ports:
      - name: kafka-manager
        containerPort: 9000
        protocol: TCP
      env:
      - name: ZK_HOSTS
        value: "zookeeper:2181"
      livenessProbe:
        httpGet:
          path: /api/health
          port: kafka-manager
      readinessProbe:
        httpGet:
          path: /api/health
          port: kafka-manager
      resources:
        limits:
          cpu: 500m
          memory: 512Mi
        requests:
          cpu: 250m
          memory: 256Mi
# kubectl apply -f kafka-manager.yaml
```

部署成功後，在瀏覽器中存取「http://10.253.1.56:30900」連結即可進入 Kafka Manager 的 Web 工作環境，如圖 6-12 所示。

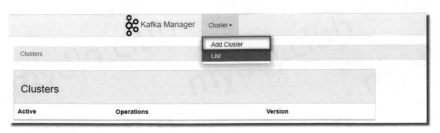

▲ 圖 6-12

在使用 Kafka Manager 之前，需要完成初始化設定。首先，輸入
Cluster Name（自訂一個名稱，輸入任意名稱即可）；其次，ZooKeeper
Hosts 部分需要輸入 ZooKeeper 位址（設定為 ZooKeeper 服務名稱＋通訊
埠）；最後，選擇使用的 Kafka 版本，由此完成初始化設定。

6.7.6　Kubernetes 應用實踐 2──Redis 容器編排

Redis 是一種開放原始碼（BSD 許可）的、記憶體中的資料結構儲
存系統，用作資料庫、快取和訊息代理。Redis 提供了 strings、lists、
maps、set 的排序集合、點陣圖、超級日誌、地理空間索引和串流等資料
結構。

Redis 內建了複製、Lua 腳本、LRU 驅逐、事務和不同等級的磁碟持
久化，並透過 Redis Sentinel 和 Redis Cluster 自動分區。

本節將圍繞 Redis 容器編排詳細說明。

1. Redis 的作用

為了獲得最佳性能，Redis 使用了記憶體資料集，可以透過定期將
資料集轉儲到磁碟，或將每筆命令附加到以磁碟為基礎的日誌來保留資
料。如果只需要一個功能豐富的網路記憶體快取，也可以禁用持久性。
Redis 還支援非同步複製，具有非常快的非阻塞第一次同步、自動重新連
接和網路拆分部分重新同步功能。

Redis 在絕大多數場景下用於資料快取，如圖 6-13 所示。

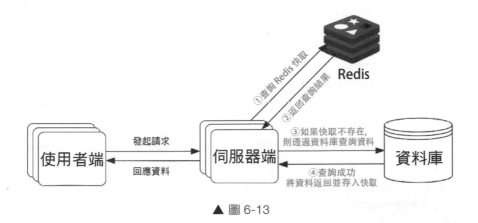

▲ 圖 6-13

2. 準備工作

類似於 Kafka，Redis 也是有狀態的服務，因此，可以重複使用之前架設的 NFS 服務（6.7.5 節），這裡不再贅述。

3. 執行部署

Redis 的部署主要包含 redis-sts.yml 檔案和 redis-svc.yml 檔案。

（1）部署 redis-sts.yml 檔案，建立 StatefulSet 類型的資源。

```
---
apiVersion: v1
kind: ConfigMap
metadata:
  name: redis-cluster
data:
  update-node.sh: |
    #!/bin/sh
    REDIS_NODES="/data/nodes.conf"
    sed -i -e "/myself/ s/[0-9]\{1,3\}\.[0-9]\{1,3\}\.[0-9]\{1,3\}\.[0-9]\
{1,3\}/${POD_IP}/" ${REDIS_NODES}
    exec "$@"
  redis.conf: |+
```

```
    cluster-enabled yes
    cluster-require-full-coverage no
    cluster-node-timeout 15000
    cluster-config-file /data/nodes.conf
    cluster-migration-barrier 1
    appendonly yes
    protected-mode no
---
apiVersion: apps/v1
kind: StatefulSet
metadata:
  name: redis-cluster
spec:
  serviceName: redis-cluster
  replicas: 6
  selector:
    matchLabels:
      app: redis-cluster
  template:
    metadata:
      labels:
        app: redis-cluster
    spec:
      containers:
      - name: redis
        image: redis:5.0.5-alpine
        ports:
        - containerPort: 6379
          name: client
        - containerPort: 16379
          name: gossip
        command: ["/conf/update-node.sh", "redis-server", "/conf/redis.conf"]
        env:
        - name: POD_IP
          valueFrom:
            fieldRef:
              fieldPath: status.podIP
        volumeMounts:
        - name: conf
```

```
          mountPath: /conf
          readOnly: false
        - name: data
          mountPath: /data
          readOnly: false
      volumes:
      - name: conf
        configMap:
          name: redis-cluster
          defaultMode: 0755
  volumeClaimTemplates:
  - metadata:
      name: data
    spec:
      accessModes: [ "ReadWriteOnce" ]
      resources:
        requests:
          storage: 5Gi
      storageClassName: nfs-sc
$ kubectl apply -f redis-sts.yml
```

（2）部署 redis-svc.yml 檔案。

```
---
apiVersion: v1
kind: Service
metadata:
  name: redis-cluster
spec:
  type: ClusterIP
  clusterIP: 10.96.0.100
  ports:
  - port: 6379
    targetPort: 6379
    name: client
  - port: 16379
    targetPort: 16379
    name: gossip
```

```
  selector:
    app: redis-cluster
$ kubectl apply -f redis-svc.yml
```

（3）初始化叢集服務。

```
$ kubectl exec -it redis-cluster-0 -- redis-cli --cluster create --cluster-
replicas 1 $(kubectl get pods -l app=redis-cluster -o jsonpath='{range.
items[*]}{.status.podIP}:6379 ')
```

4. 服務驗證

如果要進行服務驗證，則需要查看叢集的詳細資訊。

```
# kubectl exec -it redis-cluster-0 -- redis-cli cluster info
```

在大部分的情況下，如果開發過程需要使用業務程式，則可以暴露一個 NodePort，使業務程式可以存取，驗證也更方便。

當然，也可以把程式部署到相同的 Namespace 中，使用正常的 Service 來驗證。

6.7.7 Kubernetes 應用實踐 3——部署監控系統

可以看到，在實際開發過程中開發人員對 YAML 檔案的依賴很強烈。少量的 YAML 設定檔維護起來不是問題，但是如果有大量的設定透過 YAML 檔案來描述，又該如何維護呢？是否可以使用一些最佳化手段呢？答案是肯定的。本節將演示使用 Helm 來部署 Prometheus。

1. 認識 Helm

在 K8s 中部署一個應用，通常要面臨以下幾個問題。

- 如何統一管理、設定和更新這些分散的 K8s 的應用資源檔。
- 如何分發和重複使用一套應用範本？
- 如何將應用的一系列資源當作一個軟體套件管理？

Helm 是 K8s 的套件管理器。套件管理器類似於 Ubuntu 中的 APT、CentOS 中的 Yum 或 Python 中的 Pip，透過套件管理器，開發人員能快速查詢、下載和安裝軟體套件。

Helm 套件管理器由使用者端元件 Helm 和伺服器端元件 Tiller 組成，能夠將一組 K8s 資源打包並進行統一管理。Helm 套件管理器是查詢、共用和使用為 K8s 建構的軟體的最佳方式。

2. 準備 Helm 基礎環境

首先，下載 Helm 檔案。

```
# wget https://〔huaweicloud位址〕/helm/v3.2.1/helm-v3.2.1-linux-amd64.tar.gz
# tar xvzf helm-v3.2.1-linux-amd64.tar.gz
# cp -av linux-adm64/helm /usr/local/bin/
```

然後，驗證安裝是否成功。如果終端輸出以下資訊，則表示安裝成功。

```
# helm version
version.BuildInfo{Version:"v3.2.1", GitCommit:"fe51cd1e31e6a202cba7dead9552a6
d418ded79a", GitTreeState:"clean", GoVersion:"go1.13.10"}
```

3. 增加 Chart 倉庫

Helm 的打包格式是 Chart。所謂 Chart，就是一系列檔案，它描述了一組相關的 K8s 叢集資源。Chart 中的檔案安裝特定的目錄結構組織。

最簡單的 Chart 的目錄如下所示。

```
./
├── charts
├── Chart.yaml
├── templates
│   ├── deployment.yaml
│   ├── _helpers.tpl
│   ├── ingress.yaml
│   ├── NOTES.txt
│   ├── serviceaccount.yaml
│   ├── service.yaml
│   └── tests
│       └── test-connection.yaml
└── values.yaml
```

下面對部分參數說明。

- charts：該目錄下存放依賴的 Chart。
- Chart.yaml：包含 Chart 的基本資訊，如 Chart 的版本編號、名稱等。
- templates：該目錄下存放應用一系列 K8s 資源的 YAML 範本。
- _helpers.tpl：此檔案中定義了一些可重用的範本部分，並且在任何資源定義範本中可用。
- NOTES.txt：介紹 Chart 部署後的說明資訊、如何使用 Chart 等。
- values.yaml：包含必要的值定義（預設值），用於儲存 templates 目錄的範本檔案中用到的變數的值。

這裡需要安裝 aliyuncs 倉庫，這樣可以大大減少 aliyuncs 倉庫下面的子模組的安裝數量。

```
# helm  repo add aliyuncs https://[aliyuncs 位址 ]
"aliyuncs" has been added to your repositories
```

查看倉庫清單。

```
# helm repo list
```

終端輸出一筆記錄。

```
NAME        URL
aliyuncs    https://[aliyuncs 位址 ]
```

查詢 prometheus-operator 倉庫。

```
# helm search repo  prometheus-operator
NAME                          CHART VERSION  APP VERSION   DESCRIPTION
aliyuncs/prometheus-operator  8.7.0          0.35.0        Provides easy
monitoring definitions for Kubern...
```

4. 部署 Prometheus

Prometheus 是由 SoundCloud 開放原始碼的監控警告解決方案，它儲存的是時序資料，即按相同時序（相同名稱和標籤），以時間維度儲存連續的資料的集合。

（1）透過 Helm 進行安裝。

```
# helm install promethues-step7 aliyuncs/prometheus-operator -n monitor
```

安裝完成後的日誌資訊如下。

```
NAME: promethues-step7
LAST DEPLOYED: Fri Jun  4 22:48:16 2021
NAMESPACE: monitor
STATUS: deployed
REVISION: 1
NOTES:
The Prometheus Operator has been installed. Check its status by running:
  kubectl --namespace monitor get pods -l "release=promethues-step7"
```

```
Visit https://[github 位址 ]/coreos/prometheus-operator for instructions on how
to create & configure Alertmanager and Prometheus instances using the
Operator.
```

（2）透過 Kubectl 的 get pods 命令獲取 Pods 資訊。

```
# kubectl --namespace monitor get pods -l "release=promethues-step7"
```

終端的輸出結果如下。

```
NAME                                                 READY STATUS RESTARTS AGE
promethues-step7-grafana-7f96c778cf-lbwtl            2/2 Running    0     2m46s
promethues-step7-prometheu-operator-dcd8cb97b-zlvc8  2/2 Running    0     2m46s
promethues-step7-prometheus-node-exporter-jn8fp      1/1 Running    0     2m46s
promethues-step7-prometheus-node-exporter-x5tzp      1/1 Running    0     2m46s
```

由輸出結果可以看到，命令同時啟動並部署了 Grafana、Prometheu Operator 和 Node Exporter 服務，效率大大提升。

是不是非常簡單？ Helm 是 K8s 中容器編排的利器之一。當然，Helm 的功能遠不止這些，更深入的功能讀者可以繼續探索，這裡不再詳細説明。

6.8 本章小結

Docker 的檔案儲存、備份、網路設定、安全性原則及叢集管理，都是大型企業應用必不可少的部分。透過學習本章內容，讀者或許感受到了：Docker 學習曲線比較陡峭，入門容易但實際操作上手比較難，尤其是在大型企業應用中。

　　開發人員既要對 Docker 技術本身進行深入學習，又要對作業系統及底層原理有較深的理解，還要結合企業的實際現狀進行容器化部署。因此，企業不乏 Docker 技術的「初級人才」，但在「高級人才」上存在較大的缺口。

　　透過學習本章內容，讀者的 Docker 技術可以得到進一步提升，再透過不斷實踐，總結經驗，相信在不遠的將來讀者一定可以成為企業優秀的人才。

Chapter

07

一步步打造
企業級應用

7.1 企業級雲端原生的持續交付模型——GitOps 實戰

雲端原生時代衍生出了眾多的概念，如 GitOps、DevOps、AIOps 等。或許這些概念讀者並不陌生，但真正理解其含義的人少之又少。本節將重點圍繞 GitOps 展開，透過實戰來介紹企業級雲端原生的持續交付模型。

GitOps 的發起組織（Weave 官網）是這樣介紹它的：GitOps 是為了實現雲端原生應用持續部署的一種方法。它透過使用開發人員已經熟悉的工具（包括 Git 和持續部署工具），致力於提升在維護基礎設施時開發人員的體驗。

GitOps 的核心是擁有一個 Git 倉庫，該倉庫始終包含在生產環境中當前所需的基礎設施的宣告，以及一個使生產環境與倉庫中描述的狀態相符合的自動化過程。如果開發人員想部署或更新一個現有的應用，只需要更新 Git 倉庫，其他步驟都將自動完成。

可以説，GitOps 是雲端原生生態下開發人員導向的最佳實踐之一。

7.1.1 GitOps 的興起

在雲端原生的大環境下，得益於雲端運算的高速發展，「基礎設施即程式」的踐行深入人心，同時「宣告式程式設計」的興起為 GitOps 的興起提供了肥沃的土壤。當應用程式、執行時期環境、執行時期設定及監控鏈路等都可以轉為程式時，程式版本管理工具的發展機會也是巨大的。

> 💡 **Tips**
>
> 在 GitOps 中，不得不提的就是 Kubernetes（6.7 節介紹過）。GitLab 與 Kubernetes 的完美結合催化了 GitOps 的實踐，這是因為傳統的方式部署在虛擬機器上，發布項目之前消耗的時間在生產環境中幾乎是不可忍受的。
>
> 正是容器技術的誕生及 Kubernetes 編排工具的推廣，才使即時執行環境（不可變基礎設施）變為可能。因此，可以說 GitOps 是在 Kubernetes 的應用實踐中產生的。

GitOps 是一種實現持續交付的模型，核心思想是將應用系統的宣告性基礎架構和應用程式存放在 Git 的版本控制倉庫中。將 Git 作為交付管線的核心，使每個開發人員都可以提交拉取請求（Pull Request），並使用 Git 來加速 Kubernetes 的應用程式部署和簡化運行維護任務。

透過使用諸如 Git 此類的工具，開發人員可以更高效率地將注意力集中在建立新功能而非運行維護相關任務上，如圖 7-1 所示。

GitOps 中包含一個操作的回饋和控制循環（閉環控制系統）。它將持續地比較系統的實際狀態和 Git 中的目標狀態的差異（diffs），如果在預期時間內狀態仍未收斂，則會觸發警告並上報差異（日誌 & 監控 &trace）。

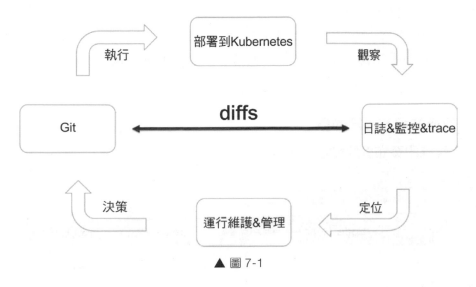

▲ 圖 7-1

同時，該循環讓 系統具備了自癒能力，它能修正一些非預期的操作造成的系統狀態偏離。

> **Tips**
>
> GitOps 的核心思想如下：透過部署、觀測、回饋、決策、行動這些流程的不斷循環，實現狀態的最終一致。

7.1.2 GitOps 管線

在雲端運算普及的過程中，DevOps 的概念可謂是紅極一時。因此，作為 DevOps 中門檻相對較低的持續整合和持續發布實現，CI/CD 流程成為各大公司追逐的熱點。

雖然 DevOps 技術方案已經相對成熟，但是各個企業之間的水準參差不齊。從固定時間視窗過渡到隨時上線、從人工手動發版過渡到自動化實現，DevOps 也在一定程度上「弱化」成了運行維護自動化。但是，DevOps 中關於「研發人員對基礎設施負責」和「線上問題即時持續地向研發人員回饋」兩個部分做得不是很理想。GitOps 管線就可以解決這種問題。

1. 傳統的發布管線的概念

傳統的發布管線如圖 7-2 所示。

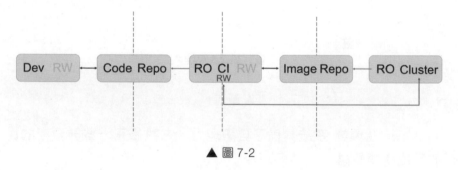

▲ 圖 7-2

在傳統的發布管線模式中，開發人員透過「讀 / 寫程式庫」實現程式的提交，大致的過程如下。

- 編譯階段：從程式庫讀取程式，完成編譯並生成製品。
- 部署階段：將製品推送到遠端鏡像倉庫，在執行時期環境中使用。

2. GitOps 管線的概念

與傳統的發布管線不同的是，GitOps 管線增加了 Cluster API，如圖 7-3 所示。

GitOps 管線先借助 Cluster API 檢測新鏡像，然後拉取最新版本，並在 Git 倉庫中更新 YAML 檔案（此時會觸發一次更新）。如果線上需要部署大量的 Pods，則這樣的操作不但效率更高，而且版本更加可控。

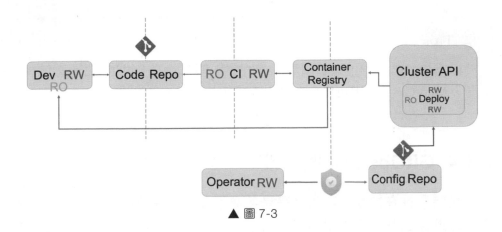

▲ 圖 7-3

7.1.3 GitOps 最佳實踐

Git 倉庫的核心是拉式管線模式，用於儲存應用程式和設定檔集。GitOps 的拉式管線模式的最佳實踐是什麼？新引入的一層又是如何實現的？

帶著上述兩個疑問，我們重新從流程開始整理，如圖 7-4 所示。

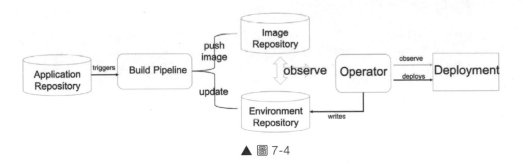

▲ 圖 7-4

環境倉庫和鏡像倉庫的差異獲取及更新是 Operator 的使命，讀者可以在 Weave 官網參考其在 Google 雲端上使用 Flux 元件實現的 GitOps。

Tips

可以使用 Argo CD，它是用於 Kubernetes 的宣告性 GitOps 連續交付工具，Argo CD 的使用可以參考其官方文件。

7.1.4 GitOps 與可觀測性

可觀測性在微服務時代幾乎是無處不在的。隨著微服務化的不斷擴充，微服務的數量已經超出了絕大部分運行維護人員或研發人員的管理範圍。

因此，隨時觀測服務的執行狀態，呼叫鏈路、性能指標等資料已經成為常規要求。正是在這種背景之下，GitOps 聚合了針對開發、Git 事實、可觀測性、即時回饋等標準。

圖 7-5 所示為某雲端廠商的 GitOps 管理後台。

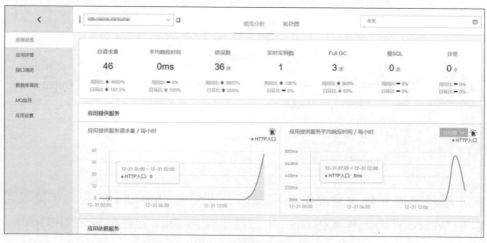

▲ 圖 7-5（編按：本圖例為簡體中文介面）

視覺化大盤最大的優勢就是可以讓使用者一目了然地看到問題，而 GitOps 為觀測和回饋提供了必要的條件。

7.1.5 GitOps 的優勢

1. GitOps 是以 Git 作為唯一標準的

- 一致性和標準化：在發布的生命週期中，不僅是業務程式的實現，運行維護測試也會整合到 Git 上，入口統一且利於約定。
- 可稽核：Git 是分散式系統版本管理工具，完全可以滿足所有的稽核操作，符合規範性和安全性更高。
- 可靠性好：幾乎每個負責人都不得不面對的問題就是所有服務都掛掉之後，如何將其快速恢復。在不考慮多地災難恢復的情況下，GitOps 提供了一種途徑，尤其是在聯調或急需新環境的場景下。

2. GitOps 針對開發人員

GitOps 是完全開發人員導向的，將極大地提高研發的生產力。開發人員的參與感越強，其推動性就會越強。

7.2 企業級容器化標準

在浩浩蕩蕩的容器化大潮中，很多企業在如何實踐符合自己企業實際架構的容器化實踐面前會迷茫失措，主要包括以下幾個問題。

- 遷移到容器之後的性能損耗如何補償？
- 業務程式如何配合修改？ Dockerfile 檔案歸屬研發人員還是運行維護人員？ Kubernetes 的穩定性如何保證？

- SLA（Service Level Agreement，服務等級協定）是否會受到影響？企業成本是否會降低？
- 服務的日誌擷取、鏈路追蹤是否有侵入？
- 前端靜態資源容器化需要更改當前的部署結果嗎？

　　眾多的問題無法得到解答。正是因為這樣，我們必須弄清楚企業容器化的本質，並針對現狀舉出解決方案，這才是企業級容器化急需解決的根本問題。

　　要建立企業級容器化標準，就需要有以下認知。

- 容器化後可以帶來非常可觀的收益，如在業務高低峰波動較大的情況下快速擴充 / 縮小，保證製品的一致性等。但在很多情況下還有其他的目的，如技術性的彎道超車、彌補技術債務等。當然，這都是附加價值，並不能作為容器化實踐中的衡量標準。
- 引入容器化方案帶來的人員角色、流程等的調整也需要考慮在內。如果整個團隊中可以熟練操作容器的人員不足 5%，那麼帶來的風險將遠大於收益。
- 「盲目跟風」是最不可取的。「只要最適用的技術，不要最時髦的技術」這一點尤其重要，對於像容器編排這樣的「類作業系統」的調整是需要慎之又慎的。

7.2.1 容器化的目標

　　從微服務或其他架構遷移到雲端原生一定會包含底層較大的調整，因此資訊擷取、前期規劃、灰階實施、驗證方案、回退方案等都需要提前考慮。

　　此外，研發人員、測試人員、運行維護人員都需要全方位地參與其中，這就需要一些量化資料。那麼我們需要關注哪些維度的指標呢？

1. 業務指標

在虛擬機器部署過程中，通常需要收集以下指標。

（1）域名在業務高峰的 QPS（Query Per Second）、TPS（Transactions Per Second）、RT（Response Time）、頻寬、新建連接數、並行連接數等。

（2）後端介面對應資源的 CPU 使用率、記憶體、I/O、資料庫讀 / 寫耗時等。

（3）前後端服務限流策略、擴充成本（時間、資源）、彈性策略。

（4）業務類指標，讀者可以根據不同的業務分級自行收集。

2. Kubernetes 指標

收集指標後，僅是確定了驗證方案的目標基準線。因為方案引入了 Kubernetes 編排工具，所以需要以新的部署結構為基礎驗證以下指標。

（1）DNS 的 QPS 和 TPS 指標。

（2）Etcd 的 QPS 和 TPS 指標。

（3）API Server 的 QPS、TPS、RT、限流，以及異常恢復時間等指標。

（4）Scheduler 的 QPS、TPS、RT、限流，以及異常恢復時間等指標。

（5）叢集不同水位 Pod 的啟動時間。

（6）掛載不同資料碟 Pod 的啟動時間。

同時需要驗證 Kubernetes 的穩定性，包括 Master 節點的異常當機、核心元件的當機率（Crash）、Node 數量的劇增等。

透過以上指標的收集，最終確定容器化之後的目標，以及整體方案的量化資料。接下來逐步展開，明確容器化的流程和步驟。

7.2.2 架構選型 1——服務暴露

在將微服務架構遷移到 Kubernetes 的過程中，首先要面臨的問題就是服務如何暴露給呼叫方？如果 Spring Cloud 使用了 Eureka 或 Nacos 等註冊中心的方案，則後端呼叫完全依賴服務註冊和發現，這樣的場景幾乎可以無縫遷移。

考慮到服務最終將介面或頁面暴露給使用者，以及其他非註冊類服務，因此需要透過技術方案實現服務暴露。

Kubernetes 支援以下 5 種服務暴露方式。

- ClusterIP：使用叢集內部的 IP 位址暴露服務。使用 ClusterIP 表示只能在叢集內部存取此服務，這也是 Service 預設的暴露方式，其中，ClusterIP 可以設定為 None。
- NodePort：使用每個 Node 節點的固定通訊埠來暴露服務。從 NodePort 類型的 Service 到 ClusterIP 類型的 Service 之間的路由是自動建立的，一般在叢集外部使用 nodeip:nodeport 來發起存取。
- LoadBalancer：使用雲端服務商提供的負載平衡服務來暴露服務。
- ExternalName：將服務映射到外部的域名，即在 DNS 中增加一筆 CNAME 記錄。這要求 kube-dns 的版本高於 1.7 或 CoreDNS（一種雲端原生的 DNS 伺服器和服務發現的參考解決方案）的版本高於 0.0.8。
- Ingress：Ingress 不是一種服務類型，但是它可以作為叢集的入口，用於將多個服務的路由規則整合到同一個 IP 位址。

 Tips

Kubernetes 中的 ServiceTypes 允許指定 Service 的類型，預設是 ClusterIP。

在企業內，通用的架構方案使用的是統一的閘道入口，這個閘道不是指 Spring Cloud 的 Gateway 或 Zuul，而是指流量入口。

這種情況在容器化過程中非常常見。假設一種場景：服務部署在公有雲，一個三級 Domain Name（docker.step7.com）對應一個或多個彈性公網位址，每個公網位址會對應多個負載平衡器。如果選擇 Ingress 方式，那麼應該如何實現遷移？如果使用單獨服務自行暴露又該如何規劃？

1. Ingress 方式

（1）部署 Ingress。

首先需要在 Kubernetes 內部部署 Ingress，這裡選用 Nginx Ingress 方案。

```
wget  https://[githubusercontent 位址 ]/kubernetes/ingress-nginx/nginx-0.18.0/
deploy/ mandatory.yaml
# 修改暴露服務的方式——使用 LoadBalancer
  annotations:
    service.beta.kubernetes.io/alicloud-loadbalancer-address-type: intranet
service.beta.kubernetes.io/alicloud-loadbalancer-force-override-listeners:
"true"
    service.beta.kubernetes.io/alicloud-loadbalancer-id: lb-xxxxxxxxxx
kubectl apply -f ./mandatory.yaml
```

（2）驗證 Ingress 是否部署成功。

```
kubectl get pods -n ingress-nginx
kubectl get service -n ingress-nginx
curl http://[service-ip]
```

如果傳回 404，則表示部署成功。

（3）使用 Ingress 暴露服務。

```
apiVersion: networking.k8s.io/v1
```

```
kind: Ingress
metadata:
  name: ingress-docker-step7
  annotations:
    kubernetes.io/ingress.class: "nginx"
spec:
  rules:
  - host: docker.step7.com
    http:
      paths:
      - path: /
        pathType: Prefix
        backend:
          service:
            name: svc-docker-step7
            port:
              number: 80
```

將 docker.step7.com 域名解析到 annotation 中的 lbid 對應的 IP 位址，這樣 docker.step7.com 即可存取後端服務 svc-docker-step7。如果需要在公網中存取，則給 SLB（Server Load Balance，伺服器負載平衡）綁定一個彈性公網位址即可。當業務流量不大時，這種方案最簡單、直接。

那麼問題來了：一個彈性公網 IP 位址（或負載平衡器）實現的並行連接數、頻寬、新建連接數等可以負載業務的實際流量嗎？如果不能，開發人員應該如何處理？

針對上述問題，可以借助單獨實現的方案來解決。

2. 單獨實現

單獨實現，顧名思義，就是不借助 Ingress，直接將自己的服務透過 NodePort 或 LoadBalancer 進行暴露。這樣做的好處是可以自訂設定。但如果每個服務都需要單獨設定，則在微服務化的場景下會有成千上萬個服務需要暴露。拋開資金成本，運行維護的成本也是非常高的。

其實在 Ingress 中已經使用了單獨實現的方案，因為 Ingress 的 Service 也是需要設定的，完整的設定檔資訊（ingress-svc.yaml 檔案）如下。

```
apiVersion: v1
kind: Service
metadata:
  name: nginx-ingress-lb
  namespace: nginx-ingress
  labels:
    app: nginx-ingress-lb
  annotations:
    service.beta.kubernetes.io/alicloud-loadbalancer-address-type: intranet
    service.beta.kubernetes.io/alicloud-loadbalancer-id: <YOUR_INTRANET_SLB_ID>
service.beta.kubernetes.io/alicloud-loadbalancer-force-override-listeners: 'true'
spec:
  type: LoadBalancer
  externalTrafficPolicy: "Cluster"
  ports:
  - port: 80
    name: http
    targetPort: 80
  - port: 443
    name: https
    targetPort: 443
  selector:
    app: ingress-nginx
```

下面解答上面提出的問題。如果連接數或頻寬不夠，則可以建立多個 Service 對應多個 LoadBalancer，這樣在 DNS 層增加多個解析即可實現。這聽起來有些複雜，是不是還可以進行進一步最佳化？

答案是肯定的。在 DNS 側建立 A 記錄這一層進行封裝，業務域名透過 CNAME 映射到封裝好的域名，這樣在 DNS 側的權重或刷新就會更加靈活、可靠。

7.2.3 架構選型 2——網路選型

服務在容器化部署到 Kubernetes 之前，開發人員需要提前規劃網路。

提到網路選型，就不得不提到 Flannel、Calico、Weave 等網路方案，不同的網路方案支援的模式不盡相同，場景也是千變萬化的。

1. 如何選擇網路方案

選擇網路方案時主要關注以下 3 點。

- 網路性能要求。
- 底層節點網路的連通性，包括跨機房、跨地域等。
- 網路是否支援隔離。

如果服務部署在雲端上，那麼一般選擇 Overlays ＋二層或三層網路的方式來實現跨可用區存取。

但如果服務部署在雲端下，如 Flannel 的 VXLAN 模式，則一般會選擇 Underlay ＋ 三層網路的方式來實現跨可用區存取。

> 💡 **Tips**
>
> 在電腦的七層網路中，實體層、資料連結層和網路層是低三層網路，其餘四層是高四層網路。
>
> 我們經常說的二層網路指的是資料連結層，三層網路指的是網路層，這兩者是需要讀者重點理解的。

2. 選擇二層網路還是三層網路

在企業內部的實踐中，為了滿足性能要求往往會選擇二層網路。但絕大多數網路是受控的，不可以隨意存取。這時三層網路的便利性就表現出來了，因此，開發人員通常會使用二層網路＋三層網路的方式。

 Tips

雲端廠商會進行延伸開發並封裝路由資訊。這樣，路由不再經過 Worker 節點，從而減少層級，帶來性能的提升。

在 Kubernetes 部署的過程中需要 Pods 和 Service 的無類別域間路由選擇（Classless Inter-Domain Routing，CIDR）。考慮到當前服務的峰值、緩衝區，以及與其他網路通訊等條件，再綜合單叢集的規模、企業內部不同業務線和環境的叢集映射，開發人員需要提前規劃和預留網段。

 Tips

網路的專業性相對更強一些，在實際應用中，開發人員需要對企業的網路架構和拓撲結構非常熟悉，這裡不再詳細說明。

7.2.4 架構選型 3──儲存系統

在 Kubernetes 應用中，絕大多數為無狀態應用，而不建議將有狀態應用遷移到 Kubernetes 中。

當然，拋開有狀態應用，程式部署後的日誌儲存對開發人員來說也是一個巨大的挑戰。

1. 容器儲存架構

毫無疑問，不管服務部署在虛擬機器還是容器中，儲存系統都是繞不開的話題。圍繞儲存系統本身有非常多難以理解的參數和名詞，如 NFS、GFS（Global File System）等。

在容器儲存架構中，Pod、PV、PVC、StorageClass 的關係如圖 7-6 所示。

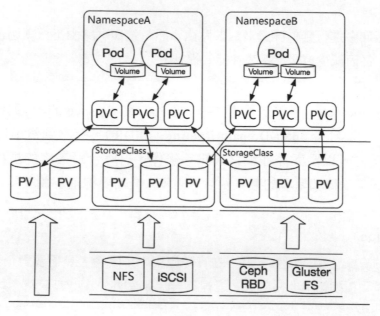

▲ 圖 7-6

在容器儲存架構中，開發人員只需要關心 Pod 和 PVC，PV 和 StorageClass 是由 Kubernetes 的運行維護人員管理的，底層儲存是由儲存人員管理的。

關於容器儲存在 6.2 節中重點介紹過，這裡不再贅述。

2. PV/PVC 宣告檔案

在大部分的情況下，可以透過設定 Pod 引用 Volume 的方式來實現容器儲存，具體設定如下。

```
apiVersion: v1
kind: Pod
metadata:
```

```
    name: test
spec:
  containers:
  - image: nginx:1.7.9
    name: test
    volumeMounts:
    - mountPath: /test
      name: test-volume
  volumes:
  - name: test-volume
    hostPath:
      path: /data
      type: DirectoryOrCreate
```

當然，更可靠的方式是透過設定 PV/PVC 來實現容器儲存，具體設定如下。

```
apiVersion: v1
kind: PersistentVolume
metadata:
  name: task-pv-volume
  labels:
    type: local
spec:
  capacity:
    storage: 10Gi
  accessModes:
    - ReadWriteOnce
  hostPath:
    path: "/data"
---
apiVersion: v1
kind: PersistentVolumeClaim
metadata:
  name: hostpath
spec:
  accessModes:
  - ReadWriteOnce
```

```
resources:
  requests:
    storage: 10Gi
```

3. StorageClass 動態供給

在 6.7 節中介紹過 StorageClass，讀者只需要理解動態供給的關鍵是 StorageClass，其作用是建立 PV 範本。

（1）動態建立方式。

在架構底層規劃上，每個系統或每群組應用需要分配多少儲存空間，或部署的副本數是不是頻繁波動的？

應該預留多少儲存空間給業務使用呢？

儲存空間突然急劇消耗，應該如何擴充？

儲存空間可以預分配但不佔用實際儲存空間嗎？

雲端儲存中不同機房或可用區能否一一對應呢？

除了日常需要考慮的整體空間的規劃，以及日常增量，以上問題在容器化後應該如何應對？

在業務需要固定儲存空間的情況下，可以直接分配 PV，儲存空間的大小依照業務方的需求進行分配即可——這就是容器化的靜態儲存卷冊的使用方式。

與之對應的就是動態儲存裝置卷冊，它讓 Kubernetes 實現了 PV 的自動化生命週期管理，PV 的建立、刪除都是透過 Provisioner 完成的，這樣不僅降低了設定複雜度，還減少了系統管理員的工作量。動態磁碟區可以保證 PVC 對儲存的需求容量和 Provisioner 提供的 PV 容量一致，從而實現儲存容量規劃最佳。

下面列舉一個動態儲存裝置卷冊的案例。

建立 storageclass-nfs.yaml 檔案，寫入以下設定。

```yaml
apiVersion: storage.k8s.io/v1
kind: StorageClass
metadata:
  name: nfs-sc
parameters:
  type: cloud_ssd
provisioner: fuseim.pri/ifs
reclaimPolicy: Delete
allowVolumeExpansion: true
volumeBindingMode: WaitForFirstConsumer
```

這樣的宣告方式是不是似曾相識？因為在 6.7.5 節中使用過。再檢查一遍設定。

```yaml
apiVersion: apps/v1
kind: StatefulSet
metadata:
  name: "kafka"
  labels:
    app: kafka
spec:
  selector:
    matchLabels:
      app: kafka
  serviceName: kafka-headless
  podManagementPolicy: "Parallel"
  replicas: 3
  updateStrategy:
    type: "RollingUpdate"
  template:
    metadata:
      name: "kafka"
      labels:
        app: kafka
    spec:
      securityContext:
```

```yaml
      fsGroup: 1001
      runAsUser: 1001
  containers:
  - name: kafka
    image: "docker.io/bitnami/kafka:2.3.0-debian-9-r4"
    imagePullPolicy: "IfNotPresent"
    resources:
      limits:
        cpu: 500m
        memory: 512Mi
      requests:
        cpu: 250m
        memory: 256Mi
    env:
    - name: MY_POD_IP
      valueFrom:
        fieldRef:
          fieldPath: status.podIP
    - name: MY_POD_NAME
      valueFrom:
        fieldRef:
          fieldPath: metadata.name
    - name: KAFKA_CFG_ZOOKEEPER_CONNECT
      value: "zookeeper"                    #ZooKeeper Service名稱
    - name: KAFKA_PORT_NUMBER
      value: "9092"
    - name: KAFKA_CFG_LISTENERS
      value: "PLAINTEXT://:$(KAFKA_PORT_NUMBER)"
    - name: KAFKA_CFG_ADVERTISED_LISTENERS
      value: 'PLAINTEXT://$(MY_POD_NAME).kafka-headless:$(KAFKA_PORT_
NUMBER)'
    - name: ALLOW_PLAINTEXT_LISTENER
      value: "yes"
    - name: KAFKA_HEAP_OPTS
      value: " Xmx512m -Xms512m"
    - name: KAFKA_CFG_LOGS_DIRS
      value: /opt/bitnami/kafka/data
    - name: JMX_PORT
      value: "9988"
```

```
    ports:
    - name: kafka
      containerPort: 9092
    livenessProbe:
      tcpSocket:
        port: kafka
      initialDelaySeconds: 10
      periodSeconds: 10
      timeoutSeconds: 5
      successThreshold: 1
      failureThreshold: 2
    readinessProbe:
      tcpSocket:
        port: kafka
      initialDelaySeconds: 5
      periodSeconds: 10
      timeoutSeconds: 5
      successThreshold: 1
      failureThreshold: 6
    volumeMounts:
    - name: data
      mountPath: /bitnami/kafka
volumeClaimTemplates:
  - metadata:
      name: data
    spec:
      storageClassName: nfs-sc# 指定為上面建立的 storageclass
      accessModes:
        - "ReadWriteOnce"
      resources:
        requests:
          storage: 5Gi
```

　　當需要新的儲存空間時，StorageClass 會自動建立 PVC，這就解決了手動分配的問題。在 StorageClass 中有一個參數完美地解決了儲存空間預留的問題，它就是 VolumeBindingMode。如果將 VolumeBindingMode 的值設定為 WaitForFirstConsumer，則表示儲存外掛程式在收到 PVC

Pending 時不會立即建立資料卷冊，而是等待這個 PVC 被 Pod 消費時才執行建立流程。

其原理大致如下。

① Provisioner 在收到 PVC Pending 狀態時，不會立即建立資料卷冊，而是等待這個 PVC 被 Pod 消費時才執行建立流程。

② 如果有 Pod 消費此 PVC，排程器發現 PVC 是延遲綁定模式，則繼續完成排程功能，並且排程器會將排程結果透過 Patch 命令發送到 PVC 的 MetaData 中。

③ 當 Provisioner 發現 PVC 中寫入排程資訊時，會根據排程資訊獲取建立目標資料卷冊的位置資訊（區域和節點資訊），並觸發 PV 的建立流程。

在部署多可用區叢集時推薦使用這種方式。

（2）儲存的擴充問題。

針對儲存的擴充問題，在不考慮硬體儲存空間的情況下，就需要在 StorageClass 中宣告 AllowVolume Expansion 特性。StorageClass 支援的卷冊類型如圖 7-7 所示。

卷类型	Kubernetes 版本要求
gcePersistentDisk	1.11
awsElasticBlockStore	1.11
Cinder	1.11
glusterfs	1.11
rbd	1.11
Azure File	1.11
Azure Disk	1.11
Portworx	1.11
FlexVolume	1.13
CSI	1.14 (alpha), 1.16 (beta)

▲ 圖 7-7

以 GFS 為例，建立設定檔 sc-extend-volume.yaml。其中的 GFS 資訊，讀者要使用自己的設定。宣告後，可以使用以下命令來編輯設定檔（可以透過修改其中 size 欄位的值來實現擴充，其間 Pods 會重新啟動）。

```
kind: StorageClass
apiVersion: storage.k8s.io/v1
metadata:
  name: gluster-volume
provisioner: kubernetes.io/glusterfs
parameters:
  resturl: "http://172.16.10.100:8080"
  restuser: ""
  secretNamespace: ""
  secretName: ""
allowVolumeExpansion: true

#kubectl edit pvc pvc-name -n namespace_name
```

但如果使用的儲存不在支援的列表中怎麼辦？雖然不能實現線上擴充，但還是有辦法的：使用 PV 的回收策略 ──reclaimPolicy。如果將 reclaimPolicy 設定為 Retain，則在刪除 PVC 時 PV 仍然存在，只需刪除舊的 PVC，之後重新建立新 Size 的 PVC 就可以。

 Tips

操作期間需要中斷業務，所以儘量選擇業務低峰視窗。

可能還會有另外一個問題：原來使用的是 SSD 磁碟或普通盤，應該如何區分？針對此種情況，建議沿用原先的儲存方式，因為關係到底層，所以盡可能交給儲存人員維護。

7.2.5 服務治理 1──部署發布

在第 5 章中介紹過使用 Jenkins 發布容器,開發人員可以清楚地了解每個線上製品的發布過程。但是,在企業實際實踐的部署方案中往往包含眾多服務,較難厘清。部署邏輯如圖 7-8 所示。

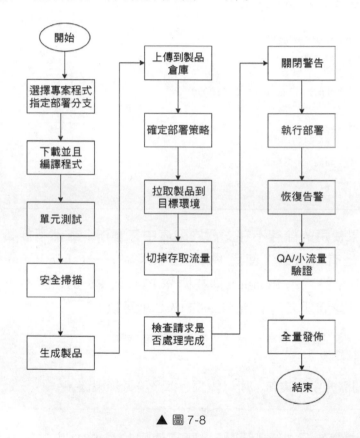

▲ 圖 7-8

在企業中持續整合系統不是獨立的,可能要與可觀測系統、測試平臺、程式檢測系統、專案管理平臺、流量控制系統、註冊中心等相連結。

這就引出了以下 3 個問題。

■ 以容器化為基礎的 Kubernetes 部署方式是如何實現無損發布、分級發布、灰階發布的?

- 線上的 Worker 節點應該如何規劃、預留、負載和管理？
- 不同環境之間是如何隔離又是如何「捲動」到各種環境的？

如果 CI/CD 流程是緊耦合的，則幾乎所有的管線都需要修改。如果 CI/CD 流程已經根據製品進行了解耦，則 CI 流程只需要延伸或替換到鏡像，其他部分無須修改。CD 流程則需要修改部署目標和部署邏輯（通常為藍綠發布、灰階發布、分批發布等）。

1. 連結系統

系統的連結性需要解決「流程跑通」的問題。在持續編譯過程中不需要做任何改動，但是在持續部署階段需要與之前保持對應關係。

在部署管線的過程中需要存取監控、註冊中心等外部系統，針對不同的部署邏輯會存取不同的系統，因此務必保證各個連結系統的存取打通。

2. 部署環境

在容器化後，底層的資源是交給 K8s 來統一排程的，業務規模越大邊際效應越明顯，那麼在企業中如何達到平衡呢？

針對這個問題，資源池是一個很好的解決方案。開發人員可以將業務線與資源池進行對應，這樣既能找到機器成本的歸屬又可以避免資源的爭搶，同時運行維護人員在不增加 K8s 叢集數量的情況下，可以管理更多的業務部署。

那麼，應該如何管理資源池呢？簡單來說，就是充分重複使用 Worker 節點的 Label 資訊。

 Tips

這裡指的不僅是業務 Label，還可以是基礎資源的屬性資訊，如可用區、機器類型、主機名稱等，從而實現機器的統一管理。

3. 部署工具

資源部署如何透過檔案實現設定化（如 YAML 類型）？通常選擇成熟的方案，如 Helm、Kustomize 等。7.4.6 節介紹了 Kustomize，Kustomize 中 Base、Overlay 的發布方式，簡直就是為統一範本、多環境而生的。

4. 部署策略

部署的策略如何實現？下面透過一個「分批發布」案例來說明。

假設 A 服務原來部署在 185 台機器上，分屬於不同的可用區中，A 可用區 5 台，H 可用區 60 台，I 可用區 60 台，G 可用區 60 台。A 可用區的機器是驗證機器，只做驗證，不實際承接流量，剩餘 3 個可用區（H、I、G）承接實際流量。

在發起線上部署時，至少要保證 2/3 的服務線上，那麼在 K8s 中如何實現呢？發布的 Pods 如何保證 A 區為可用區，剩餘發布時如何保證每個可用區串列更新呢？

讀者可能馬上想到了可用區的 Label。但是 Label 存在一個問題：正常副本是 185 台，如果 H 可用區異常，則排程到 H 可用區的副本將部署失敗，導致服務不可用。

此時，Serverless 會是一個不錯的方案：在正常情況下按照資源池來實現，在異常情況下由 Serverless 提供擴充能力，Serverless 不區分可用區。

 Tips

在企業容器化之後，部署發布能否即時跟上並實踐，代表了企業運行維護及基礎設施管理的水準。無論基礎設施如何發展，能實踐實現才是王道。

7.2.6 服務治理 2──服務監控

企業內的業務線上上「裸奔」是絕對不允許的，監控系統需要全方位、無盲角地覆蓋到 IaaS、PaaS、SaaS 等不同層級，同時保證業務場景的健康檢查。有些企業還會有故障自癒、容錯移轉等，那麼容器化之後服務監控會發生哪些變化呢？

監控的底層邏輯是什麼？答案是資料獲取→資料分析→警告策略→警告發出，高級應用還包含警告收斂、警告升級、根因分析等，本節只討論通用的監控實現。

1. 資料獲取

一般的監控系統會在使用者端安裝 Agent，或啟用簡單網路管理協定（Simple Network Management Protocol，SNMP）來支援資料上報。那麼在 Kubernetes 中，IaaS、PaaS、SaaS 如何部署 Agent 呢？

- IaaS 側的監控幾乎不需要做任何改變，但是圍繞底層基礎設施擴充／縮小場景的標籤需要靈活調配，以防止底層問題觸發警告升級時造成混亂。

- PaaS 或 SaaS 側如果重複使用作業系統層的 Agent，那麼可以監控任何處理程序指標，但是需要維護 Deployment 名稱與不同處理程序之間（Pods 重新啟動）的關係，這需要在 Agent 側維護一部分中繼資料。

Tips

除了使用 Agent，微服務架構中的監控指標還可以使用 Exporter 來暴露 Metrics 資訊。

資料獲取層的方案就會轉化為以下兩種。

（1）直接在 Agent 側維護中繼資料並上傳。

（2）在 Agent 側增加部分欄位資料，其餘資料集交給下層或增加一層外掛程式來處理。

為了維護 Agent 的性能，絕大多數開發人員會選擇第二種方案，如夜鶯社區的 Prometheus 外掛程式。

2. 資料分析

在監控系統中，時常需要關注資料上報的時間間隔。如果間隔太小，則伺服器端的壓力會非常大；如果間隔太大，則資料又會失準。因此，開發人員需要在伺服器性能與時間間隔之間做權衡。

容器化之後，使用者端的彈性會更大，那麼有沒有現成的方案呢？

Prometheus 是一個不錯的選擇。作為 CNCF 第三個「畢業」的學員，Prometheus 在監控、警告、分散式儲存方面具有非常多的優勢，並且社區的活躍程度非常高。

 Tips

如果業務體量非常大，那麼開放原始碼方案可能會存在一定的局限性。企業通常會以開放原始碼方案為基礎進行延伸開發或自主研發。

此外，在容器化過程中，監控系統的異質也是一個非常棘手的問題：使用者不得不在多個監控平臺之間跳躍、設定、收發、處理警告，運行維護成本也陡然上升。

那麼 Prometheus 是如何解決這些問題的？

Prometheus 底層採用時序資料庫儲存，其強大的性能足以支援巨量資料的寫入和查詢，同時其架構包含服務動態實現的設計，支援以註冊中心、DNS 或 Kubernetes 等為基礎的擴充方式，可以與容器實現動態無縫銜接。

3. 服務警告

成熟的監控系統的服務警告應該是獨立於監控平臺的。如果已經解耦，則只需要使用 Prometheus 去調配監控平臺。如果自身沒有監控平臺而是依賴監控軟體的外掛程式，則更換監控系統的工作量將大大增加。因此，這也是在容器化之前需要考量的一部分。

雖然可以平行處理實現，但警告重複或警告不完整對監控平臺都是致命的傷害。強烈建議在容器化之前完成警告平臺與監控平臺的分離。

7.2.7 服務治理 3──日誌擷取

隨著業務系統規模的不斷擴大，以及微服務架構的發展，從伺服器查看日誌的方式已經越來越不現實。以此種情況為基礎，日誌系統成為企業標準配備。

現行的日誌系統方案主要有以下兩種。

（1）在每個 Worker 節點上部署一個 Agent 進行日誌擷取。
（2）在每個 Pods 中部署 SideCar 服務進行日誌擷取。

> **Tips**
> 兩種方案各有利弊，在日誌擷取完成之後，後續流程的處理方式是一致的，這裡只討論擷取端。

那麼，在容器中應該如何擷取日誌呢？

1. 在容器中擷取日誌

在容器中擷取日誌主要有以下 3 種方式。

- 原生方式：使用 kubectl logs 進行日誌檢索。
- Daemonset 方式：在每台機器上部署日誌 Agent，以 Daemonset 方式執行。
- Sidecar 方式：在 Pods 中執行一個 Sidecar 的日誌 Agent 容器，用於擷取該 Pod 主容器產生的日誌。

雖然 Daemonset 方式和 Sidecar 方式都是以原生方式為基礎的，但是一般很少直接使用原生方式。接下來主要使用 Daemonset 方式和 Sidecar 方式實現日誌擷取。

2. Daemonset 方式和 Sidecar 方式

Daemonset 方式和 Sidecar 方式分別代表集中式和自訂設定，其優勢和劣勢非常明顯。

- 集中式：節省資源、設定簡單、運行維護成本低。
- 自訂設定：更加靈活、隔離性強、獨立性強。

因此，開發人員在選擇方案時可以根據兩種方式的不同特點進行配比。

如果單節點執行副本在百量級規模以下，那麼採用 Daemonset 方式更合適。如果規模量級持續增加，則單 Agent 的方式就有可能成為瓶頸，此時採用 Sidecar 方式更合適。

當然，如何抉擇需要依賴業務的實際情況。

3. Sidecar 方式範例

為了充分說明，下面使用 Sidecar 方式來實現日誌擷取。

```yaml
apiVersion: extensions/v1test1
kind: Deployment
metadata:
  labels:
    app: step
    environment: test
  name: step7
  namespace: step7
spec:
  progressDeadlineSeconds: 600
  replicas: 1
  selector:
    matchLabels:
      app: step7
      environment: test
  template:
    metadata:
      labels:
        app: step7
        environment: test
    spec:
      containers:
      - env:
        - name: POD_NAME
          valueFrom:
            fieldRef:
              apiVersion: v1
              fieldPath: metadata.name
        - name: POD_IP
          valueFrom:
            fieldRef:
              apiVersion: v1
              fieldPath: status.podIP
        - name: POD_NAMESPACE
          valueFrom:
```

```
              fieldRef:
                apiVersion: v1
                fieldPath: metadata.namespace
          - name: JAVA_TOOL_OPTIONS
              value: -XX:MaxRAMPercentage=50.0 -XX:InitialRAMPercentage=50.0
-XX:MinRAMPercentage=50.0
                -XX:+UnlockExperimentalVMOptions -XX:+UseCGroupMemoryLimitForHeap
          image: harbor.dockerstep7.com/library/demo:step7-20210711120112
          imagePullPolicy: IfNotPresent
          livenessProbe:
            failureThreshold: 3
            initialDelaySeconds: 15
            periodSeconds: 20
            successThreshold: 1
            tcpSocket:
              port: 8091
            timeoutSeconds: 1
          name: step7
          ports:
          - containerPort: 8091
            name: 8091tcp2
            protocol: TCP
          - containerPort: 8099
            name: 8099tcp2
            protocol: TCP
          readinessProbe:
            failureThreshold: 3
            httpGet:
              path: /health
              port: 8091
              scheme: HTTP
            initialDelaySeconds: 5
            periodSeconds: 3
            successThreshold: 1
            timeoutSeconds: 1
          resources:
            limits:
              cpu: "4"
              memory: 8096Mi
```

```
          requests:
            cpu: "4"
            memory: 8096Mi
        volumeMounts:
        - mountPath: /etc/localtime
          name: tz-config
        - mountPath: /apps/srv/instance/logs/
          name: app-volume
        - mountPath: /apps/srv/apm/agent/
          name: pinpoint-agent-volume
      - env:
        - name: POD_NAME
          valueFrom:
            fieldRef:
              apiVersion: v1
              fieldPath: metadata.name
        - name: POD_NAMESPACE
          valueFrom:
            fieldRef:
              apiVersion: v1
              fieldPath: metadata.namespace
        image: harbor.dockerstep7.com/library/filebeat:7.3.0
        imagePullPolicy: IfNotPresent
        name: filebeat
        resources:
          limits:
            cpu: 250m
            memory: 256Mi
          requests:
            cpu: 250m
            memory: 256Mi
        terminationMessagePath: /dev/termination-log
        terminationMessagePolicy: File
        volumeMounts:
        - mountPath: /etc/localtime
          name: tz-config
        - mountPath: /apps/srv/instance/logs/
          name: app-volume
        - mountPath: /usr/share/filebeat/filebeat.yml
```

```
          name: filebeat-config-volume
          subPath: filebeat.yml
        - mountPath: /usr/share/filebeat/inputs.d/filebeat-inputs.yml
          name: filebeat-config-volume
          subPath: filebeat-inputs.yml
      dnsPolicy: ClusterFirst
      imagePullSecrets:
      - name: harbor-secret
      initContainers:
      - command:
        - cp
        - -r
        - /pinpoint-agent-2.1.0
        - /apps/srv/apm/agent/
        image: harbor.dockerstep7.com/library/pinpoint:2.1.0-init
        imagePullPolicy: IfNotPresent
        name: multi-test-agent
        resources: {}
        terminationMessagePath: /dev/termination-log
        terminationMessagePolicy: File
        volumeMounts:
        - mountPath: /apps/srv/apm/agent/
          name: pinpoint-agent-volume
      restartPolicy: Always
      schedulerName: default-scheduler
      securityContext:
        runAsUser: 0
      terminationGracePeriodSeconds: 85
      volumes:
      - hostPath:
          path: /usr/share/zoneinfo/Asia/Shanghai
          type: ""
        name: tz-config
      - emptyDir: {}
        name: app-volume
      - configMap:
          defaultMode: 420
          name: step7-filebeat-config
        name: filebeat-config-volume
```

```
  - emptyDir: {}
    name: pinpoint-agent-volume
```

這裡需要注意以下幾點。

- 增加 Sidecar 容器，用於擷取 Pods 內部日誌。
- 掛載日誌目錄，使 Filebeat 容器可以存取業務日誌。如果使用 Daemonset 方式，則將 Worker 節點的日誌路徑掛載到 Pods 內。

在日誌擷取過程中，不得不面臨的問題就是日誌遺失。其實不管是使用 Daemonset 方式還是 Sidecar 方式，都不能完全保證不遺失日誌。這是因為 Daemonset 方式無法對抗 Worker 節點當機的情況，Pods 也無法避免主容器退出後日誌擷取延遲時間的問題。

 Tips

如果對日誌遺失率有較高的要求，則不妨同時使用多種日誌擷取方案，這樣即可透過日誌對比分析進一步減少資料誤差。

7.2.8 服務治理 4——鏈路追蹤

微服務架構是一個分散式架構，按業務劃分服務單元。一個分散式系統往往有很多個服務單元。由於服務單元數量眾多，加上業務的複雜性，如果出現錯誤和異常，則很難進行定位。

因此，在微服務架構中必須實現分散式鏈路追蹤，跟進一個請求到底有哪些服務參與、參與的順序又是怎樣的，從而使每個請求的步驟清晰可見，達到快速定位異常的目的。

鏈路追蹤是當前微服務架構中最常見的追蹤手段，下面以 Pinpoint 為例說明。

1. 在容器中如何實現鏈路追蹤

在開始學習之前，讀者需要先明確：需要實現鏈路追蹤的服務都需要進行部署。那麼這些服務部署在哪裡就成了需要討論的重點。

常見的想法有以下兩個。

- 放到基礎鏡像中：放到基礎鏡像中是比較方便的，但是存在一個問題，即設定、程式與環境如何解耦。
- 放到共用儲存上：不同的服務對 Volume 進行掛載，但是 PV 不具備版本管理能力，維護成本較高。

因此，鑑於兩個方案各有優劣，通常建議採用初始容器（Init Container）的方式，獨立載入實現。

2. 關於初始容器

初始容器就是用來做初始化工作的容器，可以是一個或多個。如果有多個，那麼這些容器會按定義的順序依次執行，只有所有的初始容器執行完後，主容器才會被啟動。

> ### ☼ Tips
> 需要注意的是，一個 Pod 中的所有容器是共用資料卷和網路命名空間的，因此初始容器中產生的資料可以被主容器使用。

3. 使用 Pinpoint

要在容器中實現鏈路追蹤，Pinpoint 必須使用單獨鏡像。

新建 trace-deploy-demo.yaml 檔案，寫入以下設定。

```
apiVersion: apps/v1
kind: Deployment
metadata:
```

```
    labels:
      app: example
    name: example
spec:
  selector:
    matchLabels:
      app: example
  template:
    metadata:
      labels:
        app: example
      containers:
      - image: example
      - mountPath: /apps/srv/apm/agent/
        name: pinpoint-agent-volume
      initContainers:
      - command:
        - cp
        - -r
        - /pinpoint-agent-2.1.0
        - /apps/srv/apm/agent/
        image: harbor.dockerstep7.com/libary/pinpoint:2.1.0-init
        imagePullPolicy: IfNotPresent
        name: multi-test-agent
        resources: {}
        terminationMessagePath: /dev/termination-log
        terminationMessagePolicy: File
        volumeMounts:
        - mountPath: /apps/srv/apm/agent/
          name: pinpoint-agent-volume
      restartPolicy: Always
      schedulerName: default-scheduler
      securityContext:
        runAsUser: 0
      terminationGracePeriodSeconds: 85
      volumes:
      - emptyDir: {}
        name: pinpoint-agent-volume
```

將 pinpoint:2.1.0-init 以 initContainers 方式注入 Pod 中，既實現了 Pinpoint 的版本管理，又實現了設定解耦，還減輕了共用儲存的運行維護工作。

7.2.9 可靠性保障 1──彈性部署

雖然很多雲端廠商提供了非常多彈性群組的概念，但是在非容器部署時難以實現彈性部署，如主機名稱有序、彈出失敗、時長問題等。

在容器化架構中，擴充的過程和結果都依賴底層基礎設施和 Kubernetes 這個「OS 系統」，開發人員透過一行命令即可觸發副本數的變更，實現快速擴充 / 縮小。這也正是容器化方案最立竿見影的收益。

下面透過 Kubernetes 方案介紹如何在容器中實現彈性部署。

1. 手動擴充

手動擴充方式依賴 kubectl 來調整副本數。這種方式是隨選擴充的。當需要調整時，可以迅速執行。

```
kubectl -n demo scale deployment/demo --replicas=100
```

2. 自動擴充

Kubernetes 支援 Pod 水平自動伸縮，預設可以根據 CPU/MEM 指標進行擴充。更高級的方案則是與 Prometheus 資料打通，實現特定指標觸發，如 TPS 等。

下面以 CPU 為例設定 YAML 檔案。

```
apiVersion: autoscaling/v2
kind: HorizontalPodAutoscaler
metadata:
  name: nginx-hpa
```

```
    namespace: default
spec:
  scaleTargetRef:                      ## 綁定名為 nginx 的 Deployment
    apiVersion: apps/v1
    kind: Deployment
    name: nginx
  minReplicas: 1
  maxReplicas: 10
  metrics:
  - type: Resource
    resource:
      name: cpu
      targetAverageUtilization: 50
```

這裡有一個前提，Deployment 必須設定 request limits。如果沒有設定 request limits，則以上宣告的 nginx-hpa 無法生效。

透過 YAML 檔案設定可以看出：當 CPU 的使用率超過 50% 時，容器開始自動擴充；當 CPU 的使用率低於 50% 時，容器開始自動縮小。

為了防止副本數的頻繁波動，需要採用延遲載入的方式。有時 CPU 的使用率會超過 50%，但是容器並沒有自動擴充的問題，因此需要充分考量設定值的設定。

3. 定時擴充

很多時候，企業面對的業務場景是商品限時搶購或定時擴充，通常的解決方案為使用容器定時伸縮（CronHPA）技術。

阿里雲容器服務提供了 kube-cronhpa-controller，專門用於應對資源畫像（一般表示資源的基本情況、特徵等）存在週期性的問題。開發人員可以根據資源畫像的週期性規律，定義排程週期，提前擴充好服務實例，而在波谷到來後定時回收服務實例，底層再結合 cluster-autoscaler 的節點伸縮能力，實現資源成本的節約。

在生產環境中設定 CronHorizontalPodAutoscaler，新建 cronhpa-sample.yaml 檔案，輸入以下設定。

```
apiVersion: autoscaling.alibabacloud.com/v1beta1
kind: CronHorizontalPodAutoscaler
metadata:
  labels:
    controller-tools.k8s.io: "1.0"
  name: cronhpa-sample
  namespace: default
spec:
  scaleTargetRef:
      apiVersion: apps/v1
      kind: Deployment
      name: nginx
  jobs:
  - name: "scale-down"
    schedule: "30 * * * *"
    targetSize: 4
  - name: "scale-up"
    schedule: "0 * * * *"
    targetSize: 12
    runOnce: true
```

那麼透過以上方式實現設定上線後，服務一定可以在 12:00 成功擴充到 12 個副本、在 12:30 縮小到 4 個副本嗎？

在實際生產環境中，副本數的彈性可能會在十、百，甚至千這樣的量級，底層叢集資源的情況必須考慮在內。

- 在擴充時需要批次發起鏡像拉取，鏡像佔用的頻寬是第一個問題。如果頻寬受限，那麼擴充將無從談起。
- 鏡像倉庫的伺服器性能會面臨風險。
- 在選擇 Worker 節點時，極有可能造成負載不均衡。
- 服務啟動依賴的設定中心、註冊中心、快取或資料庫都將面臨

「壓測」，所以需要充分測試後才可以確認擴充方案是否可以正常實現。

線上上的實踐過程中，經常會利用時間來獲取較平穩的擴充實現。簡言之，將一次性的擴充拆分到多次來實現，降低對週邊系統的影響。

7.2.10 可靠性保障 2——叢集可靠性

前面介紹了在企業容器化過程中可能面臨的問題，以及如何進行技術選型。當容器化就緒後，開發人員的重心就需要轉移到叢集可靠性上。

那麼有以下兩個問題需要解決。

（1）要確保叢集可靠性，Kubernetes 本身的可靠性如何保證？

（2）如何應對新引入的基礎設施帶來的不確定性？

下面將從 4 個方面進行闡述。

1. 叢集規劃

既然叢集有較多不穩定性風險，那麼可以建立多個 Master 來防止單點故障。另外，可以將 Master 的機器分布在不同的機房或可用區中，防止因為一間機房出現問題而導致叢集不可用，Etcd 方案也適用於此。

2. 資源預留

在叢集部署的機器上，需要為 Kubernetes 叢集預留足夠的資源，防止因為業務佔用出現爭搶而導致 Kubernetes 元件異常，最終使服務不可用。

一般來說開發人員需要為系統處理程序預留 5% 的 CPU、5% ～ 10% 的記憶體和 1GB 以上的儲存空間。為記憶體資源設定 500MB 的驅逐設定值，以及為磁碟資源設定 10% 的驅逐設定值。

3. 叢集元件

在容器化的架構方案中，需要特別注意以下幾個叢集元件。

（1）API Server。

API Server 作為整個叢集的存取入口，需要特別注意。因為 API Server 是無狀態的，所以可以啟動多個實例並結合負載平衡器實現高可用，如使用 Nginx 或雲端上的負載平衡服務。

（2）Etcd 叢集方案。

K8s 叢集使用 Etcd 作為資料後端，它是一種無狀態的分散式資料儲存叢集，其本身提供了以 Raft 協定為基礎的分散式叢集方案。因為 Raft 演算法在做決策時需要多數節點的投票，所以 Etcd 一般在部署叢集時推薦使用奇數個節點（推薦由 3 個、5 個或 7 個節點組成一個叢集）。

（3）kube-scheduler 與 controller-manager。

kube-scheduler 與 controller-manager 都是在一個叢集中保留一個活躍實例，鑑於此，開發人員可以同時啟動多個副本，然後利用節點選舉（Leader Select）來實現高可用。

> 💡 **Tips**
>
> 除啟動多個副本外，各個元件的升級都需要提供平滑或無損升級的方案，避免底層元件的變更導致上層業務發生異常。

4. 叢集保護

叢集保護常用的手段就是限流、熔斷策略。

開發人員可以針對 API Server 等關鍵服務設定最大連接數、最大並行連接數等。值得慶倖的是，Kubernetes 針對 API Server 有豐富的限流策略，如 MaxInFlightLimit、EventRateLimit、APF 等。

在完成以上可靠性保障後，Kubernetes 的災備方案也是需要考慮的。開發人員可以建立聯邦叢集（Cluster Federation，一種將多個叢集進行統一管理的方案）來實現異常切換。當然，如果企業的人力資源有限，那麼直接使用雲端廠商提供的託管服務也不失為一種好方法。

7.3 企業級方案 1——微服務應用實踐

微服務的出現解決了單體應用架構無法滿足當前網際網路產品的技術需求的問題。但是，應用的架構是演變的，隨著業務的增長不斷有新的挑戰，進而不斷地進化。

7.3.1 應用演變過程中的痛點

大型企業級應用一般分為 4 個階段：專案初創階段、新業務快速發展階段、業務穩定發展階段及業務再次爆發增長階段。

下面介紹應用演變過程中的痛點。

1. 專案初創階段

專案初創階段要求核心業務功能是閉環的，讓產品能夠不斷地試錯，然後調整方向。

此階段對系統的要求是基礎功能模組的支援，如使用者、登入、統計、產品核心流程等。在此階段，單體應用就能滿足要求，回應速度快。

另外，因為技術團隊人少，所以不用關注多人協作和配合的問題，也不用關注規範。只要能解決問題，做到想要的系統功能，可以一切從簡。

　　此階段推薦直接使用 Java 技術堆疊的 Spring Boot、Go 技術堆疊的 Beego、Python 技術堆疊的 Django 等基礎 Web 框架，根據不同業務使用 MySQL、Redis、MongoDB 等資料庫，或直接使用 Elasticsearch 引擎提供儲存和基礎搜尋功能，只需要幾個小時即可為專案架設基礎框架並實現模組設計和支援，開箱即用，簡單高效。

　　在專案初創階段，直接使用一些開放原始碼工具或免費工具是對系統最大的助力，既省錢又可以保證靈活性，投入成本也不高。

　　要進行資料統計和分析，可以免費試用友盟、神策、GrowingIo 等產品。在搜尋場景中，Elasticsearch 引擎支援全文檢索搜尋、定義搜尋等，而且提供了友善的 API 介面，還可以結合 Kibana 做到資料視覺化。

　　在專案初創階段，各種工具要用到極致，效率第一。

2. 新業務快速發展階段

　　在新業務快速發展階段，專案方向很明確，核心流程和功能已形成閉環。此時，企業需要不斷地深耕使用者流程和提升互動體驗，不斷地最佳化業務模型，從而探索和拓展各種合作與業務增長的方式。

　　隨著業務的發展，技術團隊需要快速擴充。團隊開發風格和規範可能會不統一，溝通成本和系統框架迭代成本呈線性增長。

　　由於業務發展太快，單體應用已經無法滿足業務對系統的要求。此階段需要關注以下幾點。

　　（1）在保證資料安全的情況下，快速重新啟動系統。

　　技術團隊快速擴充會產生很多意想不到的問題。如果出現問題，在確保資料安全的情況下，可以先嘗試重新啟動系統，然後找深層原因。

　　（2）進行伺服器擴充。

　　在出現伺服器瓶頸時，擴充是最簡單、高效的解決手段。

　　單體應用在出現瓶頸時，不要直接重構專案，而是先進行擴充。常規手段是增加記憶體或增加快取，為架構升級提供緩衝時間。同時，也可以考慮對業務的拆分進行系統設計。

　　在業務發展過程中，常出現的瓶頸是伺服器支撐量。擴充是有極限的，單體應用增加幾倍支撐量，透過擴充是可以輕鬆解決的。但是，透過「加機器」來擴充，對於單體應用是有一定要求的。雖然擴充對於讀取操作沒有影響，但對於寫入操作是有要求的。因此，共用資料的寫入操作要實現一定的鎖機制，從而解決不同機器操作同一資料的問題。

·ᗭ· Tips

當系統 I/O 出現瓶頸時，首先要考慮「加機器」。

需要注意的是，擴充是有極限的，記憶體可以增加十倍、百倍。但是，系統的 I/O 是有極限的，如果擴充效果不明顯，就不要再做擴允操作。

　　「加機器」對單體應用的衝擊和改造成本還是很低的，實現一個介面的冪（可以使用相同的參數重複執行，並能獲得相同結果的介面）等就能解決很大一部分問題。

　　此外，在此階段團隊在不斷壯大，但團隊內的一些基礎設施不夠完善。這個階段的人工成本非常高，開發人員也非常忙，效率會大不如前。

　　（3）使用通用唯一辨識碼（Universally Unique Identifier，UUID）方案。

　　這裡推薦一種 UUID 方案，它可以讓分散式系統中的所有元素都有唯一的辨識資訊，而不需要透過中央控制端來指定辨識資訊。在中小型專案中，UUID 方案是一個不錯的選擇。

Tips

對於並行度不高的系統，資料庫性能一般不會達到瓶頸，所以，UUID 方案是犧牲資料庫性能換取其優點的一種選擇。

（4）微服務改造。

在單體應用執行一段時間後，隨著業務的增長，對系統性能和並行性的要求越來越高，這時就面臨微服務重構的選擇。但是，在重構前，必須反覆權衡並建立好必要的基礎設施，準備應對新架構下面臨的新問題，而非頭腦一熱就開始著手應用微服務的重構。

微服務可能存在的問題主要包含以下幾點。

- 未做合理的拆分和分層，致使服務拆分過細，服務數量太多，服務間關係複雜，系統複雜度上升，人力和維護成本變高。推薦使用三層模型：基礎服務層、業務模組、業務通訊埠。

  - 基礎服務層。包括通用基礎服務（如帳號使用者系統、訊息系統、定時任務），以及根據不同業務抽象的各自的基礎服務。在這一層會把模組按照產品線和通用服務兩個維度進行拆分。

  - 業務模組。業務模組是根據基礎服務組合和封裝的。

  - 業務通訊埠。業務通訊埠可以根據具體的業務複雜度進行設計，不用嚴格按照這裡所說的三層模型，可以只有兩層（在業務模組即可直接輸出不同通訊埠的介面）。

- 原本的單體「同處理程序間服務呼叫」變成「遠端不同處理程序間服務呼叫」，呼叫模式從記憶體呼叫變成網路呼叫。如果呼叫鏈路過長，則會導致性能下降、回應時間變長、問題鎖定困難。

> **Tips**
> 上面提到介面的冪等設計，也是將記憶體呼叫變成網路呼叫的一種重要方案。

基礎設施不健全，做不到基礎的服務監控和治理，將會導致服務管理混亂，設計的微服務架構也會變成一團亂麻。當然，自動化測試和部署也很重要，否則將無法實現持續交付（第 5 章有相關內容）。

3. 業務穩定發展階段

在業務穩定發展階段，需要不斷地增加品牌影響力、完善產品功能、挖掘更深的使用者需求，以及制定更精細化的營運方案和產品策略。

（1）確保線上穩定。

需求會不斷變化，產品也需要持續迭代。在這個過程中，要做到線上穩定，應要求產品研發流程標準化、部門間有效協作，以及具有完整的工具鏈支援。研發人員專心關注業務需求開發即可，不用關注運行維護、資料、上線等流程和環境問題。

（2）精細化營運。

精細化營運是保證產品能夠持續增長，以及增加使用者黏性的重要手段。這對於系統的要求是，有一些方便可用的營運前後台系統，能夠根據不同的人物誌做到精準的使用者效果保障。

（3）技術架構持續最佳化。

隨著系統技術堆疊的不斷迭代，可以針對整個框架進行持續最佳化，如合理地合併和拆分服務、引入新的工具或框架、替換現有的瓶頸工具等。這些只是技術架構基本的規劃想法，具體情況還要具體分析。

4. 業務再次爆發增長階段

很多企業經過一段時間的穩定營運後，使用者量急劇上升。這對於系統的衝擊會更大，系統的所有環節都可能成為瓶頸，如訊息系統、註冊中心、設定中心、日誌系統、專案化工具、安全、備份、災難恢復、資料統計分析等。

這些都是需要重新設計的，這裡以訊息系統舉例：從單體應用到微服務，數量級增加十倍甚至百倍，服務也從單體應用發展到了叢集服務。眾所皆知，在單體應用中，訊息只要發送出去即可。但是在叢集服務中，如何控制流量、如何排程和分配訊息任務，以及如何確保資料一致性就成為系統最大的挑戰。

這些問題都需要結合具體的業務形態來考慮，尤其是提供的協力廠商服務，對準確性、可追溯性有更高的要求。所以，這就需要從不同層面對框架進行個性化訂製。

7.3.2 微服務架構設計

微服務架構是一種將單一應用程式開發為一組小服務的方法，每個小服務都在自己的處理程序中執行，並使用輕量級協定機制（RESTful API、事件流和訊息代理的組合）通訊。這些服務是圍繞業務建構的，並且可以完全實現自動化獨立部署。它們可以使用不同的程式語言來撰寫，並使用不同的資料儲存技術來儲存資料。

1. 單體應用的局限性

提到微服務架構，不得不提起與之對應的單體應用。單體應用是一個具有獨立邏輯的可執行檔，對系統的任何更改都要重新建構和部署應用程式。可以透過在負載平衡器上水平擴充單體應用來執行多個實例。

單體應用一旦被部署，所有的服務或特性就都可以使用了。這簡化了測試過程，因為沒有額外的相依，所以每項測試都可以在部署完成後立刻開始。但是單體應用有一個致命的缺點：單體應用只能作為一個整體進行擴充，無法根據業務模組的需要進行伸縮。

隨著業務模組的不斷增加，會出現模組邊界模糊、相依關係不清晰、程式混亂等問題，這就急需進行微服務架構的改造。

2. 微服務架構的特徵

在開始設計微服務架構之前，先來熟悉一下其幾大特徵。

（1）服務元件化。

元件是可以獨立替換和升級的軟體單元。在微服務架構中，軟體元件化的主要方式是分解為服務。

使用服務作為元件主要是為了便於獨立部署服務。

如果應用程式由單一處理程序中的多個函式庫組成，則對任何單一元件的更改都會導致必須重新部署整個應用程式。但是，如果將該應用程式分解為多個服務，則可以對單一服務進行更改，重新部署該服務即可。

對服務進行元件化拆分並不是絕對的，一些服務介面的變化會導致依賴這些介面的服務同步變更，這樣也會增加一定的維護成本。因此，微服務架構的目標是：透過服務內聚邊界和約定，保證最小化改動和代價最低。

使用服務作為元件的另一個目的是：產生更明確的元件介面。

大多數語言沒有定義顯性發布介面的良好機制。一般來說只有文件和規範才能防止使用者端破壞元件的封裝，從而導致元件之間的耦合過於緊密。透過使用顯性遠端呼叫機制，服務可以更容易地避免這種情況。

Tips

遠端呼叫比處理程序內呼叫更昂貴，因此遠端 API 需要更粗細微性，這
通常會導致 API 更難使用。

（2）圍繞業務能力組織服務。

微服務的劃分方法有很多種，其中最廣泛的劃分方法是圍繞業務能
力組織服務。此類服務包括使用者介面、持久性儲存服務等。

 Tips

大型單體應用程式始終可以圍繞業務功能進行模組化。如果單體應用中
的某些功能跨越許多模組化邊界，就會很難融入現有的模組中。此外，
更明確的分離的服務元件也會使團隊分工邊界更清晰。

（3）要明確產品而非專案。

一般來說在企業中大多數應用程式的開發工作使用專案模型。透過
專案模型開發完成後，軟體將移交給維護團隊，而研發它的專案團隊將
被安排做其他事情。雖然整個過程看起來高效有序，但是這樣的方式並
不利於產品的沉澱。

微服務架構推薦團隊應該在其整個生命週期內擁有產品。開發團隊
對生產中的軟體負全部責任，這使開發人員能夠每天接觸他們的軟體，
並與使用者的關聯更加密切。

Tips

我們並沒有說單體應用不能做到以產品角度持續交付和最佳化，但是適當顆粒度的服務拆分更容易維護和擴充，更容易增強團隊和使用者之間的關聯。

（4）去中心化治理想法。

集中治理的後果之一是標準化的單一技術堆疊。不是每個問題都是釘子，也不是每個解決方案都是錘子。

Tips

開發人員應該使用正確的工具來完成，單體應用可以在一定程度上使用不同的語言，但這並不能廣泛使用。

建構微服務的團隊更喜歡採用不同的標準方法，這也是我們經常提到的「多種語言，多種選擇」。不同的高階語言有不同的特性，在某個領域有更高的性能和效率。許多單體應用不需要這種等級的性能最佳化。相反，單體應用通常使用單一語言，並且傾向於限制使用中的技術數量。

（5）去中心化資料管理。

資料管理的分散化以多種不同的方式呈現。微服務分散了資料儲存決策。雖然單體應用程式更喜歡使用單一邏輯資料庫來儲存持久性資料，但企業通常更喜歡使用跨一系列應用程式的單一資料庫。

微服務更喜歡讓每個服務管理自己的資料庫，不是是同一資料庫技術的不同實例，就是是完全不同的資料庫系統。可以在單體應用中使用多語言持久化，但這種多種語言的持久化，在微服務中使用得更多。

Tips

跨服務分散資料儲存對資料更新有影響。處理更新的常用方法是在更新多個資源時使用事務來保證一致性。使用事務有助於保證一致性，但會帶來很大的時間代價。分散式事務很難實現，就算實現了也要付出很大的成本和代價，因此，微服務架構強調服務之間的無狀態性，只是保證最終的一致性，這可以透過補償操作來處理。

選擇這種方式保證資料一致性對許多開發團隊來說是一個新的挑戰，這要和具體的業務場景進行比對。業務需要權衡的是，在更高的一致性要求下修復錯誤的成本低於遺失業務的成本。

　　微服務是由單體應用拆分而來的，將會大大增加運行維護成本和維護成本，所以需要專案具備優秀的持續整合能力，這樣才能發揮出真正的價值。

　　微服務導致運行維護成本和管理成本的增加，透過持續整合和自動化部署，單體應用和微服務之間將沒有太大的區別，但兩者的營運環境可能截然不同。

　　（6）為「失敗」設計。

　　任何程式都會因為各種因素導致服務不可用，在微服務系統中這一點尤為突出。與單體應用相比，這是一個缺點，因為它引入了額外的複雜性。

　　由於服務隨時可能出現故障，因此能夠快速檢測故障，並在可能的情況下自動恢復服務非常重要。微服務應用程式非常重視應用程式的即時監控。

如果某個服務逾時，那麼要提前設定容錯處理，如通知呼叫方傳回異常。如果某些服務突然流量暴增，那麼為了保護系統，防止系統超載當機，也要適當地使用快取和限流。

微服務團隊希望看到針對每個單獨服務的複雜監控和日誌記錄設定，舉例來說，顯示啟動 / 關閉狀態的儀表板，以及各種營運和業務的相關指標。

（7）為「進化」設計。

微服務需要有迭代變化的特性，從而使應用程式開發人員能夠在不調整業務需求的情況下控制其應用程式中的更改。變更控制，並不一定表示減少變更。透過使用正確的工具，可以對系統進行頻繁、快速且可控的變更。

每當開發人員嘗試將軟體系統分解為多個元件時，都會面臨如何分割各個部分的問題。那麼，決定分割應用程式的原則是什麼？元件的關鍵屬性是獨立替換和可升級性，這表示，在不影響其服務的情況下需要重寫元件。事實上，許多微服務團隊明確預計服務將被廢棄，從而就不用再花費代價進行分割和改造。

這種對可替換性的強調是模組化設計的一般原則，即透過更改模式來驅動模組化（將同時更改的內容保留在同一模組中）。系統中很少更改的部分應該與當前經歷大量流失的服務位於不同的服務中。如果開發人員發現自己反覆同時更改兩個服務，則表示它們應該合併。

對於單體應用，任何更改都需要完整地建構和部署整個應用程式。但是，對於微服務，開發人員只需要重新部署修改過的服務就可以，這可以簡化和加快發布過程。其缺點是必須注意一個服務的更改會破壞其他服務。

3. 微服務是軟體架構的未來方向嗎

微服務架構是比單體架構的某些方面更好的方案，但它會降低生產力。任何架構都有其優勢和劣勢，微服務產生的成本和收益也是一樣的，開發人員要做出明智的選擇，必須結合自己業務的特點綜合考慮。

（1）使用微服務需要權衡。

儘管有很多公司從事微服務方向的實踐，但這並不能說明微服務就是軟體架構的未來方向。

開發一個多年來已經衰敗的單體架構的團隊，對模組化有著強烈的期待。其認為微服務不太可能出現衰減，因為服務邊界是明確的。

然而，微服務在發展中暴露了很多問題，如服務治理、定位和偵錯問題，以及過分拆分服務導致的呼叫和維護混亂問題。越來越複雜的業務對系統的要求更高（熔斷、限流、負載平衡、灰階發布等），而不同量級的服務也會對系統產生很大的衝擊。

在元件化的過程中，成功與否取決於架構和元件拆分顆粒度的符合程度。如果拆分的元件不合理，則開發人員將很難弄清楚元件邊界在哪裡。與處理程序元件（具有遠端通訊的服務）相比，微服務重構起來比使用處理程序程式困難得多。跨服務移動程式非常困難，任何介面的更改都需要與所有呼叫方協調，需要增加向後相容邏輯，這種架構也會使測試變得更加複雜。

另外，如果元件的組合不合理，則轉為微服務後就是將複雜性從元件內部轉移到服務之間。這不僅會轉移複雜性，還會將其轉移到不那麼明確且難以控制的地方。

最後，還有團隊技術水準的因素。對於具有很強技術能力的團隊，新技術可以很有效地提升團隊效率。但是，對於技術水準一般的團隊，新技術不一定利大於弊。在這種情況下，相比單體服務維護成本和技術能力要求更高的系統架構，毫無疑問，微服務也不會減少問題的出現。

（2）新的方向：服務網格（Service Mesh）。

發展到現在，微服務框架迎來了另一個方向：服務網格。這也是在微服務發展到一定階段後，需要對服務治理、服務支撐量、灰階發布、熔斷、限流註冊服務與發現等方案提出更高要求的背景下產生的。

整體想法就是化繁為簡：使用統一的 RESTful API 等協定，去除了多種語言的差異；使用 Sidecar 方式，把負載平衡、熔斷、限流、灰階發布、安全驗證等從服務中抽離出去，並且毫無侵入。

服務網格使微服務煥發了新的生機，將其推向了更高的巔峰。

7.3.3 微服務容器化的困難

微服務容器化的困難主要來自三個方面。

- 單體應用到微服務的改造。
- 微服務到容器化的改造。
- 微服務在容器內的執行和維護。

下面圍繞這三個困難進行逐一介紹。

1. 單體應用到微服務的改造

（1）完成自動化測試覆蓋。

毋庸置疑，線上的穩定性是所有技術迭代和需求迭代的生死線。單體應用到微服務的改造面臨的第一個挑戰就是測試覆蓋，以此來保證在服務拆分和改造過程中業務是穩定的。

那麼，開發人員又該如何完成自動化測試覆蓋呢？

- 保證核心流程使用案例和自動化服務是完整的，包括登入和註冊，以及核心流程和關鍵動作的測試覆蓋。
- 參考業務中的公共模組進行設計拆分，很多前端和後端的功能模組根據業務需要，有一定的重複和重複使用，這樣可以減少很大一部分重複工作。
- 完善專案的測試覆蓋，以及對專案做適當的壓力測試，舉出整個系統的瓶頸和測試覆蓋度報告。
- 持續迭代使用案例，一旦發現使用案例失敗和需求變更，就第一時間更新。值得注意的是，該過程允許有適當的容錯和重複，甚至可以適當地把某個邏輯中斷，為後續的持續迭代做沉澱。

（2）引入灰階發布系統。

自動化測試覆蓋可以確保線上穩定，但是再完整的測試覆蓋也會有發現不了的缺陷。想要平滑地做到單體應用到微服務的改造，引入灰階發布機制才是解決之道。因此，可以透過配變灰階規則，有節奏地平滑替換線上介面和業務邏輯，確保微服務改造過程的穩步進行。

（3）實現前後端分離。

業務系統通常分為三層。

- 展現層：包含 HTTP 介面，以及執行在瀏覽器中的 HTML 檔案。
- 邏輯層：包含系統的核心邏輯，一般是指業務邏輯。
- 資料層：包含系統的存取資料及資料庫層。

要實現前後端分離，就需要把展現層分離。但是，為了滿足微服務拆分，就需要對邏輯層進行調整，通常採用的策略是將部分邏輯改為遠端呼叫（RESTful API 或 HTTP 介面方式）。

（4）抽離相互呼叫邏輯。

在過渡階段需要抽離相互呼叫邏輯。其想法比較簡單，即製作一個單體應用呼叫微服務介面的轉換邏輯，以及同步製作微服務呼叫單體應用介面的轉換邏輯。當然，也可以完全透過介面方式實現互動，這樣更加直觀。

（5）設計分散式事務和分散式鎖邏輯。

當系統對一致性或即時資料準確性的要求較高時，可以選擇最終一致性，製作一個定時檢查和補償機制。如果系統對即時性要求較高，則代價就會很大。從單體應用記憶體呼叫到非同步 RESTful API 或 RPC 呼叫，需要引入更多的方案來滿足，這裡就不再擴充介紹。

（6）規劃和拆分模組。

在大部分的情況下，可以從壓力測試報告中找到當前系統瓶頸。開發人員透過拆分模組達到最佳化的目的。當然，也可以從業務模組角度，先拆分核心基礎模組，然後進行各個業務模組的拆分。

2. 微服務到容器化的改造

業務架構可以分為有狀態和無狀態兩種。簡單來説，邏輯部分是無狀態的。邏輯部分可以按照業務模組直接容器化，這通常不會有什麼問題。但是，有狀態部分（如資料庫、記憶體、緩衝、訊息系統等資料部分）需要考慮分發、處理、儲存操作。

 Tips

微服務到容器化的改造最關鍵的就是如何處理架構中的有狀態部分。

資料的儲存一般分為以下 4 種。

- 記憶體資料：可以使用快取，如 Session。一般可以放在外部統一的快取中，如分散式 Redis 叢集。雖然讀取速度會比原來慢，但如果提前設計好架構和索引，則速度不比直接讀取記憶體慢多少。

- 業務資料：通常使用 MySQL、MongoDB 做叢集，但一定要做好合理分區、索引、備份設計。如果性能無法得到滿足，既可以進行讀／寫分離，也可以做分庫分表等分散式資料庫。

- 檔案圖片資料：直接使用 CDN 儲存即可。特殊類型（如文字、文件）適合使用 Elasticsearch 進行儲存。

- 日誌：直接在宿主機儲存即可，定期進行備份整理。

如果所有的資料都放在外部的統一儲存上，則應用就成了僅包含業務邏輯的無狀態應用，可以進行平滑的橫向擴充。

Tips

外部統一儲存，無論是快取、資料庫還是物件儲存、搜尋引擎，它們都有自身的分散式橫向擴充機制。

3. 微服務在容器內的執行和維護

微服務實現容器化改造之後，就需要解決微服務在容器內的執行和維護問題。

（1）服務註冊和發現。

在預設情況下，啟動 Docker 使用 Bridge（安裝 Docker 時建立的橋接網路）。每次重新啟動 Docker 時，會按照順序獲取對應的 IP 位址。這會導致一個問題：每次重新啟動 Docker 之後，容器的 IP 位址就會發生變化。此時會出現無法存取服務的問題，這是因為一般的服務註冊和發現都是以 IP 位址加模組名稱等基本資訊來記錄服務相依關係的。

以下兩個方案可以解決這個問題。

第一，對原來的服務註冊和發現進行改造，註冊時把容器 ID 和 HostName 一起提交到註冊中心。同時，在呼叫遠端服務時，透過容器 ID 獲取容器的造訪網址。

第二，自訂網路，並設定為固定 IP 位址或記錄映射關係。

（2）自訂網路範例。

為了便於理解，可以建立一個自訂網路，並指定網段為「172.18.0.0/16」。

```
# 查看當前可用網路
docker network ls

# 建立白訂網路
docker network create --subnet=172.18.0.0 /16 networktest
```

準備就緒後使用自訂網路，並指定固定 IP 位址為「172.18.0.5」。

```
docker run -itd --name networkTest1 --net networktest --ip 172.18.0.5
nginx:latest /bin/bash
```

最終效果如圖 7-9 所示。

```
[+ → docker run -itd --net bridge --ip 172.17.0.11 nginx:latest /bin/bash
Unable to find image 'nginx:latest' locally
latest: Pulling from library/nginx
e1acddbe380c: Pull complete
e21006f71c6f: Pull complete
f3341cc17e58: Pull complete
2a53fa598ee2: Pull complete
12455f71a9b5: Pull complete
b86f2ba62d17: Pull complete
Digest: sha256:4d4d96ac750af48c6a551d757c1cbfc071692309b491b70b2b8976e102dd3fef
Status: Downloaded newer image for nginx:latest
ee7600c047810bd5db929b5e201410ff0ebeedc83eb72109901312c7124c1c5f
docker: Error response from daemon: user specified IP address is supported on user defined networks only.
```

▲ 圖 7-9

7.3.4 服務網格 1——服務網格與微服務

服務網格的起源可以追溯到過去幾十年伺服器端應用程式的演變。在傳統的中型 Web 應用程式中，具有代表性的就是三層架構。在這個架構中，應用程式邏輯、Web 服務邏輯和儲存邏輯都是一個單獨的層。不同層之間的通訊雖然複雜，但範圍有限。

> ### ☀ Tips
>
> 當這種架構達到非常高的規模時，它開始當機。Google、Netflix 和 Twitter 等公司面臨著巨大的流量需求，它們實施了有效的雲端原生方法的前身——應用層被拆分為微服務，層成為一種拓撲結構。這些系統透過採用一般的通訊層來解決這種複雜性。例如，Twitter 的 Finagle、Netflix 的 Hystrix 和 Google 的 Stubby 就是典型的例子。

隨著技術的發展，出現了現代服務網格。它將這種顯性處理服務到服務通訊的想法與兩個額外的雲端原生元件相結合。

- 容器提供資源隔離和依賴管理，並允許將服務網格邏輯作為代理實現，而非作為應用程式的一部分。
- 容器編排器（如 Kubernetes）提供了無須大量營運成本即可部署數千個代理的方法。

這些因素表示，我們有一個更好的替代函式庫方法：可以在執行時期而非在編譯時綁定服務網格功能，從而使開發人員能夠將這些平臺級功能與應用程式本身完全分離。

1. 服務網格的概念

服務網格是處理服務間通訊的基礎設施層。它負責建構現代雲端原生應用程式的複雜服務拓撲來可靠地交付請求。

在實踐中，服務網格通常以輕量級網路代理陣列的形式實現，這些代理與應用程式碼部署在一起，應用程式無須感知代理的存在。

服務網格是一種工具，透過在平臺層而非應用程式層插入某些擴充功能，可以為應用程式增加可觀察性、安全性和可靠性功能。

服務網格通常透過一組輕量級網路代理來實現，這些代理與應用程式碼一起部署，而不需要感知應用程式本身（這種模式有時稱為 Sidecar）。這些代理用於處理微服務之間的通訊，並充當可以引入服務網格功能的點。

服務網格的興起與雲端原生應用程式的興起息息相關。在雲端原生世界中，一個應用程式可能包含數百個服務。每個服務可能有數千個實例，這些實例中的每一個都可能處於不斷變化的狀態，因為它們是由 Kubernetes 等編排器動態排程的。

> 💡 **Tips**
>
> 在雲端原生世界中，服務到服務的通訊不但極其複雜，而且是應用程式執行時期行為的基本部分，管理它對於確保點對點性能、可靠性和安全性非常重要。

2. 服務網格是執行原理的

服務網格不會為應用的執行時期環境加入新功能，任何架構中的應用都需要對應的規則來指定請求是如何從 A 點到達 B 點的。

服務網格的特點是，它從各個服務中提取邏輯管理的服務間通訊，並將其抽象為一個基礎架構層，服務網格會以網路代理陣列的形式內建到應用中。

3. 服務網格與微服務

微服務框架也可以做到應用程式的重試／逾時、監控、追蹤和服務發現，但是對於微服務，服務網格有哪些異同？

（1）獨立服務間通訊。

在服務網格中，請求將透過所在基礎架構層中的代理在微服務之間路由，這是因為它們與每個服務平行處理執行，而非在內部執行。

（2）簡化服務間通訊。

服務網格可以簡化服務間的通訊。在沒有服務網格層時，邏輯管理的通訊需要編碼到每個服務中，但隨著通訊變得越來越複雜，服務網格的價值也就更加顯著。以微服務架構建構的雲端原生應用，利用服務網格，可以將大量離散服務整合為一個應用。

> ### ☀ Tips
> 如果沒有服務網格，則每個微服務都需要進行邏輯編碼才能管理服務間通訊，這會導致開發人員無法專注于業務目標。這也意味著通訊故障難以診斷，因為管理服務間通訊的邏輯隱藏在每個服務中。

（3）最佳化服務間通訊。

在實際開發中，開發人員每向應用中增加一個新服務或為容器中執行的現有服務增加一個新實例，都會讓通訊環境變得更加複雜，並且可能埋入新的故障點。

在複雜的微服務架構中，如果沒有服務網格，則幾乎不可能找到哪裡出了問題。這是因為服務網格會以性能指標的形式捕捉服務間通訊的一切資訊。隨著時間的演進，服務網格獲取的資料逐漸累積，可以用來改善服務間通訊的規則，從而生成更有效、更可靠的服務請求。

舉例來説，如果某個服務失敗，服務網格可以收集在重試成功前所花費時間的有關資料。隨著某服務故障持續時間的資料不斷累積，開發人員可撰寫對應的規則，以確定在重試該服務前的最佳等待時間，從而確保系統不會因不必要的重試而負擔過重。

7.3.5 服務網格 2——使用 Istio 方案

隨著微服務生態系統複雜性的不斷增加，需要對它進行更加有效和智慧的管理，從而深入地洞悉微服務是如何互動的，並確保微服務之間的通訊安全。Istio 可以提供上述所需的全部功能。

1. Istio 簡介

（1）Istio 是什麼？

相信任何對 Kubernetes 和雲端原生生態系統感興趣的讀者都聽説過 Istio。為了保證可攜性，開發人員必須使用微服務來建構應用，同時運行維護人員也正在管理著極其龐大的混合雲和多雲的部署環境。

使用 Istio 有助降低這些部署的複雜性，並減輕開發團隊的壓力。它是一個完全開放原始碼的服務網格，作為透明的一層被連線現有的分散式應用程式中。它也是一個平臺，擁有可以整合任何日誌、遙測和策略系統的 API。

 Tips

Istio 多樣化的特性使開發人員能夠成功且高效率地執行分散式微服務架構，並提供保護、連接和監控微服務的統一方法。

服務網格用來描述組成這些應用的微服務網路，以及它們之間的互動。隨著服務網格的規模和複雜性不斷增加，它將變得越來越難以理解和管理。它的需求包括服務發現、負載平衡、故障恢復、度量和監控等。服務網格通常還有更複雜的運行維護需求，如 A/B 測試、金絲雀發布、速率限制、存取控制和點對點驗證。

Istio 提供了對整個服務網格的行為洞察和操作控制的能力，以及一個完整的滿足微服務應用各種需求的解決方案。

（2）為什麼使用 Istio ？

透過負載平衡、服務間的身份驗證、監控等方法，使用 Istio 可以輕鬆地建立一個已經部署服務的網路，只需要對服務的程式進行少量更改甚至不需要更改。透過在整個環境中部署一個特殊的 Sidecar 代理，即可為服務增加 Istio 的支援，而代理會攔截微服務之間的所有網路通訊，然後使用其控制平面的功能來設定和管理 Istio。下面來看一下 Istio 提供的一些基本功能。

- 為 HTTP、gRPC、WebSocket 和 TCP 流量提供負載平衡能力。
- 透過豐富的路由規則、重試、容錯移轉和故障注入對流量行為進行細細微性控制。
- 可抽換的策略層和設定 API，支援存取控制、速率限制和配額。
- 叢集內（包括叢集的入口和出口）所有流量的自動化度量、日誌記錄和追蹤。
- 在具有強大的以身份驗證和授權為基礎的叢集中實現安全的服務間通訊。

（3）Istio 具備三大核心特性。

Istio 以統一的方式提供了以下跨服務網路的關鍵功能。

- **流量管理**：Istio 簡單的規則設定和流量路由允許開發人員控制服務之間的流量和 API 呼叫過程。Istio 簡化了服務級屬性（如熔斷、逾時和重試）的設定，並且可以輕而易舉地執行重要的任務（如 A/B 測試、金絲雀發布和按流量百分比劃分的分階段發布）。

- **安全特性**：Istio 的安全特性解放了開發人員，使其只需要專注於應用程式等級的安全。Istio 提供了底層的安全通訊通道，並可對大規模的服務通訊進行管理驗證、授權和加密。有了 Istio，服務通訊在預設情況下是受保護的，可以在跨不同協定和執行時期的情況下實施一致的策略，而所有這些都只需要少量甚至不需要修改應用程式。

> **Tips**
>
> Istio 是獨立於平臺的，可以與 Kubernetes（或基礎設施）的網路策略一起使用。但它更強大，能夠在網路層和應用層保護 Pod 到 Pod 或服務到服務的通訊。

- **可觀察性**：Istio 穩固的追蹤、監控和日誌特性讓開發人員能夠深入地了解服務網格部署。透過 Istio 的監控特性，可以真正地了解服務的性能是如何影響上游和下游的。而它的訂製 Dashboard 提供了對所有服務性能的視覺化能力，並且能夠看到服務是如何影響其他處理程序的。

> **Tips**
>
> Istio 的 Mixer 元件負責策略控制和遙測資料收集。它提供了後端抽象和仲介，將一部分 Istio 與後端的基礎設施實現細節隔離開，並為運行維護人員提供了對網格與後端基礎實施之間互動的細細微性控制。

所有這些特性能夠使開發人員更有效地設定、監控和加強服務的 SLO（Service Level Objective，服務等級目標）。當然，底線是可以快速、有效地檢測到並修復出現的問題。

（4）平臺支援範圍廣。

Istio 獨立於平臺，可以在各種環境中執行，包括雲端、內部環境、Kubernetes、Mesos 等。開發人員可以在 Kubernetes 或裝有 Consul 的 Nomad 環境上部署 Istio。

Istio 目前支援以下幾個功能。

- Kubernetes 上的服務部署。
- 以 Consul 為基礎的服務註冊。
- 服務執行在獨立的虛擬機器上。

（5）便於整合和訂製。

Istio 的策略實施元件不僅可以擴充和訂製，還可以與現有的日誌、監控、配額、審查等解決方案整合。

2. 安裝和部署 Istio

（1）下載對應作業系統的安裝檔案。

```
curl -L https://istio.io/downloadIstio | sh -
```

上面的命令表示下載最新版本（用數值表示）的 Istio。可以向命令列傳遞變數，用來下載指定的、不同處理器系統的版本。舉例來說，下載 x86_64 架構的 1.6.8 版本的 Istio。

```
curl -L https://[istio官網]/downloadIstio | ISTIO_VERSION=1.6.8 TARGET_
ARCH=x86_64 sh -
```

（2）設定環境變數。

進入 Istio 安裝目錄。

```
cd istio-1.11.1
```

安裝目錄包含 samples 資料夾和 bin 資料夾，這兩個資料夾的作用分別如下。

■ samples 檔案類：存放範例應用程式。
■ bin 檔案類：存放 istioctl 使用者端的二進位檔案。

把目前的目錄下的 bin 檔案夾註入環境變數中。

```
echo 'export PATH=$PWD/bin:$PATH' >> ~/.bash_profile
```

使用 source 命令使設定生效。

```
source ~/.bash_profile
```

> ## Tips
>
> istioctl 是 Istio 中修改設定的命令列工具，可以非常方便地偵錯和診斷 Istio。

（3）安裝 Istio。

本次安裝採用 demo 設定檔，這是因為它包含一組專門為測試準備的功能集合，另外還有用於生產或性能測試的設定檔，如圖 7-10 所示。

```
# 這裡以 demo 設定檔啟動
istioctl install --set profile=demo -y
```

```
~/Documents/istio-1.11.1 at 🐳 docker-desktop
→ istioctl install --set profile=demo -y
✓ Istio core installed
✓ Istiod installed
✓ Ingress gateways installed
✓ Egress gateways installed
✓ Installation complete
Thank you for installing Istio 1.11.  Please take a few minutes to tell us about your install/upgrade experience!  https://forms.gle/kWULBRjUv7hHci7T6
```

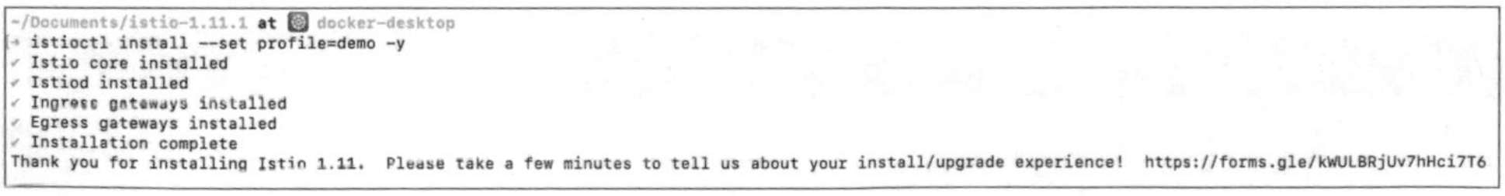

▲ 圖 7-10

當然，除 demo 設定檔外，還有其他設定檔（default、minimal、remote、empty、preview），開發人員可以根據具體業務場景進行設定。

Tips

這些設定檔提供了 Istio 控制平面和 Istio 資料平面 Sidecar 的訂製內容。

Istio 通常提供以下 6 種內建設定檔，如圖 7-11 所示。

- default：根據 IstioOperator API 的預設設定啟動元件，建議用於生產部署和 Multicluster Mesh 中的 Primary Cluster。開發人員可以透過執行 istioctl profile dump 命令來查看預設設定。

- demo：該設定檔具有適度的資源需求，旨在展示 Istio 的功能。它適合執行 Bookinfo 應用程式和相關任務。這是透過快速開始指導安裝的設定。此設定檔啟用了高級別的追蹤和存取日誌，因此不適合進行性能測試。

- minimal：與預設設定檔相同，但只安裝了控制平面元件。它允許開發人員使用 Separate Profile 設定控制平面和資料平面元件（如 Gateway）。

- remote：設定 Multicluster Mesh 的 Remote Cluster。

- empty：不部署任何東西。可以作為自訂設定的基本設定檔。

- preview：預覽檔案包含的功能都是實驗性的。這是為了探索 Istio 的新功能，不確保穩定性、安全性和性能。

核心元件	default	demo	minimal	remote	empty	preview
istio-egressgateway		✔				
istio-ingressgateway	✔	✔				✔
istiod	✔	✔	✔			✔

▲ 圖 7-11

（4）注入 Envoy 邊車代理。

可以透過為命名空間增加標籤，來告訴 Istio 在部署應用時自動注入 Envoy 邊車代理。

```
kubectl label namespace default istio injection=enabled
```

3. 使用 Istio 方案部署應用

至此，完成了 Istio 的安裝和設定。Istio 官方舉出了一個範例，其中包含非常豐富的場景，這裡進行簡單介紹。

（1）部署官方範例。

開發人員可以進入 Istio 下載安裝目錄中，透過執行 kubectl apply -f samples/bookinfo/ platform/ kube/bookinfo.yaml 命令來啟動服務，如圖 7-12 所示。

```
~/Documents/istio-1.8.1 at 🔷 docker-desktop
→ kubectl apply -f samples/bookinfo/platform/kube/bookinfo.yaml
service/details created
serviceaccount/bookinfo-details created
deployment.apps/details-v1 created
service/ratings created
serviceaccount/bookinfo-ratings created
[deployment.apps/ratings-v1 created
service/reviews created
serviceaccount/bookinfo-reviews created
deployment.apps/reviews-v1 created
[deployment.apps/reviews-v2 created
deployment.apps/reviews-v3 created
service/productpage created
serviceaccount/bookinfo-productpage created
deployment.apps/productpage-v1 created
[
```

▲ 圖 7-12

Istio 會跟隨專案啟動，代理應用的出 / 入流量，並做好負載平衡、熔斷、限流、日誌、健康檢查。

（2）查看啟動服務。

執行 kubectl get services 命令可以查看已啟動的服務，如圖 7-13 所示。

```
~/Documents/istio-1.8.1 at 🔧 docker-desktop
[→ kubectl get services
NAME          TYPE         CLUSTER-IP      EXTERNAL-IP   PORT(S)     AGE
details       ClusterIP    10.109.13.58    <none>        9080/TCP    26h
kubernetes    ClusterIP    10.96.0.1       <none>        443/TCP     33h
myapp-svc     ClusterIP    10.107.80.157   <none>        8080/TCP    7h11m
productpage   ClusterIP    10.99.62.21     <none>        9080/TCP    26h
ratings       ClusterIP    10.102.223.16   <none>        9080/TCP    26h
reviews       ClusterIP    10.101.37.44    <none>        9080/TCP    26h
```

▲ 圖 7-13

（3）查看 Pod 的情況。

執行 kubectl get pods 命令可以查看 Pod 的情況。通常在每個 Pod 就緒後，Istio Sidecar 代理將伴隨它們一起部署，如圖 7-14 所示。

```
~/Documents/istio-1.8.1 at 🔧 docker-desktop took 3s
[→ kubectl get pods
NAME                            READY   STATUS            RESTARTS   AGE
details-v1-79c697d759-5fgrs     2/2     Running           0          26h
myapp-v1-66c74cd998-t2jvf       1/2     ImagePullBackOff  0          7h18m
productpage-v1-65576bb7bf-f5w27 2/2     Running           0          26h
ratings-v1-7d99676f7f-qn2tg     2/2     Running           0          26h
reviews-v1-987d495c-h8tcz       2/2     Running           0          26h
reviews-v2-6c5bf657cf-mpgtj     2/2     Running           0          26h
reviews-v3-5f7b9f4f77-wm5mp     2/2     Running           0          26h
```

▲ 圖 7-14

（4）透過容器命令存取。

到目前為止，還沒有對 Istio 做外網存取設定，可以直接使用容器命令從外網來存取。

```
kubectl exec "$(kubectl get pod -l app=ratings -o jsonpath='{.items[0].
metadata.name}')" -c ratings -- curl -s productpage:9080/productpage | grep
-o "<title>.*</title>"
```

這裡需要找到 ratings 對應的 Pod Name，使用 kubectl exec 命令在指定容器中尋找即可。

```
kubectl exec ratings-v1-7d99676f7f-qn2tg   -c ratings -- curl -s
productpage:9080/productpage
```

執行結果如圖 7-15 所示。

```
~/Documents/istio-1.8.1 at docker-desktop
→ kubectl exec ratings-v1-7d99676f7f-qn2tg   -c ratings -- curl -s productpage:9080/productpage
<!DOCTYPE html>
<html>
  <head>
    <title>Simple Bookstore App</title>
<meta charset="utf-8">
<meta http-equiv="X-UA-Compatible" content="IE=edge">
<meta name="viewport" content="width=device-width, initial-scale=1.0">

<!-- Latest compiled and minified CSS -->
<link rel="stylesheet" href="static/bootstrap/css/bootstrap.min.css">

<!-- Optional theme -->
<link rel="stylesheet" href="static/bootstrap/css/bootstrap-theme.min.css">

  </head>
  <body>



<nav class="navbar navbar-inverse navbar-static-top">
  <div class="container">
    <div class="navbar-header">
      <a class="navbar-brand" href="#">BookInfo Sample</a>
    </div>

    <button type="button" class="btn btn-default navbar-btn navbar-right" data-toggle="modal" href="#login-modal">Sign
      in</button>

  </div>
</nav>
```

▲ 圖 7-15

4. 對外網開放應用存取

按照上述步驟部署應用。但是其中存在一個問題——應用不能被外網存取。

要開放外網存取，需要建立 Istio 入站閘道（Ingress Gateway），它會在網格邊緣把一個路徑映射到路由。

（1）把應用連結到 Istio 閘道。

```
kubectl apply -f samples/bookinfo/networking/bookinfo-gateway.yaml
```

```
# 執行分析命令確認設定是否正確
istioctl analyze
```

（2）判斷 Kubernetes 叢集環境是否支援外網負載平衡。

```
kubectl get svc istio-ingressgateway -n istio-system
```

在設定 EXTERNAL-IP 的值後，環境就有了一個外網的負載平衡器，可以用它作為入站閘道。

 Tips

如果 EXTERNAL-IP 的值為 <none>（或一直是 <pending> 狀態），且沒有提供可作為入站閘道的外網負載平衡器，則此時可以用服務（Service）的節點通訊埠存取閘道。

（3）確定入站 IP 位址和通訊埠編號。

按照説明，為存取閘道設定 INGRESS_HOST 變數和 INGRESS_PORT 變數。

```
export INGRESS_HOST=$(kubectl -n istio-system get service istio-
ingressgateway -o
jsonpath='{.status.loadBalancer.ingress[0].ip}')
$export INGRESS_PORT=$(kubectl -n istio-system get service istio-
ingressgateway -o
jsonpath='{.spec.ports[?(@.name=="http2")].port}')
$export SECURE_INGRESS_PORT=$(kubectl -n istio-system get service istio-
ingressgateway -o
jsonpath='{.spec.ports[?(@.name=="https")].port}')
```

開發人員可以根據自己的業務功能，設定指定的 IP 位址和通訊埠編號。

```
kubectl -n istio-system get service istio-ingressgateway -o jsonpath='{.
status.loadBalancer. ingress}'
```

具體的執行結果如圖 7-16 所示。

```
~/Documents/istio-1.8.1 at   docker-desktop
→ kubectl -n istio-system get service istio-ingressgateway -o jsonpath='{.status.loadBalancer.ingress}'
[{"hostname":"localhost"}]%
```

▲ 圖 7-16

當然，也可以使用 hostname 進行修改。

```
export INGRESS_HOST=$(kubectl -n istio-system get service istio-
ingressgateway -o jsonpath= '{.status.loadBalancer.ingress[0].hostname}')
```

如果沒有負載平衡器，則按照以下語句進行設定。

```
export INGRESS_PORT=$(kubectl -n istio-system get service istio-
ingressgateway -o jsonpath= '{.spec.ports[?(@.name=="http2")].nodePort}')
$export SECURE_INGRESS_PORT=$(kubectl -n istio-system get service istio-
ingressgateway -o jsonpath='{.spec.ports[?(@.name=="https")].nodePort}')
```

最後，需要確保 IP 位址和通訊埠編號均被成功地賦值給環境變數。

```
# 設定全域 GATEWAY_URL 變數，獲取閘道設定的外網出口
export GATEWAY_URL=$INGRESS_HOST:$INGRESS_PORT
```

（4）檢查全域變數是否可用。

為了檢查全域變數是否可用，列印變數 INGRESS_HOST 和 GATEWAY_URL，如圖 7-17 所示。

```
~/Documents/istio-1.8.1 at   docker-desktop
→ echo $INGRESS_HOST
localhost

~/Documents/istio-1.8.1 at   docker-desktop
→ echo "http://$GATEWAY_URL/productpage"
http://localhost:80/productpage
```

▲ 圖 7-17

在瀏覽器中存取「http://localhost/productpage」位址,查看服務是否就緒,如圖 7-18 所示。

▲ 圖 7-18

(5)部署儀表板。

為了更加便捷地了解 Istio 部署的服務關係和健康狀態,下面部署儀表板。

```
# 安裝 Kiali 和其他外掛程式,等待部署完成
kubectl apply -f samples/addons
kubectl rollout status deployment/kiali -n istio-system
```

執行 kubectl apply –f samples/addons 命令,結果如圖 7-19 所示。

```
~/Documents/istio-1.11.1 at  docker-desktop
➜ kubectl apply -f samples/addons
serviceaccount/grafana configured
configmap/grafana configured
service/grafana configured
deployment.apps/grafana configured
configmap/istio-grafana-dashboards configured
configmap/istio-services-grafana-dashboards configured
deployment.apps/jaeger configured
service/tracing configured
service/zipkin unchanged
service/jaeger-collector configured
serviceaccount/kiali configured
configmap/kiali configured
clusterrole.rbac.authorization.k8s.io/kiali-viewer configured
clusterrole.rbac.authorization.k8s.io/kiali configured
clusterrolebinding.rbac.authorization.k8s.io/kiali configured
role.rbac.authorization.k8s.io/kiali-controlplane created
rolebinding.rbac.authorization.k8s.io/kiali-controlplane created
service/kiali configured
serviceaccount/prometheus configured
configmap/prometheus configured
clusterrole.rbac.authorization.k8s.io/prometheus configured
clusterrolebinding.rbac.authorization.k8s.io/prometheus configured
service/prometheus configured
deployment.apps/prometheus configured
The Deployment "kiali" is invalid: spec.selector: Invalid value: v1.LabelSelector{MatchLabels:map[string]string{"app.kubernetes.io/instance":"kiali", "app.k
ubernetes.io/name":"kiali"}, MatchExpressions:[]v1.LabelSelectorRequirement(nil)}: field is immutable
```

▲ 圖 7-19

透過執行 istioctl dashboard kiali 命令啟動儀表板服務，如圖 7-20 所示。

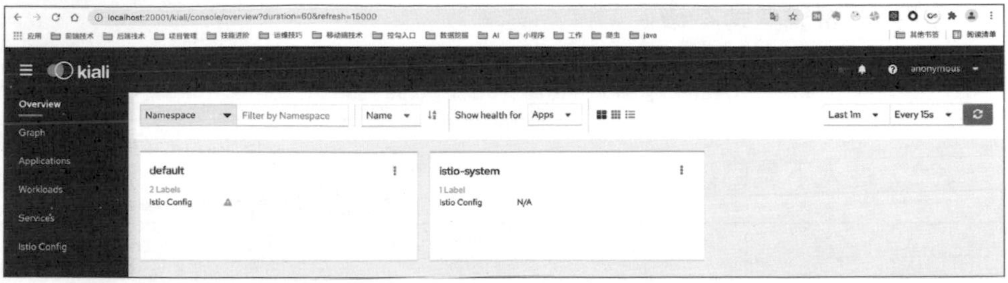

▲ 圖 7-20

至此完成了 K8s + Istio + Python + Java + Node.js 的多種語言服務框架的架設和部署。

對於運行維護和開發維護方面，有以下開放原始碼系統可供選擇。

■ Kiali：開放原始碼的 UI 專案，透過視覺化包含拓撲、輸送量和執行狀況等資訊的有效路由，網格會變得易於理解。

■ Prometheus：開放原始碼的監控系統、時間序列資料庫，開發人員可以結合使用 Promethcus 與 Istio 來收集指標，透過這些指標判斷 Istio 和網格內的應用的執行狀況。

■ Grafana：開放原始碼的監控解決方案，可以用來為 Istio 設定儀表板。可以使用 Grafana 來監控 Istio 及部署在服務網格內的應用程式。

■ Jaeger：開放原始碼的點對點的分散式追蹤系統，允許使用者在複雜的分散式系統中監控和排除故障。

7.3.6 常見問題及解決方案

1. Mac 電腦在設定了開啟 Kubernetes 設定後出現「卡死」問題

如果 Mac 電腦設定了開啟 Kubernetes 設定，則經常會出現「卡死」問題（即一直處於 Kubernetes is starting 狀態）。這是因為拉取遠端鏡像失敗，Docker Desktop 一直在檢查鏡像拉取狀態。具體的解決方案如下。

（1）複製鏡像到本機。

```
git clone https://[github官網]/hummerstudio/k8s-docker-desktop-for-mac.git
```

（2）進入下載目錄中。

```
cat image_list

k8s.gcr.io/kube-proxy:v1.21.2=gotok8s/kube-proxy:v1.21.3
k8s.gcr.io/kube-controller-manager:v1.21.2=gotok8s/kube-controller-
manager:v1.21.3
k8s.gcr.io/kube-scheduler:v1.21.2=gotok8s/kube-scheduler:v1.21.3
k8s.gcr.io/kube-apiserver:v1.21.2=gotok8s/kube-apiserver:v1.21.3
k8s.gcr.io/coredns/coredns:v1.8.0=gotok8s/coredns:v1.8.0
k8s.gcr.io/pause:3.4.1=gotok8s/pause:3.4.1
k8s.gcr.io/etcd:3.4.13-0=gotok8s/etcd:3.4.13-0
```

（3）查看 Docker Kubernetes 版本。

在 Docker 使用者端選擇「Preferences → Kubernetes」選項，查看 Kubernetes 版本，如圖 7-21 所示。

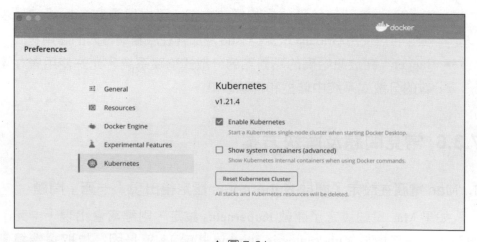

▲ 圖 7-21

接下來需要查看本機安裝的版本，點擊「Preferences」按鈕（顯示本機 Kubernetes 的版本編號為 1.21.4），如圖 7-22 所示。

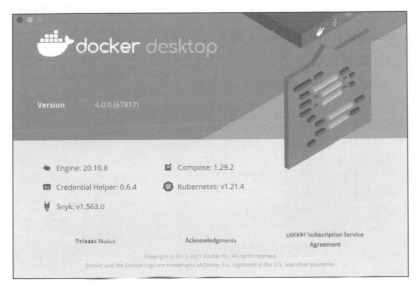

▲ 圖 7-22

找到版本後就簡單了，按照對應的版本進行下載即可。

2. 容器中的 IP 位址不固定，導致服務異常

容器中的 IP 位址不是固定的，微服務的註冊中心的變更導致服務不穩定，以及運行維護成本增加。

在微服務的場景中，執行的微服務實例將達到成百上千個，同時微服務實例存在「在故障時需要在其他機器上啟動以保證服務可用性」的場景。因此，如果用 IP 位址進行微服務存取，則需要經常進行 IP 位址更新。

服務註冊與發現應運而生，當微服務啟動時，它會將自己存取的 Endpoint 資訊註冊到註冊中心，以便在其他的服務需要呼叫時能夠從註冊中心獲得正確的 Endpoint。

3. K8s Dashboard 啟動失敗

在存取「http://localhost:8001/api/v1/namespaces/kubernetes-dashboard/services/https:kubernetes-dashboard:/proxy/#/login」時，可能會碰到「no endpoints available for service」異常，具體顯示出錯如下。

```
{
    "kind": "Status",
    "apiVersion": "v1",
    "metadata": {},
    "status": "Failure",
    "message": "no endpoints available for service \"kubernetes-dashboard\"",
    "reason": "ServiceUnavailable",
    "code": 503
}
```

可以按照以下步驟進行異常排除。

（1）查看 Pod 狀態，如圖 7-23 所示。

```
kubectl get pods --namespace kube-system
```

```
~ via  v14.15.4 at  docker-desktop
[+ → kubectl get pods --namespace kube-system
NAME                                        READY   STATUS    RESTARTS   AGE
coredns-5644d7b6d9-6dzpd                    1/1     Running   0          51m
coredns-5644d7b6d9-ntntj                    1/1     Running   0          51m
etcd-docker-desktop                         1/1     Running   0          51m
kube-apiserver-docker-desktop               1/1     Running   0          50m
kube-controller-manager-docker-desktop      1/1     Running   0          50m
kube-proxy-crtrs                            1/1     Running   0          51m
kube-scheduler-docker-desktop               1/1     Running   0          51m
storage-provisioner                         1/1     Running   0          50m
vpnkit-controller                           1/1     Running   0          50m
```

▲ 圖 7-23

從日誌中很容易發現沒有啟動 kubernetes-dashboard。正常的操作應該是先下載 YAML，確保下載完成後再執行。但是在這個過程中拉取鏡像失敗了，這時啟動 VPN（確保可以存取外網），重新執行以下命令即可。

```
kubectl apply -f https://[githubusercontent 位址 ]/kubernetes/dashboard/
v1.10.0/src/deploy/ recommended/kubernetes-dashboard.yaml
```

（2）驗證服務是否已經正常啟動。

透過瀏覽器存取以下位址。

```
http://localhost:8001/api/v1/namespaces/kubernetes-dashboard/services/
https:kubernetes-dashboard:/proxy/#/login
```

如果網站可以正常開啟，則表示服務已經正常啟動，如圖 7-24 所示。

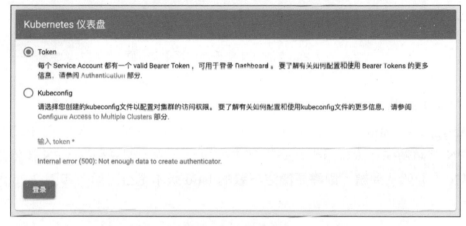

▲ 圖 7-24(編按：本圖例為簡體中文介面)

（3）設定平臺 Token。

透過 kubectl 來獲取 Dashboard 平臺的 Token，命令如下。

```
kubectl -n kube-system describe secret default| awk '$1=="token:"{print $2}'
```

獲取 Token 後對其進行設定即可，如圖 7-25 所示。

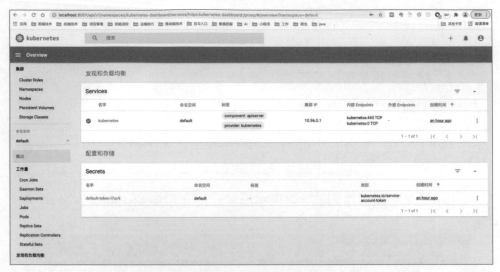

▲ 圖 7-25（編按：本圖例為簡體中文介面）

4. Istio 安裝「卡死」

在安裝 istioctl 後安裝 Istio 時經常會碰到網路問題，此時需要切換 VPN 嘗試解決。大部分問題是下載失敗所導致的，如果切換 VPN 後依然存在「卡死」問題，則需要關注下載的 Istio 版本是否可用，如圖 7-26 所示。

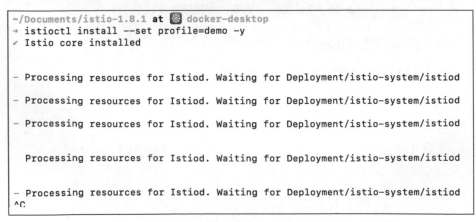

▲ 圖 7-26

5. Istio 的最低設定要求

需要注意的是，Istio 是有最低設定要求的，至少 8GB 才能執行 Istio 和 Bookinfo 實例。如果沒有足夠的記憶體，則可能會發生以下錯誤。

- 鏡像拉取失敗。
- 健康檢查逾時失敗。
- 宿主機上的 kubectl 執行失敗。
- 虛擬機器管理程式的網路不穩定。

碰到上述幾種情況，讀者需要為 Docker Desktop 釋放更多的可用資源，這時可以使用 docker system prune 命令一次性清理多種類型的物件。

 Tips

Docker 採用保守的方法來清理未使用的物件（通常稱為垃圾回收），如鏡像、容器、卷和網路。除非明確要求 Docker 這樣做，否則它通常不會刪除這些物件。

6. 部署 / 查看儀表板時，提示 Graph 無法啟動

如果在安裝外掛程式時出錯，則需要再執行一次命令。有一些和下載時間相關的問題，再執行一次命令就能解決。如果還有問題，則可以嘗試單獨重新部署。

重新部署後查看執行狀態，如圖 7-27 所示。

```
~/Documents/istio-1.11.1 at 🌐 docker-desktop
[→ kubectl apply -f samples/addons
serviceaccount/grafana configured
configmap/grafana configured
service/grafana configured
deployment.apps/grafana configured
configmap/istio-grafana-dashboards configured
configmap/istio-services-grafana-dashboards configured
deployment.apps/jaeger configured
service/tracing configured
service/zipkin unchanged
service/jaeger-collector configured
serviceaccount/kiali configured
configmap/kiali configured
clusterrole.rbac.authorization.k8s.io/kiali-viewer configured
clusterrole.rbac.authorization.k8s.io/kiali configured
clusterrolebinding.rbac.authorization.k8s.io/kiali configured
role.rbac.authorization.k8s.io/kiali-controlplane created
rolebinding.rbac.authorization.k8s.io/kiali-controlplane created
service/kiali configured
serviceaccount/prometheus configured
configmap/prometheus configured
clusterrole.rbac.authorization.k8s.io/prometheus configured
clusterrolebinding.rbac.authorization.k8s.io/prometheus configured
service/prometheus configured
deployment.apps/prometheus configured
The Deployment "kiali" is invalid: spec.selector: Invalid value: v1.LabelSelector{MatchLabels:map[string]s
ubernetes.io/name":"kiali"}, MatchExpressions:[]v1.LabelSelectorRequirement(nil)}: field is immutable

~/Documents/istio-1.11.1 at 🌐 docker-desktop took 2s
[→ rollout status deployment/kiali -n istio-system
zsh: command not found: rollout

~/Documents/istio-1.11.1 at 🌐 docker-desktop
[→ kubectl rollout status deployment/kiali -n istio-system
Waiting for deployment "kiali" rollout to finish: 0 of 1 updated replicas are available...
^C%

~/Documents/istio-1.11.1 at 🌐 docker-desktop took 1m 46s
[→ kubectl rollout status deployment/kiali -n istio-system
Waiting for deployment "kiali" rollout to finish: 0 of 1 updated replicas are available...
deployment "kiali" successfully rolled out

~/Documents/istio-1.11.1 at 🌐 docker-desktop took 5m 29s
[→ istioctl dashboard kiali
http://localhost:20001/kiali
```

▲ 圖 7-27

7.4 企業級方案 2──打造多專案平行處理隔離環境

　　大多數企業會經歷閃電式擴張的時期，隨著需求的不斷累積，企業對平行處理開發專案的要求會越來越高。

雖然可以依賴 Git 做分散式版本控制來解決多團隊協作的程式衝突問題。但是，始終繞不開的話題——如何保證開發環境的穩定性，從而實現高效平行處理開發。

7.4.1 專案平行處理開發的痛點

1. 多需求平行處理場景

假設存在以下場景：專案 A 目前有 3 個需求處於待開發狀態，這時專案投入 3 個人平行處理支援。這看起來並沒有什麼問題。

但是當這 3 個需求開發完畢，在提測時會出現以下問題：Test 環境只有一個，也就表示同一時間只能有一個需求處於測試狀態，並且必須保證服務自身的穩定性。

這個問題有以下兩個解決方案。

（1）準備 3 個 Test 環境，3 個人每人提測一個環境，可以指派 3 個人單獨跟進，從而實現多專案平行處理開發。

（2）透過某種機制在容器中部署專案，3 個人每人使用一個獨立的容器進行部署，提供給測試夥伴 3 個容器環境進行測試，從而實現專案平行處理開發。

看起來兩個方案都可行，但是隨著團隊規模擴大，同一時間如果有 5 ～ 10 個需求，難道要準備 5 ～ 10 個 Test 環境嗎？

一個 Test 環境表示至少要使用一台伺服器，如果有多個這樣的專案，每個專案有多個需求平行處理開發，則伺服器成本會呈指數級上升。除此之外，在這種規模的企業中如果沒有隔離的開發環境，則阻塞和混亂就在所難免了。

如何在最大限度節省成本的前提下完成高效的平行處理開發，成為企業不得不面臨的棘手問題。

2. 物理隔離還是容器隔離

其實上述兩個方案的差別在於：一個是物理隔離方案，另一個是容器隔離方案。讀者是否還記得 1.3.5 節中介紹的虛擬機器和容器的區別？這裡進行簡單回顧，如表 7-1 所示。

表 7-1

特性	虛擬機器	容器
隔離等級	作業系統等級	處理程序
隔離策略	Hypervisor（虛擬機器監控器）	Cgroups（控制群組）
系統資源	5% ～ 15%	0 ～ 5%
啟動時間	分鐘級	秒級
鏡像儲存	GB ～ TB	KB ～ MB
叢集規模	上百台	上萬台
高可用策略	備份、災難恢復、遷移	彈性、負載、動態

從表 7-1 中可以直觀地得出以下結論。

- 虛擬機器佔用 5% ～ 15% 的系統資源，而容器只佔用 0 ～ 5%。
- 虛擬機器的啟動時間為分鐘級，容器只需要秒級。
- 鏡像儲存大小差異也比較明顯，虛擬機器通常為 GB ～ TB，而容器為 KB ～ MB。
- 在叢集規模方面，虛擬機器大概上百台就會成為瓶頸，而容器卻可以達到上萬台。
- 在高可用方面，虛擬機器依賴備份、災難恢復和遷移，都較為耗時，並且會產生必要的容錯機器；而容器透過彈性、負載和動態來實現，可以進行靈活、高效的擴充 / 縮小，成本大幅度減少。

3. 解決痛點

　　無論是從平行處理開發效率的角度還是從節省成本的角度來考慮，容器化隔離環境方案都一定是首選。物理機的運行維護設定複雜且耗時，需要專業的運行維護團隊來操作。而容器化的方案，開發人員自己即可處理。

　　因此，有一套簡單、好用的容器化隔離環境方案，則企業效率一定能夠大幅度提升，痛點也就不復存在。

7.4.2 容器化隔離環境方案

1. 痛點分析

- 專案平行處理開發困難：如果同一個專案有多個需求平行處理開發，且在共同的部署環境下，則很容易相互干擾，影響研發效率。

- 開發、測試效率低：傳統的物理隔離環境方案不允許或允許少量的專案平行處理開發，這與企業高速發展的訴求不符，不能平行處理表示極大的資源和人力浪費。

- 不穩定：平行處理開發最常見的問題莫過於開發環境不穩定（專案的發布、介面的調整都會導致環境當機），阻塞開發流程。

- 伺服器資源浪費：物理隔離對伺服器資源來說是一種浪費，並行需求越多，浪費越多。大部分企業會購買雲端服務器，這會造成企業成本增加。

- 運行維護成本增加：物理機環境差異大、設定複雜、維護成本高，一般依賴專業的運行維護人員進行維護，將增加額外的成本。

2. 整體想法

鑑於上述痛點，容器化改造方案勢在必行。下面從流程出發整理整體想法，如圖 7-28 所示。

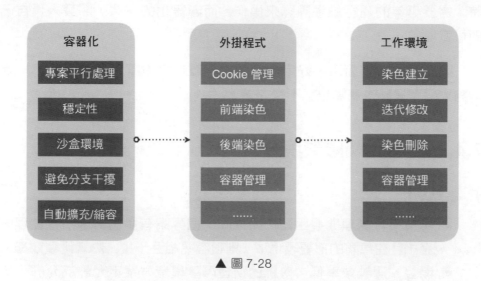

▲ 圖 7-28

從流程上可以將容器化改造方案分為以下幾個部分。

（1）容器化部分。

容器化部分需要對現有專案進行改造，主要解決專案平行處理、隔離、穩定性，以及自動擴充 / 縮小等痛點。

（2）外掛程式部分。

一旦關係到多個容器的管理，則必然面臨的問題是如何區分不同的容器。在前端專案域名相同的情況下，可以透過「染色標記」進行區分，以解決「同一域名轉發到不同容器」的問題。

通常前端專案的染色標記有以下兩類。

■ 透過 Cookie 做不同環境的區分。
■ 透過請求攜帶的 Header 標頭資訊做不同環境的區分。

如圖 7-29 所示，透過 Cookie 標識對 baggage-version 進行染色。

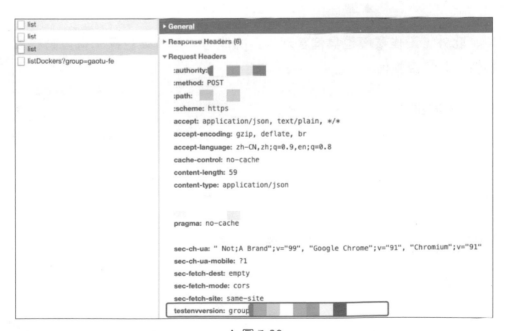

	Name	Value	Do...	Path	Expi...	Size	Http...	Secure
Manifest	atpsida	ccc275e7d4a1d6e698ad0c3c_16237...	.cnz...	/	Ses...	44		✓
Service Workers	cna	OwleGJvn4ngCASRurKuRLDsl	.mm...	/	203...	27		✓
Storage	_xid	3WLsqsbZbE0eYMEU3ePcpOp0YLb...	fp.to...	/	202...	92		✓
Storage	yunpk	1620940162335461	.mm...	/	203...	21		✓
▶ Local Storage	c	nE8CXSsl-1617710637420-e6e4b895...	fp.to...	/	202...	48		✓
▶ Session Storage	GID	3ce318edef82e2223c3d4b1bfddc45cf	test-...	/	203...	35		✓
IndexedDB	_fmdata	Dy%2Ftdl0HvESN%2FhfLN3D7OrxU...	.gao...	/	202...	123		
Web SQL	baggage-version	isolute-feat-k8s	test-...	/	Ses...	52		
▼ Cookies	CNZZDATA1271295577	1367760870-1623736997-https%253...	test-...	/	202...	97		
https://test-m.	UM_distinctid	17a0e81b1e41c7-0d31b96fd88e2a-2...	.gao...	/	202...	72		
Trust Tokens	_fmdata	Dy/tdl0HvESN/hfLN3D7OrxUpeRaOg...	fp.to...	/	202...	115		✓
	_xid	3WLsqsbZbE0eYMEU3ePcpOp0YLb...	.gao...	/	202...	96		
Cache	sca	259fcbbf	.mm...	/	Ses...	11		✓
Cache Storage	_gaotu_track_id_	b6f4b1a5-5a15-0603-bbcf-45ae98e4...	.gao...	/	441...	52		
Application Cach	atpsida	995251e104f3f0cac52c8c72_162332...	.mm...	/	Ses...	44		✓
	gradeIndex	19	test-...	/	Ses...	12		
Background Services	c	QNixn3CC-1620286324181-542902a...	.gao...	/	202...	47		

▲ 圖 7-29

如圖 7-30 所示，透過在請求 Header 標頭中增加 testenvversion 屬性進行染色。

▶ General

▶ Response Headers (6)

▼ Request Headers

:authority:
:method: POST
:path:
:scheme: https
accept: application/json, text/plain, */*
accept-encoding: gzip, deflate, br
accept-language: zh-CN,zh;q=0.9,en;q=0.8
cache-control: no-cache
content-length: 59
content-type: application/json

pragma: no-cache

sec-ch-ua: " Not;A Brand";v="99", "Google Chrome";v="91", "Chromium";v="91"
sec-ch-ua-mobile: ?1
sec-fetch-dest: empty
sec-fetch-mode: cors
sec-fetch-site: same-site
testenvversion: group

list
list
list
listDockers?group=gaotu-fe

▲ 圖 7-30

Tips

因為 Cookie 涉及跨域無法攜帶染色的問題，所以通常會選用 Header 方案，以相容染色遺失的場景。

（3）工作環境部分。

工作環境比較簡單，主要負責建立染色字串，以區分不同的功能，如圖 7-31 所示。

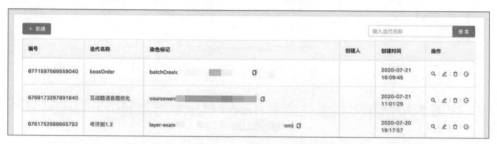

▲ 圖 7-31（編按：本圖例為簡體中文介面）

此外，工作環境也具備管理容器的能力，刪除染色標記會自動釋放容器，完全自動化。

3. 技術方案

在了解了各部分的職責之後，下面來看看需要哪些技術，以及具體的使用流程，如圖 7-32 所示。

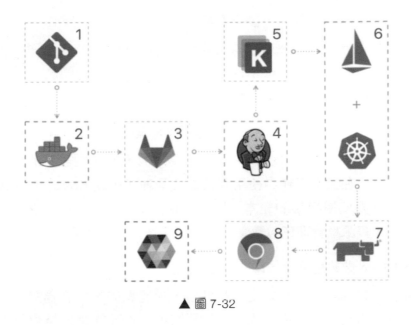

▲ 圖 7-32

　　為了清晰地說明技術方案，圖 7-32 中對各技術點進行了編號，下面逐一介紹。

　　（1）以 Git 管理專案為基礎。

　　Git 作為分散式版本管理系統，不需要伺服器端軟體即可運作版本控制，使原始程式的發布和交流極其方便。

　　（2）透過 Docker 對專案進行容器化改造。

　　容器化改造在第 4 章中重點介紹過，這裡就不再贅述。

　　（3）用 GitLab 作為程式倉庫。

　　GitLab 是利用 Ruby on Rails 開發的開放原始碼應用程式，可以實現一個自託管的 Git 專案倉庫，可以透過 Web 介面存取公開的或私人的專案。它擁有與 GitHub 類似的功能，能夠瀏覽原始程式，以及管理缺陷和註釋。GitLab 可以管理團隊對倉庫的存取。GitLab 提供了一個檔案歷史倉庫，開發人員透過它可以非常方便地瀏覽提交過的版本。

（4）Jenkins 自動建構、發布專案。

Jenkins 是一個開放原始碼軟體專案，是以 Java 開發為基礎的一種持續整合工具，用於監控持續重複的工作，旨在提供一個開放好用的軟體平臺，使軟體專案可以進行持續整合。

（5）透過 Kustomize 宣告式設定管理 K8s 叢集。

Kustomize 為 K8s 的使用者提供了一種可以重複使用設定的宣告式應用管理，從而在設定工作中使用者只需要管理和維護 K8s 的原生 API 物件，而不需要使用複雜的範本。同時，使用 Kustomzie 可以僅透過 K8s 宣告式 API 資源檔管理任何數量的 K8s 訂製設定，操作非常便捷。

（6）Istio 做染色分發，K8s 做容器編排。

Istio 針對現有的服務網格，提供了一種簡單的方式將連接、安全、控制和觀測的模組與應用程式或服務隔離開，從而開發人員可以將更多的精力放在核心的業務邏輯上。Istio 有以下幾個核心功能。

- HTTP、gRPC、WebSocket 和 TCP 流量的自動負載平衡。
- 透過豐富的路由規則、重試、容錯移轉和故障注入，可以對流量行為進行細細微性控制。
- 可插入的策略層和設定 API，支援存取控制、速率限制和配額。
- 對出入叢集中的所有流量進行自動度量指標、日誌記錄和追蹤。
- 透過強大的以身份為基礎的驗證和授權，在叢集中實現安全的服務間通訊。

（7）開放原始碼技術方案 Rancher 作為容器管理平臺。

Rancher 是一個開放原始碼的企業級容器管理平臺。有了 Rancher，企業無須使用一系列的開放原始碼軟體去從頭架設容器服務平臺。Rancher 提供了在生產環境中使用的、管理 Docker 和 Kubernetes 的全端化容器部署與管理平臺。

（8）以 Chrome 為基礎的外掛程式 Cube，做隔離環境切換。

Cube 外掛程式需要自研，既可以選擇以 Webpack 為基礎的外掛程式模式，也可以以 VConsole 進行延伸開發為基礎。Cube 外掛程式主要用來增加 Cookie 或 Header 染色。

4. 整體方案的架構

整體方案的架構如圖 7-33 所示。

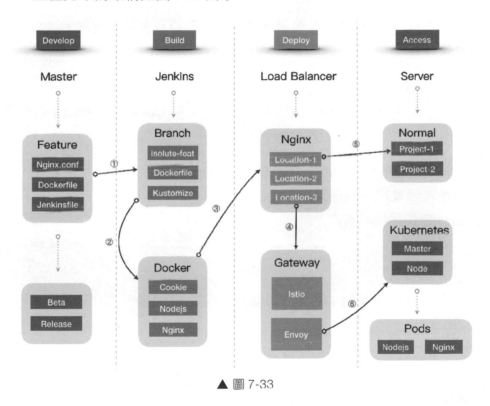

▲ 圖 7-33

按照專案開發流程，整體方案的架構分為以下幾部分。

（1）Develop（開發過程）。

在開發過程中，專案開發人員會按照分支命名規則切出一個新的分支 isolute-feat-*，暫記為隔離分支，之後以該分支為基礎進行正常開發。這裡需要對分支進行容器化改造，即圖 7-33 中的 Nginx.conf 檔案、Dockerfile 檔案和 Jenkinsfile 檔案，具體的設定會在 7.4.3 節重點介紹。

（2）Build（建構過程）。

在建構過程中，Jenkins 需要按照分支命名規則進行隔離辨識，便於相關系統讀取 Jenkinsfile 檔案。

（3）Deploy（發布過程）。

在發布過程中，Nginx 將帶有染色標識的請求自動轉發到 Envoy，由其分發到 K8s，找到對應的 Pods，實現最終的隔離。

（4）Access（存取過程）。

在存取過程中，使用者透過外掛程式攜帶 Cookie 或 Header 進行請求，伺服器端負責找到對應的部署容器。

需要注意的是，isolute-feat（命名可自訂，確保整個流程規範統一即可）作為隔離環境的標識，應用於染色辨識、流量轉發、容器初始化、Jenkins 自動建構等環節，請務必遵循命名規範。

> 💡 **Tips**
>
> 讀者或許有一個疑問：為什麼要從前端專案進行隔離，選用後端介面可以嗎？
>
> 道理很簡單，後端提供的 API 介面一般不會直接暴露給使用者，所以前端會成為使用者存取的入口。從入口控制前端專案的隔離，透過外掛程式代理後端 API，實現前端和後端串聯的隔離一體化方案的優點就不言而喻。

7.4.3 用 Docker + Jenkins 解決專案化問題

1. 專案容器化改造

（1）專案的目錄結構。

專案的目錄結構如下所示。

```
.
├── MP_verify_ovpbcG7KE0uwwiR1.txt
├── README.md
├── api
├── assets
├── components
├── docker
├── layouts
├── middleware
├── mixins
├── node_modules
├── nuxt.config.js
├── package-lock.json
├── package.json
├── pages
├── plugins
├── static
├── store
└── util
```

需要注意的是，不同專案的目錄結構也不盡相同。這裡只需要關注「docker/」目錄，該目錄下的檔案如下所示。

```
├── docker
│   ├── .dockerignore
│   ├── nginx.conf
│   ├── node.Dockerfile
│   ├── static.Dockerfile
│   ├── jenkinsfile
```

（2）設定 .dockerignore 檔案。

.dockerignore 檔案用於過濾無關設定，避免 Docker 將無用上下文打入鏡像內，具體設定如下。需要注意的是，不同專案需要忽略的檔案也不盡相同，在實際開發過程中開發人員需要按照實際情況靈活處理。

```
node_modules
npm-debug.log
.nuxt
.vscode
.git
.DS_Store
.sentryclirc
```

（3）設定 nginx.conf 檔案。

nginx.conf 作為 Nginx 伺服器設定檔，在其中寫入以下設定。

```
worker_processes 4;
worker_cpu_affinity 0001 0010 0100 1000;
events {
        worker_connections 5140;
}

http {
        include mime.types;
        default_type application/octet-stream;
        sendfile on;
        keepalive_timeout 65;
        underscores_in_headers on;

        open_file_cache max=1024 inactive=20s;
        open_file_cache_valid 30s;
        open_file_cache_min_uses 2;
        gzip_vary on;
        gzip on;
        gzip_min_length 2k;
        gzip_proxied expired no-cache no-store private auth;
```

```
        gzip_types text/plain text/css application/xml application/json
application/javascript application/xhtml+xml;
        gzip_comp_level 6;
        gzip_buffers 4 8k;

        server {
                listen 80 default_server;
                access_log /var/log/nginx/access.log;
                error_log /var/log/nginx/error.log;

                location / {
                    root  /usr/share/nginx/html/;
                }

        }
}
```

第 2 章介紹了設定 Nginx 檔案，這裡不再贅述。

（4）設定 node.Dockerfile 檔案和 static.Dockerfile 檔案。

node.Dockerfile 檔案針對的是前端 SSR 專案（4.3.2 節有詳細介紹），因此需要處理 Node 相關設定，具體設定如下。

```
FROM harbor.jartto.com/library/node:10.22.0-alpine3.11

RUN mkdir -p /usr/share/nginx/ssr
WORKDIR /usr/share/nginx/ssr/

COPY package.json package-lock.json /usr/share/nginx/ssr/
RUN npm i --registry=http://[ 倉庫位址 ] --production --unsafe-perm=true
--allow-root && \
    npm run build:test && \
    npm cache clean --force

FROM scratch
COPY --from=0 . /usr/share/nginx/ssr/
```

```
CMD [ "npm", "run", "start" ]
EXPOSE 19888
```

　　static.Dockerfile 檔案針對的是純靜態前端專案，Nginx 只作為靜態伺服器，因此設定非常簡單。

```
FROM harbor.jartto.com/sre/nginx:1.16-centos7.6

ADD ./docker/nginx.conf /etc/nginx/nginx.conf

COPY . /usr/share/nginx/html/
```

　　只需要將前端專案打包建構後的產物複製到 Nginx 對應的目錄下即可。

　　（5）設定 jenkinsfile 檔案。

　　jenkinsfile 檔案作為整個流程的核心設定檔，以及中間過程和自動化相依的檔案。因為此檔案過大，所以下面將其分開説明。

　　設定自動建構時間及操作介面選項。

```
triggers {
pollSCM('H/30 * * * *')
}
parameters {
    choice name: 'action', choices: [' 建構和部署 ', ' 建構 ', ' 部署 ', ' 重新啟動 ',
' 導回 '], description: ' 部署動作 '
    }
```

　　切出隔離分支。

```
stage('CheckOut') {
        steps {
            script {
                try {
                    doCheckout(env.BRANCH_NAME, env.GIT_URL)
```

```
            } catch (e) {
                error e.getMessage()
            }
        }
    }
}
```

獲取專案中的 Dockerfile 檔案並打包鏡像。

```
stage('Build Image') {
        steps {
            container('docker') {
                withCredentials([usernamePassword(credentialsId: HARBOR_
CREDENTIALSID, passwordVariable: 'password', usernameVariable: 'username')])
{
                    script {
                        try {
                            sh "docker login harbor.jartto.com -u
$username -p $password"
                            sh "docker build -t harbor.jartto.com/
gaotu/${APP_NAME}: ${CLEANUP_VERSION}-${BUILD_TIME} -f docker/node.Dockerfile
."
                            sh "docker build -t harbor.jartto.com/
gaotu/${APP_NAME}-static: ${CLEANUP_VERSION}-${BUILD_TIME} -f docker/static.
Dockerfile ."
                        } catch (e) {
                            error e.getMessage()
                        }
                    }
                }
            }
        }
    }
```

以上是核心設定，其他設定大同小異，開發人員只需要在 stage 中加入預設的流程即可。

2. 設定 Jenkins 專案

（1）新建 Jenkins Pipeline。

開啟 Jenkins 網站，新增作業，選擇「Multibranch Pipeline」選項，如圖 7-34 所示。

▲ 圖 7-34

（2）初始化專案。

進入上面建立的任務，切換至「General」標籤，設定新的來源如圖 7-35 所示。

此處「發現分支」中的命名也需要嚴格遵守命名規範（isolute-feat-*），便於比對需要隔離的分支。

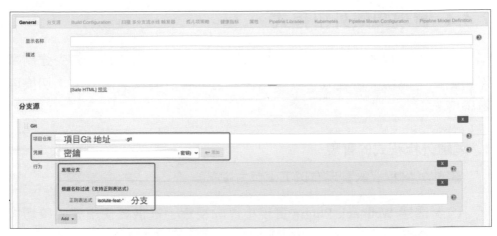

▲ 圖 7-35（編按：本圖例為簡體中文介面）

（3）執行效果。

一切準備就緒後，切換至「掃描 多分支管線 觸發器」標籤，開始自動建構專案，如圖 7-36 所示。

▲ 圖 7-36

 Tips

在 jenkinsfile 檔案中設定的輪詢是實現自動化的關鍵，一旦分支程式發生變化就會觸發自動建構，完成專案發布。

7.4.4 實現隔離外掛程式

隔離外掛程式最大的意義在於可以動態實現容器切換，減少強制寫入。因此，隔離外掛程式主要做兩件事情：獲取專案隔離分支；切換隔離環境。

1. 隔離外掛程式的實現

隔離外掛程式的實現有以下兩個方案。

（1）透過 Webpack Plugin 實現小浮動視窗，提供給使用者隔離切換介面。

（2）對 VConsole 進行延伸開發，擴充分支管理功能，從而達到切換隔離的目的。

這兩個方案的實現成本都不高，開發人員可以按照專案的實際需求靈活選擇。連線效果如圖 7-37 所示。

▲ 圖 7-37（編按：本圖例為簡體中文介面）

2. 透過 GitLab 獲取分支 API

讀者可能會有這樣的疑問：外掛程式是如何獲取 GitLab 中專案的分支名稱的？這需要借助 GitLab 的 Branches API 功能。

從官方文件中可以看到，GitLab 提供了 GET /projects/:id/repository/branches 介面，鑑權後傳入專案 ID 即可獲取該專案的所有分支。

下面列舉一個請求的範例。

```
curl --header "PRIVATE-TOKEN: <your_access_token>" "https://[gitlab 位址 ]/api/
v4/ projects/5/repository/branches"
```

傳回結果如下。

```
[
  {
    "name": "master",
    "merged": false,
    "protected": true,
    "default": true,
    "developers_can_push": false,
    "developers_can_merge": false,
    "can_push": true,
    "web_url": "http://[gitlab 位址 ]/my-group/my-project/-/tree/master",
    "commit": {
      "author_email": "jartto@example.com",
      "author_name": "Jartto",
      "authored_date": "2021-06-15T05:51:39-07:00",
      "committed_date": "2021-06-15T03:44:20-07:00",
      "id": "7b5c3cc8be40ee161ae89a06bba6229da1032a0c",
      "short_id": "7b5c3cc",
      "title": "add projects API",
      "message": "add projects API",
      "parent_ids": [
        "4ad91d3c1144c406e50c7b33bae684bd6837faf8"
      ]
    }
```

```
    },
    ...
]
```

是不是很簡單？有了獲取分支的能力，「一鍵切換隔離環境」就沒有什麼挑戰了。

3. 連線流程

新專案初始化流程如圖 7-38 所示。

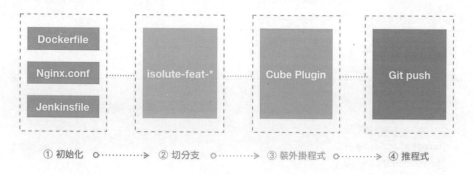

▲ 圖 7-38

因為第一次使用時需要對專案進行容器化改造，所以需要設定 Docker 相關檔案。第二次使用時，可以依賴之前的設定，不需要做任何改動。因此，可以固化部分內容，如圖 7-39 所示。

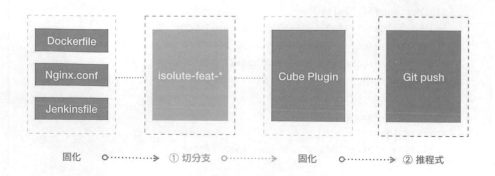

▲ 圖 7-39

第一部分和第三部分的「Docker 初始化」及「外掛程式初始化」（圖 7-39 中標注了「固化」）都可以省略，只需要切分支→推程式就可以完成專案的隔離及發布，真正實現透過分支切換隔離環境的目的。

7.4.5 設定 Nginx Cookie 辨識與代理

Nginx 是整個流程非常重要的環節，它從存取連結中獲取 Cookie（baggage-version=isolute-feat-*）請求（即版本染色標識），並轉發至隔離容器。

1. 設定 Nginx Upstream 染色辨識

使用 map 命令設定變數映射表，目標是辨識 Cookie 中帶有隔離標記的請求，如下所示。

```
map $http_cookie $upstream_route        {
~*baggage-version-isolute-feat-.*$k8s;       # 中間轉發層 Nginx
default default-host;                         # 預設為 Upstream
}
```

設定 K8s 的 Nginx 位址。

```
upstream jartto-k8s-upstream        {
server 10.*.*.*:80;
}
```

2. 網頁請求 Location 設定代理

```
location / {
    proxy_http_version    1.1;
    proxy_set_header      Host $host;
    proxy_set_header      X-Real-IP $remote_addr;
    proxy_set_header      X-Forwarded-For $proxy_add_x_forwarded_for;
    if ($upstream_route = "k8s") {
```

```
        proxy_pass http://jartto-k8s-upstream; #隔離 K8s
    }
    proxy_pass     http://10.255.17.185:80; #正常
}
```

至此，Nginx Cookie 辨識與代理設定完畢。

7.4.6 使用 Kustomize 對 Kubernetes 進行宣告式管理

1. 多個 YAML 檔案維護的痛點

一般應用會存在多個部署環境：開發環境、測試環境、生產環境。多個環境表示存在多個 K8s 應用資源 YAML。而在多個 YAML 檔案之間如果只存在微小設定差異，如鏡像版本不同、Label 不同等，則經常會因人為疏忽導致設定錯誤。

此外，多個環境的 YAML 檔案的維護通常是透過把一個環境下的 YAML 檔案複製出來，然後對有差異的地方進行修改，這就額外增加了運行維護成本。

因此，總結來説有以下痛點。

- 如何管理不同環境或不同團隊應用的 Kubernetes YAML 資源。
- 如何以某種方式管理不同環境的微小差異，使資源設定可以重複使用，減少複製或修改的工作量。
- 如何簡化維護應用的流程，且不需要額外學習範本語法。

2. Kustomize 簡介

Kustomize 是一個用來訂製 Kubernetes 設定的工具。它提供了以下功能來管理應用設定檔。

- 從其他來源生成資源。
- 為資源設定貫穿性（Cross-Cutting）欄位。
- 組織和訂製資源集合。

3. Kustomize 可以做什麼

Kustomize 透過以下幾種方式解決上述痛點。

- Kustomize 透過 Base & Overlays 方式維護不同環境的應用設定。
- Kustomize 使用 Patch 方式重複使用 Base 設定，並在 Overlay 描述與 Base 應用設定的差異部分來實現資源重複使用。
- Kustomize 管理的都是 K8s 原生 YAML 檔案，開發人員不需要學習額外的 DSL 語法。

4. 目錄結構

外層目錄結構如下。

```
└── Kustomize
    ├── Base
    └── Overlay
```

主要包含兩部分：Base 和 Overlay。

5. Base 的作用

Base 中描述了共用的內容，如資源和通用設定，具體檔案如下。

```
Base
├── csr-app-v1
│   ├── deployment.yaml
│   ├── kustomization.yaml
│   ├── kustomizeconfig
│   │   ├── deployment-prefix-setter.yaml
│   │   └── version-label-transformer.yaml
│   └── service.yaml
```

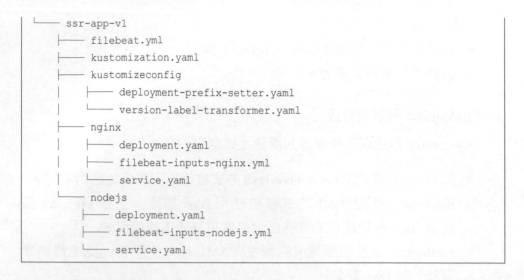

```
└── ssr-app-v1
    ├── filebeat.yml
    ├── kustomization.yaml
    ├── kustomizeconfig
    │   ├── deployment-prefix-setter.yaml
    │   └── version-label-transformer.yaml
    ├── nginx
    │   ├── deployment.yaml
    │   ├── filebeat-inputs-nginx.yml
    │   └── service.yaml
    └── nodejs
        ├── deployment.yaml
        ├── filebeat-inputs-nodejs.yml
        └── service.yaml
```

6. Overlay 的作用

Overlay 宣告了與 Base 之間的差異。透過 Overlay 來維護以 Base 為基礎的不同 Variants（變形），如開發、QA 和生產環境的不同 Variants。該目錄下包含以下檔案。

```
.
├── csr-demo
│   └── dev
│       ├── deployment.yaml
│       ├── kustomization.yaml
│       ├── kustomizeconfig
│       │   ├── app-name-transformer.yaml
│       │   └── environment-transformer.yaml
│       ├── sandbox.yaml
│       └── service.yaml
├── ssr-demo
│   └── dev
│       ├── kustomization.yaml
│       ├── kustomizeconfig
│       │   ├── app-name-transformer.yaml
│       │   └── environment-transformer.yaml
```

```
│        ├──── nginx
│        │     ├──── deployment.yaml
│        │     ├──── sandbox.yaml
│        │     └──── service.yaml
│        └──── nodejs
│              ├──── deployment.yaml
│              ├──── sandbox.yaml
│              └──── service.yaml
└── ...
```

7. 設定如何使用

Kustomize 設定主要用於 Jenkins Pipeline 的發布過程,如圖 7-40 所示。

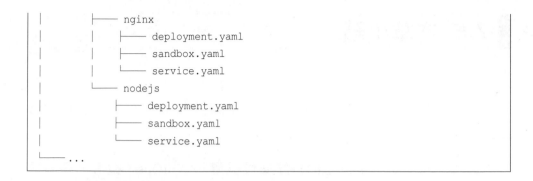

▲ 圖 7-40

是不是很眼熟?這是整個任務的最後一步——發布。至此,整個方案就介紹完畢了。方案稍微有些複雜,但讀者只要耐心理解與學習,相信一定會有不一樣的收穫。

7.5 本章小結

本章主要為實踐章節，透過對一些企業級方案的研究，形成一套可遷移的企業容器化標準「方法論」，從而讓讀者更進一步地鞏固 Docker 技術，學以致用。

當然，不管是雲端原生的持續交付模型——GitOps、微服務應用實踐，還是多專案平行處理隔離環境，都只是 Docker 技術的冰山一角。企業實踐的案例還有很多，如 Docker 技術在 DevOps 中的實踐、企業容器化運行維護實踐等。由於篇幅原因，這裡不再詳細説明。

相信透過深入學習 Docker 技術，讀者一定有了很多容器化想法，快來付諸行動，為企業降本增效貢獻自己的一分力量吧！